사진 & 일러스트로 보는 꿈의 자동차 기술 **Motor Fan** illustrated

Motor Fan

illustrated Vol. **34**

소음·진동·하슬림의 뿌리를 뽑아라!

GoldenBell

004

046

Motor Fan *Special Edition* illustrated CONTENTS

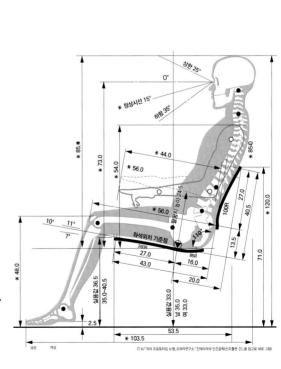

084 도해특집 승차감은 과학이다

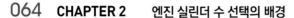

NVH
SERIES
—
1

도해특집

소음 · 진

자동차는 진동하면서 달리는 동시에 노면에서도 진동을 받는다.
진동의 원천은 엔진이나 전기모터, 변속기 등과 같이 회전하는 기계이다.
거기에 타이어가 지면에서 받아내는 진동이 추가된다.
지면은 무한대의 질량이라, 지면과 비교하면 자동차 질량은 너무나도 미미하다.
타이어가 노면에서 회전하면 반드시 접지면에서 진동이 발생한다.
진동:Vibration이 인간의 귀에 들리는 주파수라면 탑승객은 그것을 잡음 소음(Noise)으로 느낀다.
따라서 Noise와 Vibration은 똑같은 물리적 현상이다.
다만 모든 진동이 나쁜 것은 아니어서 달릴 때 필요한 진동도 있다.
우리는 그것을 로드 인포메이션이라고 한다.
필요한 정보는 남기고 불쾌한 진동은 최대한 잠재우기.
이것이 노이즈&바이브레이션 대책의 기본이다.
이번 특집에서는 가장 새로운 N&V 대책 관련 방법과 그 효과를 추적해 보겠다.

동을 잠재워라!

진동은 어디서 오고 어떤 소음으로 바뀔까

물체가 「어떤 한 가지 상태」를 중심으로 주기적으로 운동하는 것을 진동이라고 한다.
물체의 진동이 그 주변의 공기에 압력을 가해 떨리게 하면 소리가 된다.
자동차에서는 엔진이나 변속기가 진동하는 외에, 타이어 접지면에서도 진동이 차체로 전달되기 때문에 항상 진동이 발생한다.

본문 : 마키노 시게오 그림 : 구마가이 도시나오 / 만자와 고토미 / 르노 / 야마하 / 마키노 시게오

도메이 고속도로에서 프리우스의 실내 음장(音場)을 측정했다. 80km/h, 90km/h, 100km/h로 변속을 높여가면서 측정했더니 빨라질 때마다 음압 레벨도 높아진다. 90km/h에서 조수석 창을 열었더니 파르륵 거리는 풍절음이 쏟아져 들어오면서 녹음기의 레벨 게이지가 최대상태에 계속 머물렀다.

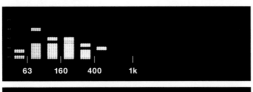

90km/h로 달릴 때의 실내소음. 주파수가 낮은 쪽에 모여 있다. 4기통 엔진 소음과 도로 소음이 주성분으로 추정할 수 있다. 때때로 100Hz 부근에서 음압이 높아지는 것은 노면의 이음매를 타고 넘을 때였다. 즉 하쉬니스(Harshness) 음이다.

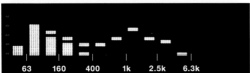

90km/h로 달릴 때 실내 운전석과 조수석 사이의 대화(남성 2명)를 측정한 것. 300Hz 이하의 음압 레벨은 별로 차이가 없지만, 자동차 영어 용어를 위주로 한 대화에서는 주파수가 높은 곳에 별도의 음압 최댓값이 나타났다(상세한 것은 40페이지). (상세한 것은 40페이지)

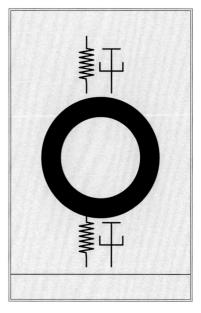

노면진동의 전파
먼저 앞바퀴가 계속해서 새로운 노면과 접촉하면서 자체 무게로 지면에 타이어를 누르고 있는 만큼의 반력을 노면으로부터 받는다. 타이어는 현가장치와 연결되어 있어서 그 반력은 현가장치에 전달된다.

자동차에는 NVH라고 하는 성능이 있다. N은 Noise(소음), V는 Vibration(진동), H는 Harshness(큰 소음을 동반하는 거친 진동)를 가리킨다. 소리는 물체의 진동이 공기를 떨리게 했을 때 발생하는 압력변동으로, 이것도 일종의 진동이다. 소음(N)과 진동(V)은 동일한 물리적 현상이다. 바꿔서 말하면 진동(V)은 「인간의 귀에 들리지 않는 소리」이다. 한편 진동은 어떤 양이 한가지 상태를 중심으로 주기적으로 변동하는 것으로, 시간이 지나면서 발생하는 변동의 「파도」이다. 신발 앞부분이 뭔가에 걸린 것 같은 「부딪치는 느낌」으로 느껴지는 하쉬니스(H)도 현상으로만 보면 최댓값이 솟구치는 진동이다. 즉 NVH는 모두 진동을 상대로 하는 성능이라고 말할 수 있다.

무엇보다 자동차는 「달리는」 것 자체가 모두 진동이다. 내연기관 엔진 내부에서는 피스톤의 상하왕복 운동이 회전운동으로 바뀐다. 상하왕복 운동은 그야말로 진동이다. 매우 부드럽다고 생각되는 전기모터도 미세하게, 게다가 내연기관과는 다른 주파수로 진동한다. 바퀴로 동력을 전달하는 구동축도 진동 발생원이다. 차체에는 고유의 공진 비틀림 파수(波數)가 있는데, 이것이 일반적으로 말하는 「비틀림 강성」이다. 현가 장치는 주행에 맞춰서 상하로 움직인다. 이것도 진동이다. 큰 횡력을 받았을 때는 횡방향(차량 진행방향과 직각)으로 변위하기 때문에 더욱 복잡한 진동을 보인다. 그리고 타이어는 노면의 반

력으로 인한 진동뿐만 아니라, 노면과 타이어 사이에서 발생하는 마찰에 의해서도 타이어를 구성하는 표면 고무가 진동한다.

즉 자동차는 진동하면서 달린다. 모든 진동이 없어진다면 자동차는 달리지 못한다. 원자핵 주위를 도는 전자의 활동이 완전히 정지하는 온도가 절대영도(약 −273℃)이다. 고전역학에서는 이 온도를 진동 제로 온도로 규정해 왔다. 양자역학은 영점 진동이라는 개념을 주장하지만, 이 상태에서 자동차는 달릴 수 없을 것이다.

이상이 자동차와 진동의 관계이다. 그럼 주행 중인 자동차의 실내에서 우리는 어떤 진동을 느낄까. 인간이 소리로 들을 수 있는 진동의 하한은 20Hz, 상한은 20kHz로 알려져 있다. 일상에서는 어느 정도 주파수대역의 소리를 듣고 있을까. 간단한 측정을 해 보았다.

음향기기 회사에서 모든 주파수대가 거의 균일한 감도 특성을 보이도록 조정해 준 마이크와 PCM 디지털 레코더를 사용해 샘플링 주파수 96kHz로 녹음하고, 음성 데이터를 1/3 옥타브 밴드의 민생용 스펙트럼 분석기로 표시한 것을 촬영했다. 세로축은 음압레벨(음이 공기를 진동시키는 압력의 세기)이

시트를 거쳐서 전달되는 진동
탑승객은 시트에 낮은 상태에서 자동차의 진동을 몸으로 느낀다. 개괄적으로 말하면 500Hz 이하가 물체를 통해 전해지는 고체전파 진동이고, 500Hz 이상은 공기전파 진동으로 나눌 수 있다. 인간의 몸에는 수많은 관절이 있어서 고체전파도 복잡하다.

앞바퀴보다 약간 늦게 입력
직진할 때는 앞바퀴가 지나간 다음, 같은 노면을 약간의 시차를 두고 뒷바퀴가 지나간다. 차량 속도에 따라 그 시차는 바뀐다. 앞바퀴 현가 장치의 상하 움직임이 수습되지 않은 사이에 뒷바퀴도 지나가는 셈이라 차체 전체가 진동으로 흔들린다.

차량실내의소음은 고체진동의전달 뿐만 아니라 공기 진동(즉 소리)에 의한 소음의 합성이다. 밀폐된 공간이라 실내에서는 음(소리)이 유리나 바닥에 반사되고 그때마다 주파수가 바뀐다.

대지의 질량 vs 차량 중량
승용차의 차량 중량은 기껏해야 2톤. 1바퀴 당 500kg의 하중이 질량 무한대인 대지와 접촉한다. 대지(노면이고 지구이기도 하다)가 질리 수 없으므로 타이어는 반력을 받는다. 이것이 차체를 밀어 올리는 힘(가진력)이 된다.

엔진은 강력한 진동발생원
자동차의 진동발생원(기진원)은 엔진과 변속기(구동계통), 타이어 ~ 현가장치로서, 그 힘을 차체가 받으면서 진동하는 것이다. 엔진은 내부에 회전 운동과 직선 운동하는 부품을 가진 최대의 진동발생원이라 그에 맞는 진동대책을 세운다.

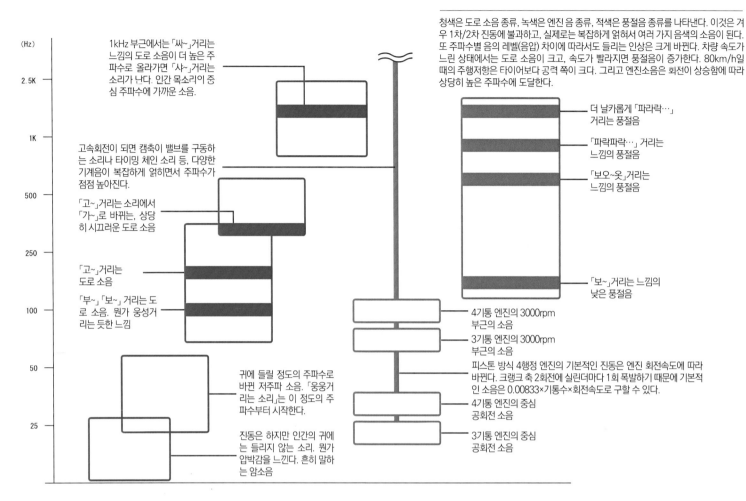

청색은 도로 소음 종류, 녹색은 엔진 음 종류, 적색은 풍절음 종류를 나타낸다. 이것은 겨우 1차/2차 진동에 불과하고, 실제로는 복잡하게 얽혀서 여러 가지 음색의 소음이 된다. 또 주파수별 음의 레벨(음압) 차이에 따라서도 들리는 인상은 크게 바뀐다. 차량 속도가 느린 상태에서는 도로 소음이 크고, 속도가 빨라지면 풍절음이 증가한다. 80km/h일 때의 주행저항은 타이어보다 공력 쪽이 크다. 그리고 엔진소음은 회전이 상승함에 따라 상당히 높은 주파수에 도달한다.

1kHz 부근에서는 「싸~」거리는 느낌의 도로 소음이 더 높은 주파수로 올라가면 「샤~」거리는 소리가 난다. 인간 목소리이 중심 주파수에 가까운 소음.

고속회전이 되면 캠축이 밸브를 구동하는 소리나 타이밍 체인 소리 등, 다양한 기계음이 복잡하게 얽히면서 주파수가 점점 높아진다.

「고~」거리는 소리에서 「가~」로 바뀌는, 상당히 시끄러운 도로 소음

「고~」거리는 도로 소음

「부」「보~」거리는 도로 소음. 뭔가 웅성거리는 듯한 느낌

귀에 들릴 정도의 주파수로 바뀐 저주파 소음. 「웅웅거리는 소리」는 이 정도의 주파수부터 시작한다.

진동은 하지만 인간의 귀에는 들리지 않는 소리. 뭔가 압박감을 느낀다. 흔히 말하는 암소음

더 날카롭게 「파라락…」거리는 풍절음

「파락파락…」거리는 느낌의 풍절음

「보오~옷」거리는 느낌의 풍절음

「보~」거리는 느낌의 낮은 풍절음

4기통 엔진의 3000rpm 부근의 소음

3기통 엔진의 3000rpm 부근의 소음

피스톤 방식 4행정 엔진의 기본적인 진동은 엔진 회전속도에 따라 바뀐다. 크랭크 축 2회전에 실린더마다 1회 폭발하기 때문에 기본적인 소음은 0.00833×기통수×회전속도로 구할 수 있다.

4기통 엔진의 중심 공회전 소음

3기통 엔진의 중심 공회전 소음

고 가로축은 주파수대역이다. 바 그래프가 중간에 끊어진 것은 가장 가까운 최대음압을 나타낸 것이고, 완전히 연결된 바 부분이 「그 순간」의 시기적절한 음압표시이다.

HEV(하이브리드 자동차)의 대표주자인 현재형 프리우스를 대화나 음악도 없이 80km/h로 정상 주행시켰을 때, 차량 실내 음을 스피커를 통해 들으면 『보~』『부~』거리는 소리로 들린다. 주파수는 낮다. 90km/h에서는 음압 레벨이 전체적으로 올라가기는 하지만, 주파수대는 80km/h와 거의 차이가 없다. 100km/h까지 빨라지면 높은 주파수 성분이 나타난다. 화상과 세트로 검증해 보니 타이어가 도로의 이음매를 타고 넘을 때의 『덜컥』거리는 소리는 160Hz보다 아래에 모였다. 스테레오 녹음이라 소리의 방향을 특정할 수 있지만 160Hz 이하의 소리에는 지향성이 없어서 타이어 전체에서 들려오는 인상이

다. 63Hz 이하 주파수는 엔진음이나 스프링 하부의 진동 때문일까. 어쩐지 전방에서 소리가 들어오는 것 같이 들렸다.

주행 중에 대화를 나누자 대화 내용이나 목소리 크기로 인해 주파수대가 바뀌는 것을 알았다. 영어 단어는 주파수가 높은 곳에 나타난다. 가령 원어민이 아니더라도 언어에 의해 발성 주파수가 다른 것은 이번 같은 간이측정으로도 확인할 수 있었다. 동시에 마이크 위치를 바꾸면 대화의 음압분만 아니라 주파수도 바뀐다. 유리로의 목소리 반사나 시트 재질에 의한 목소리 흡수 등, 여러 가지 요인이 얽혀 있기 때문이리라 추측한다.

옆 차선에서 트럭이 추월해 지나가거나 터널을 통과할 때도 실내에서 녹음하는 소음 주파수대와 음압레벨은 바뀐다. 유리는 차음성이 나쁠 뿐만 아니라 반사파와 입사파가 있어서 추월당했을 때 『비~잉』거리는 공진음이

나올 때도 있다. 또 뒷바퀴 휠 하우스 부근에 마이크를 설치했더니 저주파 도로 소음이 바로 증가하면서 음압레벨이 3배 정도나 높아졌다. 뒷문이 큰 프리우스의 NV 측면의 약점이다. 진동이란 점탄성 계통(스프링과 댐퍼)을 매개로 공중에 뜬 질량이 상하로 움직이는 1자유도의 진동이 기본이다. 타이어와 노면 사이, 타이어와 휠 사이, 바퀴와 현가장치 사이, 현가장치와 차체 사이, 차체와 시트 사이 그리고 시트와 탑승객 사이처럼 여러 점탄성 계통을 거쳐 탑승객은 자동차의 진동을 느낀다. 또 다양한 진동이 그 주변의 공기를 흔들어 공기의 압력파로서 귀에 들리는 「소리」는 공기전파 진동이다. 탑승객은 일반적으로 저주파 쪽은 고체전파, 고주파 쪽은 공기전파로 받아들이는 것으로 알려져 있는데, 사람에 따라 귀와 몸의 감도가 달라서 차량 실내에서 느끼는 NVH는 고체전파와 공기전파의 복합

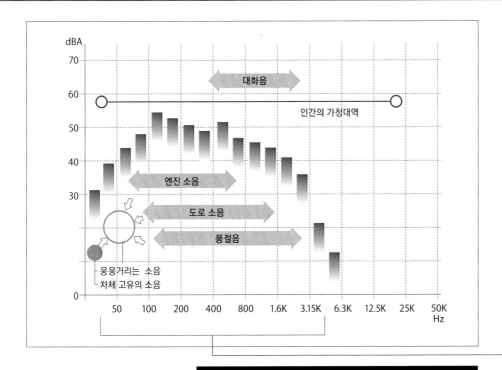

음압과 주파수의 관계

차량 실내에서 귀로 듣는 정상적 주행 때의 소리 주파수 분포와 주파수대별 음압레벨을 나타낸 것이 왼쪽 그래프이다. 가장 낮은 주파수 부분에 차체 고유의 소리가 있어서, 이것이 엔진 회전음이나 스프링 하부에서 발생하는 10Hz 이하의 소음과 겹치면서 불쾌한 저주파 음이 된다. 인간의 귀에 20Hz 이하의 소리는 들리지 않는다고 하지만, 실제로는 공기의 무거운 미세 진동같이 감지할 수 있다. 덧붙이자면 차량 실내의 음장은 아래 사진처럼 탑승객의 귀 높이 부근까지 마이크를 세워서 측정한다.

실내소음을 측정하면…

우측 스펙트럼 분석기 화상은 상단과 중간이 100km/h로 주행하는 차 안에서 대화했을 때이다. 160Hz가 표시된 좌측이 가장 음압이 높은데, 여기는 인간의 목소리와 주행소음이 겹치는 부분이다. 의외로 높은 주파수까지 도달한 이유는 유리에 반사되었기 때문으로 추측된다. 특히 영어 단어를 많이 사용하면 주파수가 높은 쪽으로 이동한다. 하단은 참고삼아 왕복 4차선인 시내에서 녹음한 자동차의 통과음이다. 주파수대가 넓은 것은 다양한 자동차가 달렸기 때문일까.

소리의 「세기」로 인해 인상이 바뀐다.

피아노의 최저음은 27.5Hz이고 최고음은 4186Hz이다. 차량 실내에서 우리가 듣는 소리는 거의 피아노 전체 88건반의 주파수와 겹친다. 주파수가 같은데도 피아노처럼 안 들리는 이유는 음의 파형(波形) 때문이다. 펠트로 피아노 선을 두드릴 때의 음 상승과 감쇠가 피아노 음색을 결정한다. 차량 실내에서 듣는 소음에도 나양한 파형 패턴이 있어서, 이것이 서로 얽히면서 소음이 된다.

적인 현상으로 이해해야 할 것이다.

주파수는 Hz(헤르츠), 음압은 dB(데시벨)로 나타낸다. 따라서 자동차가 달리는 현상은 이 두 가지 단위를 이용해 대체로 설명할 수 있다. 그리고 우리는 달리는데 필요한 NVH를 정보(information)라고 하고, 불필요한 것만 NVH라고 한다. 또 때때로 진동과 소음은 기분을 좋게도 한다. 60Hz 부근의 진동을 「기분 좋은 엔진 사운드」로 느끼는 사람에게는 엔진의 1차, 2차 진동이 나쁘지 않고 좋게 들린다. 이것 또한 불가사의한 세계이다.

바로 얼마 전 국토교통성은 HEV나 EV(전기자동차) 등, 주행음이 조용한 자동차에 차량접근 알림 장치의 탑재를 의무화하겠다고 발표했다. 열심히 조용한 자동차를 만들어왔는데 찬물을 끼얹는 규제라는 반발도 있지만, 이것은 시각장애인을 배려하기 위해서이다. 흥미가 있어서 실제로 HEV의 주행음을 녹음해 보았다. 야간에 자동차가 별로 지나다니지 않는 시내의 도로에서 맞은편에서 오는 차량에 대해 2m 떨어진 곳에 마이크를 설치한 다음, 접근 주행소음을 녹음했다. 10km/h 정상 주행에서는 아주 약간만 레벨 미터가 흔들릴 뿐이었다. 20km/h에서도 EV주행 같은

경우는 미터가 거의 흔들리지 않고 주파수 최고점도 63Hz 부근으로, 부근의 다른 소음에 막혀서 들리지 않을 정도로 작다. 하이브리드 자동차의 스위칭 소음은 소리는 나도 극저속에서는 거의 음압이라고 할 만한 소리가 들리지 않는다. 이것이 보행자에게 들리는 소음 상태이다.

소음(N)·진동(V)과 방음재에 대한 이해

불가피하게 발생하는 현상에 대해 어떤 대책을 세워야 할까.

방음 수단을 올바로 강구하기 위해서는 진동과 소음을 제대로 파악할 필요가 있다.
발생원인과 그에 대한 여러 가지 수단에 대해 일본 특수도료 기술자한테서 들어보았다.

Basic | 기 초 ──❶

진동과 소음

소음의 출발점은 진동이다. 자동차에서는 소음(N)와 진동(V)은 불가분의 현상이다(=NV).
자동차의 소음은 1/3 옥타브 주파수(Hz)로 평가한다. 소리의 크고 작음은 음압레벨(dB)로 나타낸다.

본문 : 후쿠노 레이이치로 사진 : 다임러 그림 : 도요타 / 일본특수도료

진 동

북을 두드리면 떨리면서 소리가 난다. 소음의 출발점이 진동이라는 뜻이다.

진동이란 어떤 물리량이 한 가지 상태를 중심으로 주기적으로 변동하는 것을 말한다. 1초 동안의 진동 횟수를 「주파수」라고 하며, 헤르츠(Hz)로 표시한다.

예를 들면 엔진은 연소라고 하는 강제력이 주기적으로 변동함으로써 진동을 일으킨다. 4행정 엔진은 크랭크 축이 2회전하는 동안 1번 연소하므로 1000rpm에서는 1초 동안에 8.3회의 진동이 발생한다. 4기통이라면 1000rpm일 때 연소 1차 진동수가 33회/초, 즉 33Hz이다. 4기통 7000rpm에서는 243Hz, 12기통 10,000rpm이라면 진동수는 1kHz. 이것이 진동원으로 작용해 차체나 주위 공기를 진동시킴으로써 소음을 만든다. 자동차가 달리거나 공회전할 때 진동을 발생시키는 근원을 「진동의 강제원」, 「가진원」 또는 「기진원」 이라고 말한다. 자동차 진동의 강제원은 파워트레인이나 타이어분만 아니라 차체의 진동, 공진, 보조장치들의 작동, 바람에 의한 진동, 인간의 조작음 등도 포함된다(그림1).

음(소리, 소음)

북을 두드렸을 때 소리가 나는 것은, 물체가 진동해 주위 공기를 떨리게 하면 공기 분자의 분포상태에 촘촘한 부분과 엉성한 부분이 생기면서 압력변동의 세로 파(음파)가 만들어져 전파되어 나가기 때문이다. 이 진동이 청각기관에 의해 들을 수 있게 되던가, 마이크로 폰

등에 의해 데이터화된 것이 「소리」이다.

소리가 전파되는 속도를 음속(1기압, 0℃에서 331.5m/s)이라고 한다.

다만 소리가 전파될 때 공기 분자는 그 장소에서 진동만 할뿐 이동하지는 않는다(그림2).

자동차에서는 진동의 강제원에 의해 소음이 발생한다. 따라서 자동차 소음은 진동과 불가분의 현상이라 자동차 설계나 평가를 할 때는, 강제원에 의해 발생하는 진동과 그로 인해 발생하는 소리를 항상 같이 생각해 「진동·소음」「NV(노이즈&바이브레이션)」 등과 같이 쌍으로 말한다.

음(소리)의 높고 낮음

공기 진동수도 주파수Hz로 표시한다.

인간의 귀로 들으면 주파수 단위가 작은 소리는 낮은 음으로, 주파수 단위가 큰 소리는 높은 음으로 들린다.

인간의 귀가 소리로 들고 구분할 수 있는 것은 대략 주파수 20Hz에서 2만Hz(20kHz) 정도의 범위이다(그림3).

나이가 들면 고주파 소리는 듣기가 힘들어진다. 2005년에 하워드 스테이플턴이 개발해 이듬해에 이그노벨상을 수상한 「모스키토」라고 하는 장치는, 20대 전반 정도의 젊은이만이 들을 수 있는 17kHz 전후의 귀에 거슬리는 고주파소음을 냄으로써 심야와 같은 시간에 배회하는 행위를 방지하겠다는 획기적 아이디어였다(「모스키토 음」). 이처럼 소리는 진동과 달리 인간이 주체인 감각이기 때문에 근래 활발해지고 있는 음색평가와 마찬가지로 최종적으로는 감성평가를 통해 우열과 좋고 나쁨을 판정한다.

아무리 청각이 뛰어난 사람이라도 800Hz의 소리와 801Hz 소리는 구분하지 못한다. 그 때문에 감성평가를 할 때는 실제 주파수가 아니라 1/3 옥타브(주1)의 대수(로그) 표시를 통해 표시·판정·논의하는 경우가 많다(250Hz, 315, 400, 500, 630, 800, 1000, 1250Hz… 등).

읍(흡)의 대소강약

1초 동안의 진동수는 같아도 전달하는 에너지가 크면 진동의 진폭이 커져서 큰 음이 된다. 음이 존재하지 않는 상태와 달리 소리가 생길 때는 공기 압력이 약간 높아지기 때문에 음의 대소는 음압으로 나타낸다. 단위는 마이크로 파스칼(μPa)이다. 단 인간의 가청범위로 한정해도 음압은 정도의 수치 차이를 나타내며, 진동수와 마찬가지로 인간의 귀로는 상세히 구분할 수 없으므로 최고 가청음압을 기준치로 삼아서 대수(로그) 표시함으로써 데시벨(dB)로 표기한다. 음압레벨 10dB이 높아지면 소리 크기는 10배로, +20dB라면 100배, +30(dB)라면 1000배가 된다.

음색

실제 소음에서는 몇 가지 주파수의 음이 서로 겹친다. 특정한 주파수가 강조되면 소리에 개성이 나타난다(=Formant). 예전에는 인간의 감각이 위주여서 소음이라 하더라도 기분 좋은 소리가 나면 불쾌하게 느끼지 않았다. 오히려 「엔진 사운드」등으로 표현할 만큼 좋게 느낄 때도 많았다. 이 때문에 음향 튜닝이나 스피커 등을 사용한 음향 보정을 통해 기분 좋은 음향이 나도록 튜닝하는 것이 유행이기도 했다. 이 글에서는 음향 튜닝까지는 다루지 않는다.

(주1) 옥타브 : 주파수 비율이 2배 또는 1/2이 되는 음정.

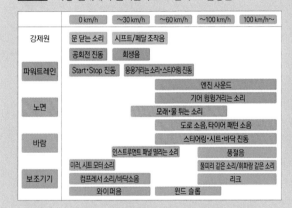

그림1 차량 실내에서 들리는 주요 소음과 그 발생원

차 안에서 들리는 주요 소음과 대표적인 발생원(진동의 강제원)을 주행속도 영역별로 나타낸 그래프. 진동을 발생시키는 강제원은 엔진이나 변속기, 타이어뿐만 아니라 풍절음이나 흡출음(빨아들이는 소리) 등과 같은 바람 소리, 와이퍼나 에어컨 등과 같은 보조기기의 작동, 내장 진동 그리고 페달 전환이나 변속 등과 같은 조작음도 포함된다. 「리크(Leak)」란 공기를 빨아들이는 소리, 「윈드 슬롭」이란 4도어 차의 후방 윈도우를 열었을 때나 선루프를 열고 디플렉터를 내렸을 때 공기의 진동과 더불어 생기는 소리, 「풀피리소리/적취음」이란 그릴과 후드 틈새에서 발생하는 소음을 말한다.(그림제공)

그림2 세로파(縱波) 바람에 의한 전파 모델

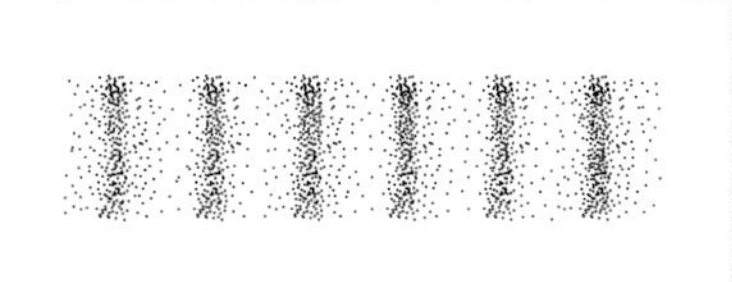

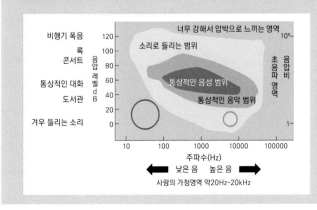

소리가 날 때의 공기 분자 상태를 나타낸 그림. 검은 점이 공기 분자. 좌측 끝 벽에서 진동이 시작되면 무음 상태에서는 분산되어 있던 공기 분자 배열에 성긴 부분과 조밀한 부분이 생기면서 그것이 순서대로 우측 방향으로(소리가 전달되는 방향으로) 전파되어 간다. 음파는 바다의 파도같은 횡파(橫波)와 달리 이처럼 종파(縱波)로 전파된다. 이 모델의 경우에서 보면 분자 배열이 조밀한 부분 상호간의 간격이 주파수(Hz), 분자 배열 밀도 정도가 음압(μPa)이다. 1초 동안의 진동수가 많으면 음은 날카로워지고, 음압이 높아지면 음은 커진다. 덧붙이자면 음속은 음을 전달하는 매체에 따라 크게 달라지며, 음색은 대기의 조성에 따라 크게 바뀐다. 진동은 우주 보편적인 현상이지만 소리는 지구적인 현상이다.

그림3 사람 귀의 가청범위

인간의 가청범위를 주파수와 음압 관계로 나타낸 그래프. 진동수로는 대략 20Hz부터 2만Hz(20kHz) 정도 범위이다. 인간의 음성은 음압레벨에서 60dB 정도에 표시된 검은 범위에 있다. 좌측 하단의 주파수나 음압 둘 다 낮은 영역(적색 원)이 가청범위에서 벗어나 있는 것은 낮은 주파수는 음압이 높지 않으면 들리지 않기 때문이다. 또 한편 아기의 울음소리나 여성의 비명 등과 같이 주파수가 높은 소리는 우측하단의 청색 원처럼 음압레벨이 낮아도 들린다. 생각지도 않은 인간의 진화과정을 생각하게 해주는 특성이다.

비행기 폭음
록
콘서트
통상적인 대화
도서관
겨우 들리는 소리

음압레벨 dB / 120 100 80 60 40 20 0

너무 강해서 압박으로 느끼는 영역
소리로 들리는 범위
통상적인 음성 범위
통상적인 음악 범위

초음파 영역
음압비
10⁸~
1~

주파수(Hz) 10 100 1000 10000 100000

◀ 낮은 음　높은 음 ▶
사람의 가청영역 약20Hz~20kHz

공기 전파음과 고체 전파음

공기를 통해 귀로 전달되는 것이 공기 전파음 또는 공기전달음(1kHz 이상), 진동으로 전달돼서 소리로 바뀌는 것이 고체 전파음, 고체전달음(500Hz 이하)이다.
방음재에는 「제진재」「차음재」「흡음재」가 있다. 방음재로 감쇄시킬 수 있는 소음은 대략 200Hz 이상의 소음이다.

본문 : 후쿠노 레이이치로 사진 : 오펠 그림 : 일본특수도료

공기 전파음과 고체 전파음

진동의 강제원에 의해 발생하는 자동차 소음은 크게 두 가지 경로를 통해 전달된다.

진동의 강제원이 그 주변에 있는 공기를 떨리게 해 소리가 되어 전달되는 것이 공기 전파음.

한편, 예를 들면 엔진의 연소진동은 직접 주변의 공기를 떨리게 할 뿐만 아니라 진동으로서 엔진 마운트를 거쳐 서브 프레임으로, 서브 프레임에서 연결부위의 강판 패널로, 강판 패널에서 내장재로 전달된다. 이 전달경로에 가령 넓고 평평한 부자재(음 발생 시 응답이 되는 부자재)가 있으면 북같이 진동해서 공기를 떨리게 함으로써 소음을 만들 때가 있다. 이것이 고체 전파음이다. 고체 전파음은 대략 500Hz 이하의 주파수 소음이다. 500~1000Hz 영역은 공기 전파음과 고체 전파음이 혼합된 영역이다(그림4).

소음대책과 방음재

진동의 가장 단순한 물리적 모델은 바닥 위에 놓인 스프링 위에 물건을 놓는 것이다. 스프링 정수가 높고 질량이 무거우면 물체는 잘 진동하지 않는다. 따라서 무거운 자동차가 조용한 것은 당연한 일이고, 가벼운데 조용하게 하는 것이 기술이다. 자동차 소음에 대해 근본적인 대책을 세우려면 진동 강제원의 에너지, 음압, 가속도, 주파수가 각각 어느 정도인지를 밝혀내 진동의 전달계통, 각 부자재의 공진과 복사 정도나 경향을 대체로 모두 해명하지 않으면 안 된다. 또 차체의 공진수와 현가장치나 서브 프레임의 공진점이 일치하면 진동이 증폭되어 커질 때도 있으므로 진동의 전달계통 상에서는 각 부분의 공진점을 분산시킬 필요도 있다. 한편 구조를 바꾸지 않고도 강판에 멜팅 시트(Melting Sheet)를 붙이는 방식으로 진동이 잘 발생하지 않도록 후처리를 한다거나, 발생·전달된 소음을 차단하거나 감쇄시키는 식

그림4　고체전파음과 공기전파음

앞의 그림3에 자동차 소음 대역을 겹쳐 놓은 그림. 대체로 1kHz 이상의 공기 전파음은 풍절음이나 브레이크 소음 등이 주체이고, 500Hz 이하의 고체 전파음은 타이어의 도로 소음이나 저중고에 최고점이 있는 저주파 부밍음 등이 주체이다. 엔진음, 디퍼렌셜 등의 기어음 등은 공기 전파음과 고체 전파음 양쪽이 포함되어 있다는 것을 알 수 있다.(그림제공 : 일본특수도료)

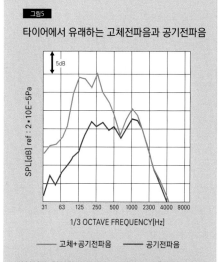

그림5

타이어에서 유래하는 고체전파음과 공기전파음

타이어가 회전하면 트레드가 지면과 접촉하면서 약간 날카로운 소음이 난다. 동시에 그 진동이 서스펜션 암을 거쳐 차체로 전달되어 내장재 등과 같은 복사 패널의 진동을 부추기면서 공기 진동을 유발한다. 이때 낮고 강한 소음이 발생한다. 공기 전파음이 주체인 전자를 패턴 소음, 고체 전파음이 주체인 후자를 도로 소음이라고 한다. 그래프는 테스트 장치 실험을 통한 타이어의 소음 주파수를 측정한 것이다. 적색은 타이어 단독의 소음 주파수를 측정한 것이다. 적색은 타이어 단독으로 회전시켰을 때의 소음으로, 즉 공기 전파음뿐이다. 청색은 같은 타이어를 장착한 차량을 섀시 동력계에서 구동했을 때의 소음으로, 타이어에서 유래하는 공기 전파음과 거기에 편승해 차량에서 발생하는 고체 전파음이 뒤섞여 있다. 1kH 이상에서 적청색 그래프가 딱 겹쳐진 것을 보면 1kHz 이상의 높은 소음은 거의 전부가 공기 전파음이라는 사실을 알 수 있다.(그림제공 : 일본특수도료)

으로 후속 대책을 세우는 기술도 있다. 그것이 방음기술이다. 방음 방법은 크게 4가지. 「방진」「제진」「차음」「흡음」이다. 방진(防振)이란 진동원 또는 가진원에서 시작되는 진동의 전달경로에 고무, 스프링, 펠트 등과 같은 방진재를 사용해 진동을 차단·저감하는 설계 기술로서, 이번 취재에는 포함되어 있지 않다. 이 글의 주제인 제진·차음·흡음 관련 각종 방음재는 소음저감 효능을 발휘할 수 있는 주파수 대역이 한정되는 등의 제약은 있지만, 성능이 뛰어나고, 가격은 싸고, 사용이나 튜닝의 자유성이 높아서 자동차의 진동·소음 설계를 보완하는 기술로 널리 사용되고 있다.

고체 전파음에 대한 대책

고체 전파음 가운데서도 특히 150Hz 이하의 저주파 영역의 소음에는 차체가 진동으로 변형됨으로써 내부 공간을 떨게 해 소음을 만드는 저주파 부밍음, 타이어 회전으로 인해 증폭된 진동이 서스펜션 암을 통해 차체로 전달됨으로써 내장재 등을 떨게 해 소음이 되는 도로 소음 등도 포함된다. 고체 전파음에 대한 대책은 엔진의 연소 가스압력이나 진동 특성 등과 같은 「진동원 대책」, 엔진 마운트나 현가 마운트 등의 진동차음 관련 방진성능 향상이나 차체구성 부품의 강성향상을 통한 진동전달률 개선 등과 같은 「전달경로 대책」, 차체 패널이나 내장재 등 공진으로 인해 소음이 발생하기 쉬운 「발음응답 관련 대책」 등, 차량설계 범주가 주체이다. 이 글의 주제인 방음재가 고체 전파음 대책으로 유효한 것은 200~1kHz 대역의 바닥 진동 등에 사용하는 제진재이다(후술).

공기 전파음에 대한 대책

차체를 설계할 때의 공기 전파음 저감대책으로는 엔진의 크랭크 케이스 공진이나 방사음·체인 구동음 저감 등과 같은 진동원 대책, 틈새 밀봉재(Weather Strip) 등과 같은 차체의 실링재 성능·차음 유리의 채택·소리의 통로가 되는 격벽 구멍 부분의 실링 등과 같은 발음응답 관련 대책이 있다.

1kHz 이상의 공기 전파음과 관련해서는 방음재 효과가 높아 엔진 룸 안, 휠 하우스 안이나 언더 패널, 배기계통 등의 소음원 부근에 방음재를, 또 내장재 등 발음응답 계통에 방음재를 사용하는 식으로 자동차 설계가 완료된 뒤라 하더라도 소음대책이 가능하다.

그림6　주파수 별로 나타낸 자동차 소음

자동차 소음을 소음 종류대로 나누어 주파수 대역별로 나타낸 그래프. 어떤 소음이 어느 정도의 주파수 대역에서 발생하는지가 일목요연하다. 대체로 100Hz 이하의 저주파 대역은 차량설계의 뭔가가 소음에 크게 영향을 미친다. 200Hz~1kHz의 고체 전파음에는 제진재, 1kHz 이상의 대역에는 차음재나 흡음재가 유효하다.

참고문헌 : 자동차기술 핸드북 1기초·이론편

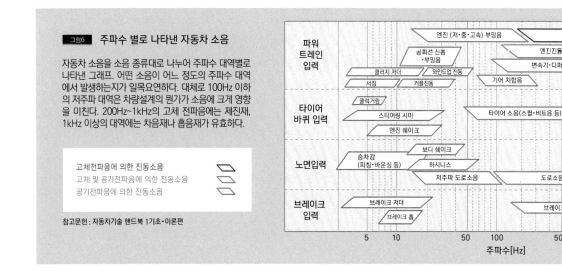

제진재

제진재란 아스팔트 제품의 시트를 말한다. 소재의 점탄성 특성으로 강판의 진동을 열에너지로 바꾼다.
제진재 성능은 「손실계수」로 나타낸다. 200~1000kHz의 고체 전파음에 효과가 있다.

본문 : 후쿠노 레이이치로 사진 : 야마가미 히로야 그림 : 일본특수도료

질량인가, 감쇠인가, 강성인가

강판은 탄성계수가 높아서 쉽게 진동하고 진동의 감쇠도 느리다. 강판이 진동해서 발생하는 소음은 크고 또 길게 계속된다.

진동은 「질량」「감쇠」「강성」의 3요소로 결정된다.

평평한 강판 패널을 외주에서 고정하고 가운데에서 진동 시키는 방식의 컴퓨터 모델에서 ①고무 시트를 붙여서 질량(Mass)를 높였을 경우, ②제진재를 통해 감쇠를 높였을 경우, ③판 두께를 1.5배로 해서 강성을 높였을 경우 3가지 패턴으로 CAE분석을 해 보면, 고무 시트와 판 두께 향상의 경우는 진동 최고 주파수가 위나 아래로 어긋날 뿐이지만 제진재를 붙이는 경우는 진동 자체가 줄어드는 효과를 확인할 수 있다고 한다(그림7).

진동저감=소음저감에 대해서는 감쇠성을 높이는 것이 앞의 3가지 요소 가운데서 가장 효율이 높다는 사실이다. 이것이 제진재의 목적이다.

제진재

「제진」「차음」「흡음」 방식의 방음재 종류 가운데 200Hz~1kHz 정도의 낮은 주파수 대역에서 효과를 발휘한다. 트렁크 룸 바닥의 카펫을 벗겨보면 강판 가운데에 반 정도 녹아든 치즈 같은 시트재가 붙어 있는 차량이 있다. 만져보면 의외로 딱딱하다. 이것이 제진재(制振材)이다. 아스팔트 시트, 멜팅 시트라고도 한다. 제진재는 아스팔트를 주원료로 해서 인편안료(마이카), 발포제, 열가소성 수

그림7 각종 대책을 적용한 패널의 진동분석

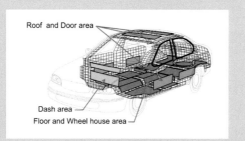

진동분석 결과

— 고무시트 추가　— 제진재 추가　— 강판 판두계up(1.5배)　— 강판만

세로축: 속도응답[dB]　가로축: 주파수[Hz]

컴퓨터 시뮬레이션을 통한 패널의 진동특성 분석결과. 자색의 제진재를 사용한 강판은 진동 최고점이 둥글게 되어 있다. 한편 고무 시트를 붙여 양을 늘린 것이나 판 두께를 두껍게 강성을 높인 것은 최고점 주파수가 이동하기만 했을 뿐 진동 최고점은 거의 줄지 않고 있다. 이처럼 제진재는 진동감쇠 효율이 뛰어나다.(그림제공 : 일본특수도료)

그림8 제진재의 차체 사용부위

제진재의 주요 사용부위. 20년 이상 전까지는 제진재가 방음기술의 주요 수단이었으나 무게와 가격, 설계의 근본적 대책 등으로 인해 사용부위가 점점 줄어들면서 A·B 세그먼트 등에서는 전혀 사용하지 않는 자동차도 있다고 한다. 방음재 취재에 응해준 일본특수도료에 따르면, 아스팔트의 점탄성은 온도 의존성이 높아서 제진 성능도 기온에 따라 미세하게 변하기 때문에 제진재를 차량의 온도특성에 맞춰 튜닝할 필요가 있다고 한다. (그림제공 : 일본특수도료)

Roof and Door area
Dash area
Floor and Wheel house area

그림9 제진재 사용이 효과적인 것은 중간 주파수 영역

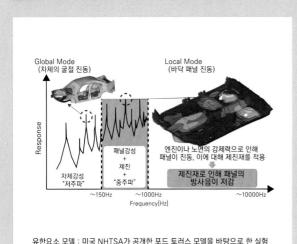

Global Mode (차체의 굴절 진동)　Local Mode (바닥 패널 진동)

Response　Frequency[Hz]

차체강성 "저주파"　패널강성 + 제진 + "중주파"　~150Hz　~1000Hz　~10000Hz

제진재로 인해 패널의 방사음이 저감

엔진이나 노면의 강제력으로 인해 패널이 진동, 이에 대해 제진재를 적용

유한요소 모델 : 미국 NHTSA가 공개한 포드 토러스 모델을 바탕으로 한 실험

그림 우측의 바닥 모델은 엔진이나 하체의 진동으로 인해 적색 부분이 북처럼 떨리면서 소음(고체 전파음)을 만들고 있다. 예를 들면 이 부위에 제진재를 열로 붙이면 바닥 패널의 진동을 효과적으로 감쇠시켜 소음을 줄일 수 있다. 한편 그림 좌측 끝의 150Hz 이하 영역에서는 보디가 진동으로 인해 변위함으로써 보디 패널로 감싸진 공간 주위의 공기를 떨게 해 저주파 소음(부밍음)을 만들기 때문에 방음재로는 대책을 세울 수 없다. 덧붙이자면 이때 보디의 변형이란 정적인 입력에 대한 비틀림이나 굴절 등이 아니라, 동적인 진동에 대한 변위이다. 정적 강성에 대해 동적 강성이라고도 할 수 있다. 정적 강성을 높이면 동적 강성도 올라가는 것 같지만, 그렇다고 무작정 강성을 높이면 중량과 가격의 증가를 불러오기 때문에 진동대책의 경우는 진동 모드가 연결되도록 하지 않고, 전체를 균형 있게 변위시키는 것이 중요하다.(그림제공 : 일본특수도료)

그림10 비구속형 제진재와 구속형 제진재

일반적인 비구속형 제진재와 구속형 제진재의 비교. 후자는 표면 경화층과 철판으로 점탄성 수지를 샌드위치처럼 사이에 끼움으로써, 샌드위치 제진강판처럼 진동을 점탄성 층의 동적 전단변형을 통해 효율적으로 감쇠시킨다는 이론. 논리적으로는 아주 얇지도 뛰어난 진동감쇠 효과를 발휘할 수 있지만, 복잡한 패널 형상을 쫓아가게 했다가 만약 표면에 균열이라도 생기면 효과를 발휘하지 못하게 된다.(그림제공 : 일본특수도료)

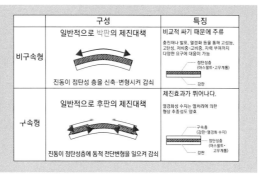

	구성	특징
비구속형	일반적으로 박판의 제진대책 진동이 점탄성 층을 신축·변형시켜 감쇠	비교적 싸기 때문에 주류 충진재나 발포, 열경화 등을 통해 고성능, 고탄성, 저비중·고비중, 자력 부여까지 다양한 요구에 대응 가능 (제진재/아스팔트·고무계통)
구속형	일반적으로 후판의 제진대책 진동이 점탄성층에 동적 전단변형을 일으켜 감쇠	제진효과가 뛰어나다. 열경화성 수지는 열처리에 의한 형상 추종성도 양호 (구속층/강판·열경화 수지)(점탄성층/아스팔트·고무계통)

지 등을 배합하고 섞어서 시트 형태로 만든 것으로, 일종의 점탄성 수지이다. 강판과 확실히 시키면 강판의 진동이 제진재로 전해져 그 점탄성 층을 신축·변형시키는데, 이로 인해 아스팔트 내부에서 분자의 곁사슬(側鎖)이 서로 접촉하면서 마찰저항이 생긴다. 그

러면서 강판의 진동을 감쇠시켜 열에너지로 바꾸는 것이다. 제진성능은 「손실계수」로 나타낸다. 성분 속에 비늘형상의 마이카를 함유함으로써 마찰저항을 더 크게 한다. 또 성분 속의 열가소성 수지는 마찰력을 제어하는 조정제로 첨가되어 있다. 진동에 대해 제진재

는 변형량이 커질수록 일반적으로 제진효과는 높아진다. 그래서 소재에 발포제를 넣어 부피를 키운다. 박판 제진에 사용하는 부착 형식을 「비구속형 제진재」라고 한다.

구속형 제진재

세탁기 등에서 한때 각광을 받았던 「제진 강판」은 2개의 강판 사이에 샌드위치처럼 제진재를 넣은 것이었다. 상하 강판의 굴절 진동에 위상 차이가 생기기 때문에 중간에 있는 제진재가 받는 힘은 주로 전단력이 되어 부착형 제진재보다 감쇠 효율이 더 높다는 이론이다. 자동차에서는 가격이 비싸고 재활용성 등의 문제 때문에 거의 사용하지 않지만, 제진 강판의 아이디어를 응용한 것이 「구속형 제진재」이다. 아스팔트에 배합되는 수지를 열경화성으로 바꿔서 도장 라인 도료의 열경화(대략 140℃/20~30분)를 통해 수지를 가교·경화시킴으로써 표면에 딱딱한 층을 만든다. 표면의 경화층과 하부의 강판에 제진재의 점탄성 층을 샌드위치처럼 끼움으로써 제진 강판과 똑같은 효과를 발휘하게 한다는 아이디어이다. 표면의 경화층(구속층) 강도가 성능 향상에 영향을 미친다.

구속형 제진재

제진재는 하체나 파워트레인, 구동계통 등으로부터 바닥 패널로 전해져 북처럼 진동하는 150~1000Hz의 중주파 고체 전파음을 낮추려는 목적으로 사용할 때가 많다(그림9). 또 문 닫는 소리의 저감, 지붕의 비리릭 거리는 진동 등을 줄이기 위해 도어 패널 안쪽/지붕 안쪽에 사용한다(그림8). 그러나 자동차 회사 내부에서는 가격과 경량화 측면 때문에 패널의 진동 등은 애초에 차체를 설계할 때 처리·개선해야 한다는 생각이 강하다. 그래서 20년 전에는 한 대당 평균 20kg 가까운 제진재를 사용했었지만, 현재는 바닥, 대시 패널(엔진과의 격벽 부분), 트렁크 바닥 등 일부에만 사용하고 있다.

차음재

차음재는 표피층(고무)과 중간층(펠트) 2층 구조이다. 표피층=질량, 중간층=탄력, 탄력질량 공진계로서 강판의 진동을 감쇠시킨다.
차음재 성능은 「투과손실TL」로 나타낸다. 400Hz 이상의 소음에 효과가 있지만 무겁다(2.5~6.5kg/m²)

본문 : 후쿠노 레이이치로 사진 : 야마가미 히로야 그림 : 일본특수도료

차음

자동차 인테리어에 사용하는 방음재는 「차음재」와 「흡음재」 2가지가 주이다. 막연하게 들으면 똑같은 개념으로 들리지만, 방음효과를 내는 이치는 전혀 다르다.

먼저 「차음재」.

「소리(音)를 차단(遮斷)한다」고 해서 차음(遮音)이다. 벽이나 칸막이를 음원 앞에 대면 소리 일부가 판의 표면에서 반사하기 때문에 반대쪽으로 전해지는 소리가 작아진다. 나아가 소음원을 상자같이 벽으로 둘러싸는 식으로 가둔 다음, 소음원과의 사이에 공기 투과를 완전히 차단하면 음파가 전달되지 않기 때문에 공기 전파음은 차음할 수 있다. 하지만 소리 일부는 차단재에 진동으로 전달되어 반대쪽의 공기를 진동함으로써 소리를 발생시킨다.

이것을 「음의 투과」라고 생각해도 된다.

벽처럼 차단물질이 소리를 쉽게 통과시키는지 아닌지를 「입사파에 대한 투과파(透過波)의 비율」로 나타낸 것이 「투과손실(TL:-Transmission Loss)」이라고 하는 지표이다. 투과손실은 차단재의 물적 특성이나 질량, 주파수 대역에 따라 다르지만, 투과손실이 클수록 차음 효과는 높다. 강판의 투과손실은 주파수와 질량 양쪽에 비례해서 커지기 때문에 주파수 또는 질량이 2배가 되면 투과손실은 6dB이나 증가한다.

차음재

차음재는 엔진과 실내를 나누는 벌크 헤드 쪽에 장착하는 대시 사일런서나 바닥 카펫 등, 주로 자동차 내장에 사용한다. EPDM 등과 같은 고무 또는 폴리에틸렌 등의 시트 뒷면에 우레탄이나 펠트 등의 다공질 소재를 접착해서 하나로 만든 경연(硬軟) 2층구조이다. 내장용 차음재에서는 EPDM+펠트 조합이 일반적이다. 표면의 고무 시트를 「표피층」, 안쪽의 다공질 층을 「중간층」이라고 한

일본특수도료·도치기공장의 제품전시실에 전시되어 있는 혼다 어코드의 커팅 모델. 엔진 룸과 차량 실내를 구분하는 격벽(벌크 헤드)에 장착된 것은 하이브리드 흡·차음재 타입의 대시 사일런서이다(흡음재 항목 참조). 어코드용은 중간층에 고무 시트를 샌드위치처럼 끼워 넣어 차음 효과를 높인 3층 타입이다. 카펫도 이면에 펠드 흡음재를 장착한 흡음 타입. 벌크 헤드와 바닥의 패널 방사음은 차 안의 고체 전파음 발생에 대한 기여도가 높아서 이 2곳을 집중적으로 방음하면 방음효과가 높다.

다. 소음이 투과되어 오는 강판 쪽에 중간층을 밀착시켜서 장착하면 중간층이 탄력, 표피층의 고무가 질량으로 작용하는「탄력질량 공진계」가 구성된다. 소리가 투과되려면 강판이 진동해 반대쪽 공기를 떨게 해야 하는데, 그 가진력을 차음재의 탄력질량 공진계가 공진(共振)해서 운동에너지로 바꿈으로써 감쇠시키는 식으로 소리의 발생(=투과)을 막는 것이다. 표피층의 고무 시트에서도 그 점탄성 저항으로 인해 진동 일부가 줄어든다. 또 다 감쇠시키지 못한 진동은 고무 이면에서 반사되어 강판과의 사이에서 반사를 반복하면서 그때마다 중간층의 다공질 소재로 흡음된다(→흡음재 이론을 참조). 차음재는 400Hz 이상의 소음에 유효하다.

차음재 튜닝

차음재 성능도 투과손실로 판단한다.

차음재 성능을 결정하는 3요소는 표피층의 질량, 중간층의 두께, 중간층의 압축탄성률이다. 어느 주파수대의 소음에 대한 투과손실을 높이려면 표피층은 무겁게, 중간층은 두껍게, 중간층의 탄성률을 높이면 되지만 탄력질량 공진을 사용하기 때문에,「무겁고」「두껍고」「부드러운」대책을 세워도 차음효과가 있는 주파수가 낮은 주파수대로 이동할 뿐이라고도 볼 수 있다. 차음재의 질량

은 평균적으로 2.5kg/m²~6.5kg/m²이다. 즉 상당히 무겁다. 엔진 벌크 헤드에 찰싹 붙이는 대시 사일런서의 치수는, 가령 E·F세그먼트 등의 세단 같은 경우에 세로 70cm에 폭 1.7m 정도는 족히 되기 때문에 대략 1.2m²이다. 가장 무거운 등급의 차음재라면 무게만도 8kg 가까이 나간다는 계산이다. 일본특수도료에 따르면 1980년대 때는 EPDM 표피층에 비성형 타입 열경화 펠트를 조합했던 초기 차음재의 대시 사일런서 무게가 고급차량용이 9.8kg/m²나 나갔다고 한다. 실제로 1개에 10kg는 넘을 정도의 대시 사일런서가 자동차에 사용된 적도 있었지만, 이 정도 무게라면 생산라인에서의 작업이 상당히 중노동이다. 또 너무 무거워서 주행 중 진동이나 충격적 입력 등으로 차음재가 떨어지면서 차음 효과를 발휘하지 못했다는, 웃지 못할 이야기도 있었다고 한다. 중간층 두께는 대체로 10~30mm이다. 펠트 등의 다공질 소재의 탄성률에는 소재 자체의 탄성과 내부에 들어있는 공기의 탄성이 관계하고 있는데, 공기의 스프링 정수는 변경할 수 없으므로 차음재 중간층의 튜닝은 소재가 일정할 경우 질량과 두께 2가지 선택지가 있다고 한다.

차음재와 관련된 지식

차음재의 방음성능은 원리적으로는 상당히 뛰어나기 때문에 오랫동안에 걸쳐 사용해 왔지만, 앞서와 같이 성능을 높이려면 중량이 과도해진다. 더불어 부품 가격도 올라간다. 또 앞서와 같이 차음재는 철판에 제대로 밀착하지 않으면 효과가 없다.

또 한 가지 기본적인 설계요소는「구멍」이다. 벌크 헤드에는 스티어링 샤프트나 페달, 배선이나 에어컨 등을 위한 관통 구멍이 나있어서 대시 사일런서에도 구멍을 뚫어야 하는데, 구멍을 뚫어서 공기 진동이 통과하게 되면 어떠한 방음재라도 그 부분에서는 방음효과를 기대할 수 없다. 구멍을 작게 만들거나 구멍 부분에 실링을 해서 공기 투과를 막을 필요가 있다.

또 주행 중에 노면에 의해 발생하는 진동이나 엔진 진동에 대해 무거운 차음재가 공진하는 타이밍이 존재할 수 있으므로 이에 대해서도 최적화할 필요가 있다.

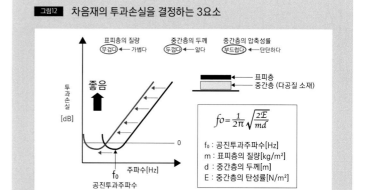

그림12 차음재의 투과손실을 결정하는 3요소

$$f_0 = \frac{1}{2\pi}\sqrt{\frac{2E}{md}}$$

f_0 : 공진투과주파수[Hz]
m : 표피층의 질량[kg/m²]
d : 중간층의 두께[m]
E : 중간층의 탄성률[N/m²]

차음재의 투과손실을 결정하는 요소. 어느 주파수 대역의 소음에 대한 투과손실은 고무 등의 표피 무게와 펠트 등과 같은 중간층 두께에 각각 비례해서 상승하고, 중간층의 탄성률에 의해 주파수 특성이 바뀐다(어느 주파수 대역이라면 탄성률이 낮은 재료가 투과손실이 크다). 전체가 탄력질량 공진계로서 작용해 진동을 줄인다는 이론이기 때문에, 투과손실을 향상한다는 의미는 방음효과가 높은 주파수 대역을 저주파 쪽으로 이동한다는 의미와 같다.(그림제공 : 일본특수노료)

그림11 차음재의 투과손실(=방음 효과)

가로축이 주파수, 세로축이 투과손실이다. 비스듬한 직선은 강판 단독의 투과손실이고 거기에 겹쳐 놓은 것이 차음재를 추가로 장착했을 때의 투과손실이다. 주파수 단위가 기입되지 않아서 판단하기 어렵기는 하지만, 중주파에는 차음재 자체의 공진점이 있으나 고주파에서는 차음재의 투과손실이 큰 효과를 발휘하고 있다. 이 그래프는 강판에 대해 수직으로 소리가 입사되었을 때의 수직입사 투과손실이다.(그림제공 : 일본특수도료)

방음재 설계① 제진, 차음, 흡음의 효능범위

제진재, 차음재, 흡음재는 각각 방음 대책이 가능한 음압레벨과 주파수 대역이 다르다. 이 그래프는 실제 자동차에 사용된 방음재의 각각의 범위를 측정해 그림으로 나타낸 것이다. 그림을 보면 제진재는 고체 전파음 가운데에서 높은 영역인 150~1000Hz의 중간파에서 효과를 발휘하고, 차음재나 흡음재는 400Hz 이상의 공기 전파음 영역에서 소음을 줄인다는 것을 알 수 있다. 한 가지 주목해야 할 것은 고체 전파음과 공기 전파음이 겹치는 400~2000Hz 정도의 영역이다. 이 자동차 같은 경우도 고체 전파음과 공기 전파음이 겹치는 영역은 제진재, 차음재, 흡음재 3가지의 기여가 방음과 관련되어 있다.(그림제공 : 일본특수도료)

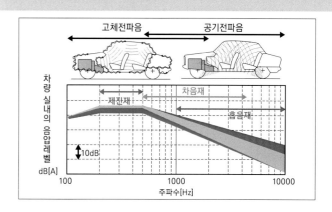

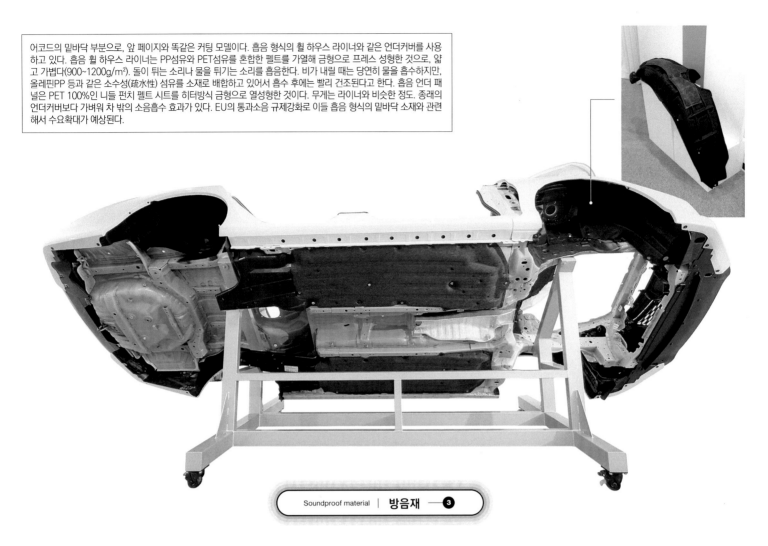

어코드의 밑바닥 부분으로, 앞 페이지와 똑같은 커팅 모델이다. 흡음 형식의 휠 하우스 라이너와 같은 언더커버를 사용하고 있다. 흡음 휠 하우스 라이너는 PP섬유와 PET섬유를 혼합한 펠트를 가열해 금형으로 프레스 성형한 것으로, 얇고 가볍다(900~1200g/m²). 돌이 튀는 소리나 물을 튀기는 소리를 흡음한다. 비가 내릴 때는 당연히 물을 흡수하지만, 올레핀PP 등과 같은 소수성(疏水性) 섬유를 소재로 배합하고 있어서 흡수 후에는 빨리 건조된다고 한다. 흡음 언더 패널은 PET 100%인 니들 펀치 펠트 시트를 히터방식 금형으로 열성형한 것이다. 무게는 라이너와 비슷한 정도. 종래의 언더커버보다 가벼워 차 밖의 소음흡수 효과가 있다. EU의 통과소음 규제강화로 이들 흡음 형식의 밑바닥 소재와 관련해서 수요확대가 예상된다.

Soundproof material | **방음재** — **3**

흡음재

펠트 등의 다공질 소재로 가볍게 공기를 통과시킨다. 공기와 섬유의 마찰을 이용해 소리의 진동을 열에너지로 변환시킨다.
흡음재 성능은 「흡음률%」로 표시한다. 주류는 흡·차음 겸용의 하이브리드 방음재이다.

본문 : 후쿠노 레이이치로 사진 : 야마가미 히로야 그림 : 일본특수도료

흡음

앞항의 차음재는 공기를 투과시키지 않고 차폐재의 진동을 줄여서 소리의 투과를 방지하는 것이 원리였지만, 「흡음재」는 펠트나 유리섬유, 우레탄 등과 같은 다공질 소재로 만들어진 시트에 강제로 공기를 투과시키는 방음재이다. 공기가 투과되면 ①공기의 점성에 의해 섬유와의 사이에서 마찰이 발생해 소리의 진동에너지가 열에너지로 바뀌면서 이로 인해 소리가 줄어든다. ②소음의 음압에 의해 다공질 소재의 섬유가 진동함으로써 진동이 열에너지로 바뀌면서 마찬가지로 소리가 줄어든다. 「진동이나 마찰에 의한 에너지 변환」이

흡음재가 소음을 줄이는 원리이다. ①의 효과가 더 높다고 한다. 흡음재에 소음을 입사하면 소음이 줄어들어 반대쪽에서 나오기 때문에 마치 「소리를 흡수한 것」처럼 느낀다. 흡음재 성능의 지표는 「흡음률」. 「입사파에 대한 반사율 비율」에서 계산해 백분율로 표기한다. 흡음률이 50%라면 소음의 반을 흡수하고 반은 반사했다는 뜻이다. 차음재의 결점은 일단 통과된 소음에 대해서는 대책이 없어서 반대로 표층의 고무가 차 안의 소리 반사재 역할을 한다는 점이다. 반면에 흡음재는 공기를 투과시켰을 때 줄이지 못한 소음이 있다 하더라도 차 안 어딘가에 반사되어 돌아오면 다시 그것을 잡아내 흡음할 수 있다. 벌크 헤드에 배치

한 대시 사일런서의 경우, 투과된 소음 일부는 인스트루먼트 패널 뒷면과 부딪쳐서 반사되어 돌아오므로 다시 흡음할 수 있다. 반사를 반복하면 차 안은 점점 조용해진다는 논리이다. 벌크 헤드같은 구조는 앞서와 같이 구멍을 완전히 막을 수 없으므로 일단 투과된 소음이라 하더라도 다시 보충해서 흡음할 수 있는 흡음재는 소음저감효과가 높다.

흡음재의 특징

흡음재의 일반적 소재인 펠트 재료는 놀랍게도 세탁한 헌 솜옷이다. 날카로운 침을 박은 회전식 드럼에 헌 옷을 통과시키면서 마구 찢으면 최종적으로 「솜」과 먼지 쓰레기가 남

그림13 흡음재의 재료
(펠트 등의 다공질 소재)

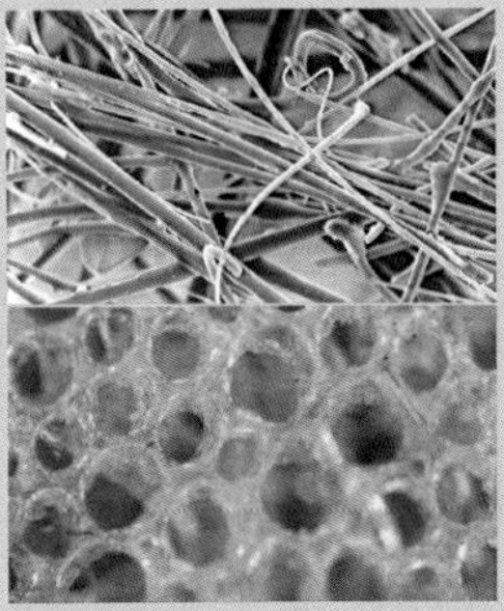

흡음재로 사용되는 다공질 소재. 위쪽은 헌 솜옷을 소재로 열경화 수지를 추가한 펠트, 아래는 우레탄 폼이다. 이밖에 PET, PP 등과 같은 섬유에 열가소성 수지를 넣은 다공질 소재도 사용한다. 섬유소재의 영률, 손실 계수, 푸아송의 비, 재료밀도 등에 따라 흡음률이나 흡음 효율이 좋은 주파수 대역이 다르므로 흡음 대상인 소음의 주파수대나 음압레벨 등에 맞춰서 구분해서 사용한다.(그림제공 : 일본특수도료)

는다. 헌 옷에는 여러 가지 색이 섞여 있어서 모든 색을 섞으면 약간 푸른색이 도는 회색이 된다(그림14). 이 회색 솜에 하얀 폴리에스테르 제품의 솜, 접착제인 PET수지(열가소성)를 중량비로 혼합한 다음 포밍 머신을 사용해 판 형태로 성형한다. 덧붙이자면 헌 옷을 해체할 때 생긴 먼지 쓰레기는 제진재 안에 증량 소재로 넣는다. 흡음재는 평방미터 당 무게가 650g~2.4kg으로 차음재와 비교해 가볍고, 또 차음재보다 가격도 싸서 현재의 방음재 중에서는 주류를 차지하고 있다. 특히 A·B세그먼트의 소형차는 제진재나 차음재를 다 없애고 흡음재로만 방음처리하는 경우가 일반적이다. 흡음재는 1000~1만Hz나 되는 넓은 범위에서 성능을 발휘하지만 어쨌든 고주파 대역에 강한 성질을 갖는다. 하지만 이 주파수 중에는 통상적으로 차 안에서 대화할 때의 목소리 주파수 성분도 일부 포함되어 있다. 그 때문에 흡음재를 많이 사용한 자동차는 대화 소리가 약간 들리지 않는 경향이 있다. BMW는 오랫동안 방음재 사용을 차음재 하나로 줄여서 사용한 회사이다. 차음재를 중시한 이유 가운데 하나는 디젤차의 방음 성능을 향상하기 위한 것으로 볼 수 있지만, 대화를 명료하게 하려는 의도도 있을 것으로 생각된다. 뭔가 귀가 막힌 것같이 차 안이 조용하고, 대화를 나누기가 약간 거북하고, 마치 무향실에 있는 듯한 느낌이라면 이것은 전형적으로 흡음재를 많이 사용한 데서 비롯된 부정적 효과이다.

흡차음 하이브리드 소재

흡음재 펠트를 경연(硬軟) 2층구조로 만들어 표면층에 차음재의 고무층 같은 효과를 준 것이 「흡차음 하이브리드 소재」이다. 1968년에 일본특수도료와 기술제휴한 이래 50년 가까이 사업 파트너로서 관계해 온 스위스의 Autoneum사가 공동으로 개발한 「Ultra Light(RUL)」가 그 효시이다. 2000년 무렵에 등장해 방음재 세계에 혁명적 변혁을 불러오면서 현재는 대시 사일런서의 주류로 올라서 있다. 표층은 열가소성 수지섬유를 접착제로 혼입한 다음 프레스로 눌러서 굳게 해 단단한 층으로 되어 있다. 아래 층은 통상적인 펠트이다. 표층의 단단한 층은 섬유 밀도가 높아서 중간층을 투과하면서 감쇠·흡음된 소리 일부를 감쇠·소음하는 동시에, 차음재 표피층의 고무처럼 안쪽을 향해 반사한다. 이 진동은 강판과의 사이에서 반사를 반복하면서 차음재끼리 감쇠시킨다. 현재는 3층구조로 진화했다. 디젤 차량용은 500~1kHz의 낮은 주파수 대역의 성능을 향상하기 위해 중간층에 고무를 끼워 넣음으로써 탄력질량 공진에 의한 감쇠 효과를 부여하고 있다. 2층구조를 통한 흡음재 기술을 더 발전시킨 것이 「Hybrid Acoustics」방식 대시 사일런서이다(그림16).

흡음재의 설계 변수

펠트를 사용한 흡음재 사례에서는 같은 주파수 대역일 경우 흡음재의 두께를 늘릴수록 흡음 효율이 높아진다. 또 두꺼울수록 저주파 대역의 흡음 성능이 좋아지는 경향이 있다.

또 두께가 일정하다면 펠트의 밀도를 늘릴수록 흡음률은 향상된다. 하지만 밀도를 높이면 투과되는 공기의 흐름 저항값도 점점 커지기 때문에 어떤 시점에서 흡음률 향상이 정체되다가, 밀도가 더 높아짐에 따라 반대로 흡음률이 떨어진다. 따라서 펠트의 밀도는 흡음하려고 하는 대상 주파수에 대해 적절하게 맞춰야 한다. 일본특수도료가 테스트하고 있는 최신 시뮬레이션에서는 공기의 변수로 점성·열적 특성 길이, 미로도, 다공도, 통기흐름 저항, 공기밀도를, 또 소재의 변수로 영률, 손실 계수, 푸아송의 비, 재료밀도 등을 설정한 Biot(비오) 모델을 이용해 공기의 점성이나 관성력을 통해 공기 전파음과 고체 전파음이 서로 작용하면서 소음이 전파되는 상황을 정밀하게 분석하고 있다고 한다. 물론 설정하는 각 변수를 현실 제품에서 그것만 집중적으로 튜닝하는 것은 어렵지만, 효과를 수치화할 수 있게 되었다는 것이 개발작업에 있어서 큰 의미였다고 한다.

그림14 흡음재 펠트는 헌 옷을 재활용

트렁크 룸의 카펫이나 여기저기 내장재를 벗기면 나타나는 회색 펠트 제품의 매트가 흡음재이다. 일본특수도료 제품 같은 경우 원료는 헌 솜옷의 솜이다. 확실히 잘 보면 모든 색의 실이 서로 섞인 상태이다. 청소기 안의 먼지 쓰레기가 회색으로 보이는 것과 마찬가지로, 모든 색이 섞인 결과 회색이 된다. 공기가 이 섬유 소재를 투과하면 마찰저항 및 섬유의 진동으로 인해 소리 에너지가 줄어든다(=정확하게는 열에너지로 바뀐다).

그림15 일본특수도료의 「IFP(Injected Fiber Process)」 카펫

일본특수도료의 신기술. PET섬유, 열 가소성 폴리에스테르 섬유, 헌 옷 소재를 풀어서 솜으로 만들고 나서 틀 안에 충전해 사지 같은 혁신의 프리폼을 만든다. 이것을 가열한 뒤 프레스로 평평한 시트로 만들면 펠트 밀도가 부위에 따라 다른 흡음재를 만들 수 있다. 카펫 흡음재의 밀도를 높이면 밟았을 때 들뜨지 않고 흡음률도 향상된다. 프리폼 형상에 따라서는 부위 별로 흡음 기여도를 최적화할 수 있는 획기적 제품이다.

그림16 일본특수도료의 「Hybrid Acoustics」 대시 사일런서

일본특수도료가 만든 흡차음 대시 사일런서의 최신 제품. 종래에는 열가소성 PET 섬유를 혼입한 펠트를 냉간성형했었다. 하지만 펠트 배합비나 제조법을 개선해 히터로 가열한 금형 안에서 열간성형하는 방법을 개발해 표층의 펠트 경도를 더 높일 수 있었다. 이를 통해 공진 주파수가 고주파 쪽으로 이동, 1000~6000Hz의 고주파 영역에서 기존 3층식 하이브리드 흡·차음재에 비해 −10dB 이상이라는 성능을 발휘한다. 부위에 따라 표층의 경연(硬軟)을 바꿔서 흡차음 기여도를 최적화하는 것도 가능하다.

방음재 설계

소음발생의 부위별 기여도에 맞춰 방음재를 최적으로 사용한다.
이를 통해 정숙성이 소형차로도 파급된다.
EV·PHEV의 고주파 소음은 현재로서는 전체 영역의 대책만 있을 뿐이다.
「음색 튜닝」「사운드 창출」이 진행 중이다.

본문 : 후쿠노 레이이치로 사진 : 야마가미 히로야 그림 : 일본특수도료

■ 기여도

차 안에서 가장 귀에 거슬리는 소음은 엔진음과 도로 소음이다. 그 일부는 엔진의 연소진동이나 타이어의 회전으로 인해 촉발된 진동이 차체 각 부분의 패널로 전해져 이 부분들을 진동시키고, 패널 방사음으로 차 안의 공기를 진동시켜 소음을 만드는 고체 전파음이다. 실제로 어떤 부위의 패널 방사음이 가장 많은지, 말하자면 소음발생 기여도를 차체 패널별로 조사해 보면 엔진음 같은 경우는 엔진 룸과 실내 사이의 격벽=벌크 헤드 하부에서의 방사음이 가장 크다. 도로 소음의 경우는 타이어→서스펜션→서브 프레임으로 전해지는 진동에서 방사음을 일으키는 전방 바닥과 후방 바닥의 기여도가 높다. 이것은 어느 정도 예측할 수 있는 현상이지만, 엔진소음의 기여도 2위가 바닥이라는 점과 도로 소음 기여도 제2위가 벌크 헤드 하부라는 점은 약간 이외의 결과이다. 차 안으로 전해지는 고체 전파음 대부분은 벌크 헤드 하부와 바닥의 방사음에서 생기고, 대시 어퍼와 후방 패신저 쉘프, 앞뒤 창문 등의 기여도가 그 뒤를 따른다. 루프는 두드리면 잘 울리기도 하고 너무 쉽게 떨려서 쉽게 소음이 발생한다고 느끼지만, 천정 방사음은 실제로는 적은 편이어서 전체의 수 %에 지나지 않는다고 한다. 종래는 벌크 헤드의 방음 관련 대책으로 차음재나 흡음재의 대시 사일런서 장착에는 초점을 맞춰왔지만, 바닥 방음에 대해서는 의외로 간과해 왔다. 바닥의 소음 기여도가 높다면 바닥에는 방음재를 더 장착해야 한다. 반대로 루프에 아무리 고가의 방음재를 붙여도 바닥을 소홀히 해서는 실내 정숙성에 크게 공헌하지 못한다. 즉 방음재를 사용하는 포인트는 소음 기여도에 맞추는데 두어야 한다. 기여도가 높은 부분에는 거기에 맞게 성능 좋은 방음재를 부착하고, 기여도가 낮은 부분의 방음재를 줄여서 기여도에 따라 최적으로 배치하면 각 패널 부분의 실내소음 발생 기여도는 일정해진다. 이를 통해 같은 차량의 실내소음이라면 경량화와 단가인하를 달성할 수 있게 되는 것이다.

■ 소음대책 경향

전 세계 A~F세그먼트 차량부터 시작해 경자동차의 실내(운전자 귀 위치) 엔진소음을 연도별로 대략 10년 동안 측정한 데이터를 보여주었다. 데이터를 보면 모든 자동차가 해마다 착실하게 정숙성이 향상됐음을 확인할 수 있었다. 10년 전의 D세그먼트 정숙성을 가진 B세그먼트 차, 10년 전의 F세그먼트를 능가하는 정숙성을 실현한 D세그먼트 차 등이 등장한 사실이 데이터로도 분명했다. 2012년 11월에 독일에서 발표된 골프 Ⅶ이 근본적 차체 설계 개

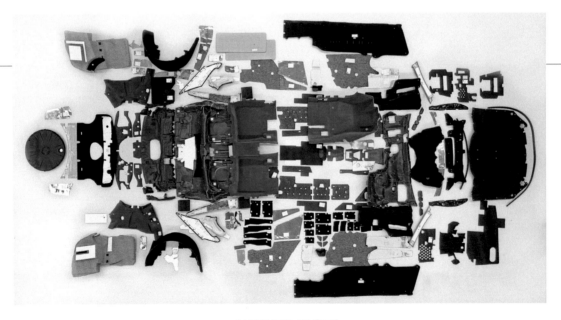

W222의 방음재

메르세데스 벤츠 S클래스(W222)에 사용 중인 방음재. 상세한 것은 발표되지 않았지만 엔진 룸 내벽이나 보닛 안쪽, 엔진 하부 등에 흡음재를 부착해 캡슐화하는 방식. 앞뒤 휠하우스 라이너와 언더커버의 흡음화 등 최신 방음 기술이 적용된 것을 알 수 있다. 주목할 것은 뒷자리를 철저히 방음했다는 점이다. 시트 아래에 흡음 카펫, 트렁크룸 쪽에 고무 표피로 된 거대한 차음재를 부착했다. 아마로 도로 소음뿐만 아니라 하이브리드 배터리의 제어음 등을 막으려는 목적도 있을 것이다. 방음재 최적화로 방음에 사용된 재료의 무게가 가벼워졌다고도 하는데, 이 사진만 봐서는 「80~100kg」이라고 했던 15년쯤 이전 상태와 크게 달라 보이지 않는다는 인상이다.

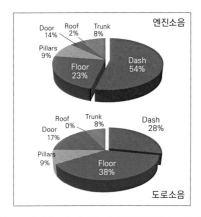

엔진소음

Door 14% / Roof 2% / Trunk 8% / Pillars 9% / Floor 23% / Dash 54%

Roof 0% / Trunk 8% / Dash 28% / Door 17% / Pillars 9% / Floor 38%

도로소음

방음재 설계② 기여도에 따른 최적의 방음재 배치ⓐ

방음대책을 전혀 하지 않은 실제 차량(1.8ℓ 4도어 세단)을 사용해 엔진음이나 도로 소음 등과 같이 음압레벨이 높아서 귀에 거슬리는 고체 전파음이 실제로 어떤 부위에서, 어느 정도로 들어오는지를 계측하는 데이터이다. 위쪽 그래프는 AT를 2단으로 유지한 상태에서 가속페달을 최대로 밟아 1500에서 6000rpm까지 높였을 때, 어떤 부위에서의 패널 방사음이 어느 정도의 비율을 차지하는지를 나타낸 것으로, 운전자 귀 위치에서 측정했다. Dash란 엔진과 실내를 구분하는 벌크 헤드를 말한다. 엔진음의 54%가 벌크 헤드, 23%가 바닥에서 나는 방사음이다. 아래 그래프는 40~80km/h로 주행할 때의 역시나 실제 차량의 도로 소음 데이터로서, 이 경우는 당연히 바닥의 소음 기여도가 38%로 가장 높다. 의외로 다음으로 높은 것이 벌크 헤드의 28%이다. 즉 엔진소음과 도로 소음을 막고 싶다면 벌크 헤드와 바닥을 수체로 대책을 세우면 된다. 반대로 소음 기여도가 낮은 부위는 대책도 가볍게 하면 된다. (그림제공 : 일본특수도료)

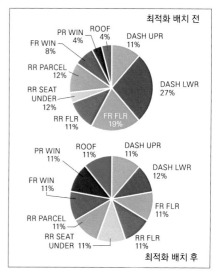

최적화 배치 전

PR WIN 4% / ROOF 4% / DASH UPR 11% / FR WIN 8% / RR PARCEL 12% / DASH LWR 27% / RR SEAT UNDER 12% / FR FLR 19% / RR FLR 11%

최적화 배치 후

PR WIN 11% / ROOF 11% / DASH UPR 11% / FR WIN 11% / DASH LWR 12% / FR FLR 11% / RR PARCEL 11% / RR FLR 11% / RR SEAT UNDER 11%

방음재 설계③ 기여도에 따른 최적의 방음재 배치ⓑ

상단 그래프는 종래의 경험적 방법으로 방음대책을 적용한 자동차의 실내소음. 이때의 각 부분의 방사음 소음 기여도를 나타낸 것이다. 별도ⓐ와 마찬가지로 대시 어퍼와 대시 로어로 이루어진 벌크 헤드와 전방 바닥과 후방 바닥으로 이루어진 바닥의 기여도에서 전체의 68%를 차지하고 있다. 반대로 말하면 이 부분은 아직 방음대책이 충분하지 않다는 것이다. 한편 아래 그래프는 벌크 헤드와 바닥에 집중적으로 방음재를 장착해 소음발생 기여도가 낮은 다른 부위의 방음재 성능을 줄이거나, 방음재 사용을 중지함으로써 방음재를 최적으로 배치한 것이다. 최적화 전에는 그만큼 불필요한 장소에 방음재를 사용했다는 뜻이다.(그림제공 : 일본특수도료)

선과 더불어 흡·차음재 질량까지 늘리면서 D세그먼트 차량을 능가하는 정숙성을 실현함으로써 라이벌 회사들에게 충격을 준 기억이 새롭게 떠오른다. 그 뒤 2015년에 연이어 발표된 라이벌 차량의 마이너 체인지 때는 C세그먼트 각 차량이 일제히 NV대책을 강화했다. 앞으로도 이런 경향이 계속되기는 하겠지만, E/F세그먼트에서는 이미 정숙성 추구도 약간 임계값까지 도달한 느낌도 있다. 그래서 고급차량 세계에서는 조용한 것만으로는 경쟁사와의 차별화를 하기가 어려워지고 있다. 한편 EV 또는 모터 주행시간이 긴 PHEV에서는 기존의 엔진 차량과는 소음 경향이 다르다. 한 실제 차량의 데이터를 보면, 60~3kHz에 이르는 넓은 주파수 대역에서 EV/PHEV 상태로 가속했을 때 소음이 엔진 차량보다 훨씬 낮은 반면에, 300Hz 부근과 1kHz 부근 그리고 4kHz 이상의 초고주파 영역에서 날카로운 소음 최대값이 나타났다. 앞의 두 가지 주파수는 고체 전파음과 공기 전파음이 주체인 타이어 소음으로, 엔진 차량에서는 엔진 소음에 가려져서 기존에는 그다지 두드러지지 않았던 소음이라고 한다.

후자는 모터가 발산하는 고주파 소음이다.

엔진 차량에서는 연소 1차성분의 주파수는 회전속도가 상승함에 따라 점점 높아져 2배음, 3배음, 4배음 성분이 2차, 3차, 4차로 계속적으로 발생하다가 대략 500Hz 정도에서 줄어든다. 그에 반해 모터는 10kHz 이상의 영역까지 차수(次數) 성분이 소음으로 나타나고 또 모터 회전속도와 관계없는 일정한 고주파 소음이 몇 차수의 성분에서 나타나는 경우가 많다고 한다. 아마도 인버터 등의 제어음일 것이다. EV나 PHEV는 각 자동차 회사의 독자적 메커니즘이나 제어방식을 채택하고 있어서 차마다 소음 경향도 상당히 다르다고 한다. EV/PHEV의 소음대책 대상은 중주파 도로 소음이라든가 고주파 모터음 등과 같이 한정적이기는 하지만, 현 단계의 기술로는 기존에 존재했던 흡·차음재를 사용해 전체 영역을 커버하는 방법밖에 없다. 그래서 각 메이커는 실내소음의 절대 레벨이 낮은데도 불구하고 EV/PHEV의 방음재 질량이 반대로 엔진 차량보다 증가하는 경향을 보인다고 한다. 처음에 언급했듯이, 진동은 우주보편적인 물리현상이지만 소리는 지구적인 현상이라 실내소음은 인간의 평가에 따라 우열이 정해진다. 오로지 방음재 질량을 늘려서 소

음을 낮추는 방법만이 반드시 쾌적한 자동차를 만드는 것은 아니라는 사실은 그 때문이다. 차량 실내는 조용해졌지만 대화성분까지 흡음되면서 목소리를 알아듣기 힘들다는 경우가 그런 사례일 것이다. 가솔린 자동차에서는 이런 자동차가 이미 거의 없어졌으나 EV/PHEV에서는 앞의 이유로 비슷한 경향이 나타나는 사례도 있다. 「좋은 소리는 신경이 쓰이지 않는다」, 이것이 NV를 제어하는 핵심이다. 그래서 세계의 각 자동차 회사는 「음향 튜닝」이나 스피커를 이용한 「사운드 창출」을 위해 기술을 집중시키고 있다. 이것은 또 다른 흥미로운 주제가 아닐 수 없다.

방음재 제조공정

사진 : 아라카와 마사유키

① 흡음재 소재는 헌 옷이다. 관공서, 가전회사 등의 유니폼 가운데 세탁이 끝난 것만을 사들여서 사용한다. 면, PET, 아크릴 제품 등이 섞여 있다. 솜은 이형섬유라 흡음성이 높기 때문에 배합비를 높이고 있다. 이것을 반모(反毛)공정 라인에 투입, 날카로운 침이 박혀 있는 회전식 드럼에 넣고 섬유를 갈기갈기 찢어서 솜과 먼지 쓰레기로 만든다. ② 이 헌 옷 섬유(짙은 회색), 폴리에스테르 섬유(백색), 접착제인 PET섬유(차색), 제조공정에서 나오는 조각 등의 재활용 소재를 베일 브레이커라고 하는 기계에 투입한 뒤 4종을 배합하는 식으로 비율을 제어한다. 또 교반기 안에서 침이 난 롤러로 풀어 헤쳐(「開裁」) 자잘한 솜으로 만든다. ③ 하이브리드 흡·차음재의 제조공정. 솜이 타워 슈터

라고 하는 세로형 기계 안에서 퇴적하면 이것을 펠트 형상의 시트로 성형한 뒤, 히터로 열을 가해 폴리에스테르 섬유를 녹임으로써 펠트가 분해되지 않도록 섬유를 접착한다. 표층 쪽에 사용하는 펠트는 프레스 성형으로 단단히 눌러서 굳힌 다음, 접착제를 뿌리고 나서 중간층용 펠트 위로 겹치게 해 프레스 접착한다. 펠트 자체는 안과 겉이 똑같다. ④ 휠하우스 라이너 성형. PP섬유와 PET섬유를 혼합한 펠트 원단을 열풍 오븐 안에 투입, PP를 녹여 연화시킨 다음 금형으로 프레스 성형. 일본특수도료의 신공법에서는 라이너를 펼친 형태로 성형, 이형 시 트리밍한 다음 지그에 끼워 초음파 용착(또는 타카 고정)한다. ⑤ 흡음 언더커버 제조. PET 100%인 니들 펀치 펠트 시트를 히터 내 장식 금형에서 열성형, 8mm 두께의 원단을 성형해 반 정도로 줄인다. 원단 제조공정에서의 침 굵기나 박기 깊이, 박기 수 등을 통해 제품 강도나 흡음 성능 등이 바뀐다.

①   ②   ③   ④   ⑤

CHAPTER 2

| Countermethod of New model car |

자동차에 대한 소음(N)·진동(V)대책

쾌적성을 추구하는 신형차에 적용한 해결책이란

자동차가 점점 조용해지고 있다. 파워트레인의 정숙성, 실내 정숙성.

공회전 정지에 심지어는 EV주행까지. 탑승객을 쾌적하게 해주는 기술에 관해 살펴보았다.

주행 시 앞 유리창이 받는 바람 압력(풍압)은 A필러 부근에서 풍절음으로 바뀐다. 도어 미러에 부딪치는 바람은 더 큰 소리를 낸다. 주파수가 인간의 음성과 겹치기 때문에 일본의 법정속도 영역에서도 문제가 된다.

유리는 강판과 비교하면 차음성능이 낮다. 차음성능은 소재의 「두께」에 비례하기 때문에 두꺼운 유리나 이중유리를 사용하면 개선되기는 하지만, 무게와 가격이 늘어난다.

3열째 시트의 거주성 개선이 신형 세레나의 큰 과제가 되었다. 그런데 좌우는 휠 하우스에 막히고 뒤쪽은 개방 부위라는 악조건 때문에 어려움이 많다.

앞 유리창의 경사각을 크게 하면 공기저항은 줄어들지만 대시 보드 전체의 체적과 정면 면적이 커진다. 부밍음이나 덜덜거리는 진동대책에 주의할 필요가 있다.

세레나 일부 사양에는 2열째 시트의 초(超) 롱 슬라이드와 횡 슬라이드가 장착된다. 긴 시트 레일의 강성확보나 차체 쪽과의 설계 친화성 등, 과제가 순식간에 많아진다.

SERENA 5th Generation
표준차 FF사양은 전장4690×전폭1740×전고1875mm. 기본은 일본 법규인 5자리 번호 크기이다. 닛산의 상품군 가운데서는 엘그란드가 고급 가격대를 커버하고, 세레나는 패밀리 미니밴이라는 위치에 있다. 제5세대는 클래스 최고의 연비성능과 정숙성, 전 좌석의 쾌적성을 추구했다. 세계적으로는 운전지원기술「프로파일럿」적용이 화제이지만, 개발진은 미니밴으로서의 기본적인 상품력을 키우기 위해 힘을 쏟았다.

| CASE 01 | NISSAN |

「조용한 대공간」은 구현하기가 쉽지 않다!

닛산 세레나의 도전

패밀리 미니밴으로서 「거주성이 좋은 조용한 실내」는 최우선시해야 할 성능이라고 할 수 있다.
큰 공간과 긴 바닥, 면적이 큰 지붕과 유리창 등, 소음·진동 측면에서 부정적으로 작용할 만한 요소를 어떻게 극복할 것인가.

본문 : 마키노 시게오 그림 : 닛산

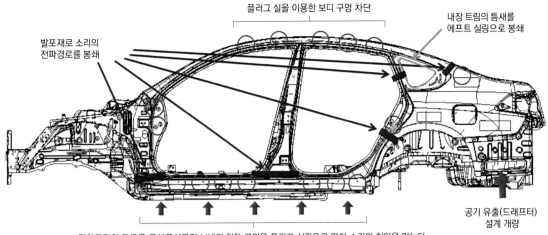

**● 08 TEANA
2nd Generation**

NV대책은 2세대 티아나부터 크게 도약했다. 1차진동의 사인파가 되는 저주파음에 대한 대책으로, 앞축으로 들어오는 입력이 뒤축 위치에 딱 맞도록 세로로 굴절되는 「관절 위치」의 모드 제어를 통해 제조공정 상 필요한 차체 구멍은 최소한으로 하고 꼭 필요한 구멍은 실링으로 막는 한편, 폐단면 내의 소리 전파경로는 발포재로 차단했다. 나아가 엔진 마운트를 개량해 진동발생원인 파워트레인에서 발생하는 진동전파를 억제했다.

플러그 실을 이용한 보디 구멍 차단

내장 트림의 틈새를 에프트 실링으로 봉쇄

발포재로 소리의 전파경로를 봉쇄

공기 유출(드래프터) 설계 개량

전착도장의 도료를 구석구석까지 보내기 위한 구멍을 플러그 실링으로 막아 소리의 침입을 막는다.

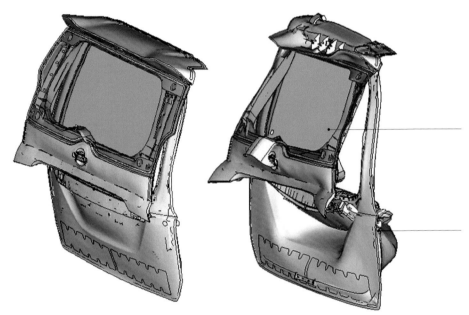

◀ 듀얼 뒷문의 진동 모드

차체의 진동에 의한 변형만을 확대해서 가시화한 시뮬레이션 CG. 실제로는 이 정도로 큰 변형은 아니다. 독립적으로 열리는 보조 창문은 수지성이고, 보강재로 강철 리인포스먼트가 들어가 있다. 개별적으로는 강철 뒷문과 비교했을 때 진동 모드는 그다지 변함이 없다고 한다.

보조 창문을 닫아 일체화한 뒷문이 되면 이처럼 2개의 문이 각각 멋대로 진동을 시작한다. 보조 창문 하단의 메인 도어가 크게 앞뒤 방향으로 휜다. 이런 진동은 반드시 사람의 귀까지 들리는 소리로 바뀐다. 주행 풍압은 이 진동을 더욱 증폭시키므로 공력 측면의 대책도 유효하다.

5자리 번호 치수의 3열 시트형 미니밴은 일본의 패밀리카로서 상당한 인기를 끌고 있다. 차량 실내 크기를 최대한 늘린 넓이. 대형 유리 면적에 의한 밝은 실내. 탑승객 수와 적재량에 맞춰서 다양하게 활용할 수 있는 시트 배열. 작은 물건을 수납할 수 있는 배려. 상품성을 위해서는 어떤 것 하나 소홀히 할 수가 없다. 그러면서도 가격은 경쟁자송과 비슷한 수준 이하로 맞춰야 하므로 단가 압박도 심하다. 과감한 상품기획이다. 한편 차체 뒷부분이 개방되는 부위이기 때문에 미니밴은 NV(진동·소음) 측면에서는 애초부터 불리하다. 소리가 차체 뒤쪽에서 사정없이 실내로 들어온다. 다양한 시트배열이 가능해서 2열째 시트의 미끄럼 양을 길게 했을 때, 아무런 대책도 세우지 않으면 바닥과 시트 레일 주변의 강성은 떨어진다. 판매점 매장에서 효과적으로 어필되는 넓은 실내나 다채로운 시트 배열은 NV성능 측면에서는 사실 큰 난제이다.

「이번 세레나에서는 가속할 때의 소음, 모든 좌석에서의 도로 소음, 뒷문 부근에서 발생하는 소음 3가지가 NV성능을 끌어올리는 작업에 주안점을 두었다.」

NV개발 팀은 이렇게 말한다. 미니밴의 결점을 극복하려는 개발은 예전부터 계속해 왔지만, 이번에는 더 위를 목표로 했다. 그 때문에 개발 과정이 여러 방면에서 진행되었다. 먼저 가속할 때의 소음에 대해서는 닛산으로는 처음으로 CVT와 엔진의 「소음 통합제어」를 도입했다고 한다.

「닛산의 CVT는 출발할 때 스로틀을 연 순간, 토크 컨버터 특성을 이용해 아주 짧은 시간에 엔진 회전속도를 높임으로써 그때부터 차량의 가속G가 붙게 되는데, 세레나에서는 출발할 때의 엔진 회전속도 상승을 낮추고 지그시 토크 컨버터와 연결되도록 하는 제어를 도입했습니

다. NV를 위한 엔진과 CVT의 통합제어인 것이죠. 스로틀을 연 직후에 엔진 회전속도를 높이면 가속 시간은 좋아지지만, 엔진 회전 속도가 급상승하기 때문에 『우왕~』거리는 엔진소음과 벨트 풀리에서의 약간 높은 주파수 진동이 나오게 됩니다. 가속을 우선하느냐 NV를 우선하느냐는 사내에서도 다양한 논의가 있었습니다. 그 결과로 이번에는 NV성능을 우선하게 되었죠. 선대 세레나에서 신형으로 바꾼 사람은 출발이 조금 나빠졌다고 느낄지도 모르겠습니다만, 조용히 스윽~하고 출발하는 감촉을 중시했습니다」

세레나 탑재에 있어서 MR20DD형 직렬 4기통 엔진은 압축비가 높아져 2/3번 실린더의 배기 포트를 실린더 헤드 안에서 합류시킴으로써 배기간섭을 줄이는 등, 여러 가지를 개량하였다. 이런 엔진설계 변경도 반드시 NV로 나타난다. 그 때문에 NV 주파수를 구성하는 요소를

분석한 다음, 그 가운데서 어디를 중점적으로 대처할지를 결정하는 작업이 이루어졌다. CVT의 벨트&풀리도 진동발생원이라 기능·성능을 떨어뜨리지 않고 NV를 개선하려면 설계 균형을 어떻게 잡느냐가 중요하다. 이렇게 설계한 엔진과 CVT에 더 나아가 통합제어를 통한 NV 개선까지 진행했다. 파워트레인은 가장 큰 진동발생원이라 많은 NV 기술자가 먼저 여기서 대책을 세우지 않으면 「나중에 대책을 세우지 못하는 부분이 반드시 나타난다」고 이야기한다. 엔진과 CVT의 통합제어 전에 근본 대책

이 있고 그래서 통합제어가 생겼다는 것이다.

2번째의 「모든 좌석에서의 NV저감」은 더 많은 요소가 얽혀 있다. 먼저 보디 설계단계에서 저주파 계통의 성능을 집어넣고, 주행 실험단계에서는 조종성 향상대책으로 NV성능을 보완했다고 한다. 「NV와 조종안정성은 양립하는 부분도 있고 양립하기 어려운 부분도 있지만, 차체를 제대로 만들면 조종안정성과 NV 양쪽에서 효과를 발휘하는 경우가 많습니다. 이 두 가지는 불가분의 관계이죠. 단가 등과 같은 제약이 있는 상황에서는 조종안정성을 위한 개량

으로 NV성능을 보완하는 방법도 사용합니다. 세레나 개발목표로 내세운 1/2/3열 어떤 시트이든지 간에 충분한 NV성능을 얻겠다는 것도 차체 설계가 큰 효과를 발휘하죠. 다만 미니밴은 바닥이 평평하기 때문에 2열째 시트의 바닥 진동은 20Hz 정도로 상당히 낮습니다. 소음이 되느냐 아니냐 하는 한계 주파수이죠. 앞 좌석은 조금 더 높은 주파수입니다. 3열째는 더 복잡합니다. 세단 형식이라면 뒤축 바로 앞의 바닥 부분을 킥업(앞뒤 방향으로 단차를 둠)하는 식으로 바닥의 면강성을 확보하지만, 세레나는

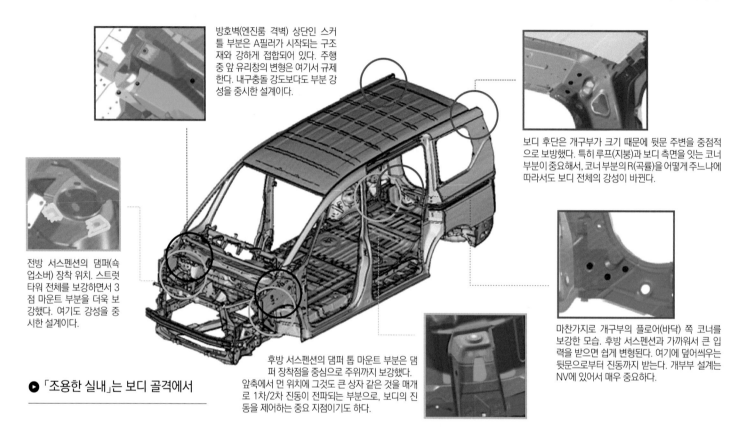

방호벽(엔진룸 격벽) 상단인 스커틀 부분은 A필러가 시작되는 구조재와 강하게 접합되어 있다. 주행 중 앞 유리창의 변형은 여기서 규제한다. 내구충돌 강도보다도 부분 강성을 중시한 설계이다.

전방 서스펜션의 댐퍼(쇽업소버) 장착 위치. 스트럿 타워 전체를 보강하면서 3점 마운트 부분을 더욱 보강했다. 여기도 강성을 중시한 설계이다.

보디 후단은 개구부가 크기 때문에 뒷문 주변을 중점적으로 보방했다. 특히 루프(지붕)과 보디 측면을 잇는 코너 부분이 중요해서, 코너 부분의 R(곡률)을 어떻게 주느냐에 따라서도 보디 전체의 강성이 바뀐다.

마찬가지로 개구부의 플로어(바닥) 쪽 코너를 보강한 모습. 후방 서스펜션과 가까워서 큰 입력을 받으면 쉽게 변형된다. 여기에 덮어씌우는 뒷문으로부터 진동까지 받는다. 개부부 설계는 NV에 있어서 매우 중요하다.

후방 서스펜션의 댐퍼 톱 마운트 부분은 댐퍼 장착점을 중심으로 주위까지 보강했다. 앞축에서 먼 위치에 그것도 큰 상자 같은 것을 매개로 1차/2차 진동이 전파되는 부분으로, 보디의 진동을 제어하는 중요 지점이기도 하다.

● 「조용한 실내」는 보디 골격에서

평평한 바닥이 필수라서 그렇게는 못합니다」
평평한 바닥으로 만들지 않으면 2열째 시트의 앞뒤 미끄럼 양을 확보할 수 없다. 하지만 뒷문 가까이 뒷바퀴 바로 위에 있는 3열째 시트의 NV적 악조건을 늘리는 요소로 작용하게 된다.
「도장이 빠지는 구멍이나 부품 장착용 구멍을 최소한으로 하고, 트림 틈새를 줄이고, 1차와 2차 차체 진동모드 대책까지 세움으로써 일단 차체 단독의 저주파 관련 NV대책을 수립했습니다. 상품기획 단계에서 모든 좌석의 NV성능과 승차감을 똑같이 하겠다는 목표를 설정해 어느 정도의 단가를 확보하는 식으로 2/3열째 바닥에 흡음 라이너를 붙일 수 있었죠. 약간 높

은 주파수대에 대응하려면 흡음이 필요합니다. 그래도 최소한의 『부착』으로 끝났다고 할 수 있습니다. 각 부서마다 서로 아이디어를 낸 결과이죠」 시트 레일의 강성과 시트 장착 강성도 NV에 크게 관여한다. 이 부분도 개발 초기단계의 주제였다.
「3열째는 거북한 착석 자세에 도로 소음은 시끄럽고, 전망은 나쁩니다. 여기에 앉으면 잠을 잘 수밖에요. 그런 거주성이 되지 않도록 하려고 3열 동시에 다리를 조합할 수 있게 목표를 정했습니다. 1/2/3열의 시트 사이 거리는 상당히 자유롭게 설정할 수 있습니다. 그만큼 시트 레일을 개선한 것이죠」

들어보니 50Hz에서 0.4dB(데시벨)밖에 안되는 작음 소음도 신경 썼다고 한다. 또 개발팀은 이렇게도 말한다.
「차량 실내에서 느끼는 NV는 차체의 골격 공진과 실내로 밀봉된 공기의 공진 양쪽입니다. 차체가 전후좌우·상하로 움직이면 넓은 실내의 공기는 하나가 된 『공기 기둥』으로 움직이게 되죠. 실내의 벽이나 지붕에 공기 기둥이 부딪쳐 압축과 인장을 반복하면 공명이 발생합니다. 그것을 막기 위해 공명을 흐트러뜨림으로써 소음으로 바꾸기 힘들도록 설계합니다. 공기는 마치 생물과 같습니다. 미니밴은 거대한 공기 기둥을 옮기는 셈이기 때문에 차체에서 유래된 저주파

대책만 세워서는 불충분한 것이죠」

차량 실내의 공기는 문을 닫았을 때 그 존재를 느낀다. 자동차에는 반드시 공기가 빠지는 구멍(배출구)이 있다. 대개는 뒷바퀴 휠 아치의 후방에 있다. 문을 닫았을 때 실내로 여분의 공기가 밀려 들어오기 때문에 어느 정도의 체적을 가진 공기를 빼내지 않으면 문도 잘 안 닫힐뿐더러 귀가 압박을 받는다. 그러기 위한 구멍이다. 하지만 이 구멍으로 소리가 들어온다. 미니밴의 3열째 시트는 공기 배출구에 가장 가까운 자리이다. 세레나의 NV개발 과정에서 3

번째 뒷문은 상당히 어려운 주제였다고 한다. 유리 부분만 독립해서 여는 듀얼 백 도어이다.

「뒷문 전체의 진동은 상부 힌지와 하부 캐치를 지지점 삼아 앞뒤 방향으로 휘거나 상하 방향으로 움직이게 되죠. 여기에 유리창 부분의 문이 추가되면 상당히 복잡한 진동 형태가 됩니다. 공진 주파수가 몇 가지나 나오거든요. 그렇다고 해서 질량(무게)을 추가하는 식으로 대책을 세우면 뒷문 전체가 무거워져 조작성이 나빠집니다. 틈마개(웨더 스트립) 개량도 효과가 있지만, 반력을 강하게 하면 작은 힘으로는

닫히지 않습니다. 반대로 반력을 약하게 하면 빗물 등이 들어오게 되죠. 구성부품마다 균형을 잘 잡아주는 것이 중요합니다」

시작(試作)단계에서는 먼저 뒷문 단독의 NV 특성만 골라낸 다음, 그것을 차체에 장착하고 주행실험하면서 설계를 밟아나갔다고 한다. 시뮬레이션만으로는 할 수 없는 일이다.

「2개로 분리된 뒷문에서 1개씩의 공진 주파수 배열과 진동 상태를 제어하는데 시간을 많이 할애했습니다. 뒷문 자체의 공진과 차체의 비틀림 공진이 겹치면서 뒷문 부근에서 50Hz

긴 루프에는 사진처럼 볼록한 부분은 프레스로 성형한다. 강판 1개로 넓은 면적을 커버해야 하므로 강성이 낮을 뿐만 아니라 공진이나 면 편차가 생기기 때문이다. 실내 쪽으로는 트림이 되어 있기는 하지만 그래도 지붕을 때리는 빗소리는 실내에서도 들을 수 있을 만큼 크다.

⋯⋯⋯⋯⋯⋯⋯⋯⋯⋯⋯⋯⋯

보디 측면 후단에 위치하는 창의 에지 부분과 그 아래의 콤비네이션 램프 형상은 주행 시 기류를 뒷문 쪽으로 휘감기지 않도록 설계되었다. 뒷문 면에서 와류가 발생하면 뒷문을 앞뒤로 밀고당기는 힘으로 작용하기 때문이다.

미니밴의 2열째 시트는 특등석 같다. 이처럼 다리를 펴고 앉을 수 있는 점은 훌륭하지만, 평평한 바닥과 긴 시트 레일은 NV 성능을 떨어뜨리는 요소이다. 이중바닥 설계와 시트 레일 설계에는 다양한 개량이 접목되었다. 사진 사양은 시트가 되기도 하는 센터 암 레스트 부분이 독립적으로 움직인다.

닛산자동차
Nissan 제2제품 개발본부
Nissan 제2제품 개발부
제3프로젝트 총괄그룹

이소베 히로키
Hiroki ISOBE

닛산자동차
Nissan 제2제품 개발본부
Nissan 제2제품 개발부
음진성능그룹

데지마 사토시
Satoshi TEJIMA

이하의 웅웅거리는 소리가 납니다. 공진 주파수를 낮추면 더 압박감이 느껴지는 소음으로 바뀌게 되죠. 이런 저주파 음은 처음부터 대책을 세우지 않으면 나중에는 손쓰기가 어렵습니다」

진동분석 데이터를 보면 차체 뒤쪽 끝의 개구부를 막고 있는 뒷문이 아주 복잡한 움직임을 보인다. 특히 유리창 부분의 보조 창문은 수지제품인데 거기에 강제품으로 보강했기 때문에 더 복잡한 진동 상태를 보인다.

「수지 문은 진동 상태에서는 강제품 문과 차이가 없지만 공진 주파수가 낮습니다. 이것이 첫 번째 포인트이죠. 또 하나는, 주행 시 차체 주변에 발생하는 기류나 와류의 영향으로 뒷문

이 진동하는데요, 차체 뒷부분에 와류가 돌지 않도록 차체 측면의 뒤쪽 끝 형상을 개량했다는 점입니다. 기류를 박리시켜 뒤쪽으로 돌아가지 않도록 한 겁니다. 속도가 빨라지면 실내에서 들리는 바람 소음이 『파락파락』거리면서 신경쓰이게 하는데 그것을 방지한다는 의미도 있습니다」

뒷문의 창부분만 열 수 있게 했으면 편리했을 텐데⋯ 하는 생각도 실현까지는 여러 가지 NV상의 문제가 있다. 세레나의 NV개발팀은 착실하게 한가지씩 문제를 해결해 나갔던 것이다.

「뒷문에서 들리는 부밍음은 주파수가 낮은 무지향성 음입니다. 어디서 나오는지 특정하기

어려워서, 귀 위치를 바꿔주면 들리지 않는 유지향성 음과는 다릅니다. 근본적 대책을 세우지 않으면 잡을 수 없는 소음인 것이죠」

신형 세레나에서는 크루즈 컨트롤 기능을 한 걸음 더 진화시켜서 차선 중앙에 머물도록 스티어링을 제어하는 프로파일럿을 적용했다. 이것이 화제를 모으고 있다. 하지만 넓은 실내와 풍부한 시트 배열이라는 미니밴의 매력에 「정숙성」이라는 기능이 추가된 점도 과거부터 계속되어온 착실한 개량의 진화이다. NV성능은 적극적으로 대처하지 않는 한, 경량화라고 하는 현재의 조류 속에서 퇴보할 수도 있는 분야이다.

이 차는 점성술일까? 단순한 주술에 불과할까?

공력으로 진동을 제어하다.

도요타 86에 담긴 마법

대전방지 알루미늄 테이프의 효능을 체감하다.

연료탱크의 수분 제거제부터 마이너스 이온생성기에 이르기까지, 거리에는 요상한 물건이 넘쳐나고 있다.
명석한 독자라면 별로 관심이 안 가는 물건들일지 모르지만, 천하의 도요타가 간판 차종에 당당히 장착해서
그 효과를 선전하기에 이르렀다면, 얘기는 달라질 것이다….

본문 : 미우라 쇼지 사진&그림 : 도요타 / MFi / 만자와 고토미

9월 모일, 편집부로 이상한 팩스가 들어왔다. 「공력을 개선하는 방전 알루미늄 테이프를 신형 86에 장착」이라고 적힌, 꼼꼼한 보도자료였다. 정체를 알 수 없는 기업의 프로모션 보도자료겠거니 생각하고 쓰레기통으로 가기 전에 발신처를 자세히 봤더니 「도요타 자동차 주식회사」라고 적혀 있고, 그 효능을 체감할 수 있는 시승회까지 개최한다고 한다. 완전 새로운 기술이라는 것이 대개는 그때까지의 상식을 뒤엎는 것이라 그냥 보기만 해서는 단순한 발명으로밖에 생각되지 않기는 하지만, 하이브리드 기술 외에는 돌다리도 두드리고 건너는 경향이 강한 도요타가 뭐라 표현할 길 없는

기묘한 것을 갖고 일부러 사람까지 모아서 발표한다고 하니 매우 의아스러운 것이다. 팩스를 보다가 대처하기가 곤란했던 편집부 만자와씨는 「이상한 취재에는 이상한 사람을 데려가면 된다」고 판단한 듯, 한가한 필자에게까지 차례가 돌아왔다. 단순한 기술개발 발표가 아니라 시승회까지 한다면 정말로 효능이 있는지 어떤지를 확인할 수 있다. 만약 그것이 허세였다면 속으로 욕 한번 하면 되는 것이고, 효과를 체감할 수 있다면 또 그것대로 즐거운 일이다. 그런 장난 반 호기심 반으로 발표회가 열리는 가와구치 호수로 향했다.

당일에는 삭스제품 댐퍼의 옵션 채택이라고 하는 이번 86의 마이너 체인지에서의 포인트도 있어서 시승 스케줄이 빡빡했지만, 일단은 문제의 기술 프레젠테이션부터 시작했다.

그 요지는 예상과 달리 아주 명쾌했다. 자동차 차체는 문 손잡이를 잡았을 때 정전기가 일어나는 것에서도 알 수 있듯이 항상 전기를 띠고(대전, 플러스 전하) 있다. 금속은 당연하고 수지는 특히 쉽게 대전한다는 의미를, 셀룰로이드 밑바닥을 문질러 머리카락을 세웠던 경험이 있는 중년 이상의 연배라면 이해할 수 있을 것이다. 공기도 또한 플러스로 대전하고 있어서 주행할 때, 차체 주위로 공기가 흐르면 플

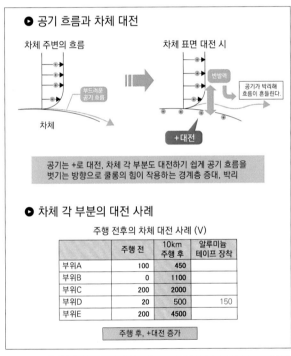

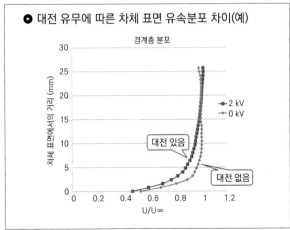

차체의 대전과 공기 흐름의 관계성을 나타낸 그림. 차체는 항상 플러스 전하로 대전하고 있어서 같은 전하를 가진 공기와는 서로 반발한다. 차체 표면의 형상 등 순수한 공력 영향 이외의 요소로 공기 흐름이 흐트러진다. 아래 표는 보디의 각 부위별 대전량. 주행을 시작하면 공기와 보디의 마찰 대전으로 인해 대전량이 더 증가한다. 그때 알루미늄 테이프를 붙이면 1/3 이하로 대전량이 줄어든다는 측정 결과이다.

● 공기 흐름과 차체 대전

차체 주변의 흐름 / 차체 표면 대전 시

부드러운 공기 흐름 / 반발력 / 공기가 박리해 흐름이 흔들린다. / 차체 / +대전

공기는 +로 대전, 차체 각 부분도 대전하기 쉽게 공기 흐름을 벗기는 방향으로 쿨롱의 힘이 작용하는 경계층 증대, 박리

● 차체 각 부분의 대전 사례

주행 전후의 차체 대전 사례 (V)

	주행 전	10km 주행 후	알루미늄 테이프 장착
부위A	100	450	
부위B	0	1100	
부위C	200	2000	
부위D	20	500	150
부위E	200	4500	

주행 후, +대전 증가

● 대전 유무에 따른 차체 표면 유속분포 차이(예)

경계층 분포

(세로축: 차체 표면에서의 거리 (mm), 0~30)
(가로축: U/U∞, 0~1.2)

→ 2 kV
→ 0 kV

대전 있음
대전 없음

● 범퍼 대전에 의한 기류변화

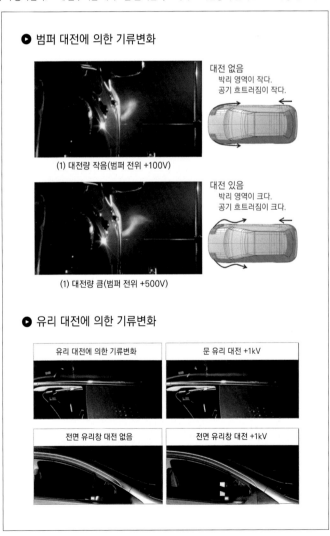

대전 없음
박리 영역이 작다.
공기 흐트러짐이 작다.

(1) 대전량 작음(범퍼 전위 +100V)

대전 있음
박리 영역이 크다.
공기 흐트러짐이 크다.

(1) 대전량 큼(범퍼 전위 +500V)

● 유리 대전에 의한 기류변화

유리 대전에 의한 기류변화 / 문 유리 대전 +1kV

전면 유리창 대전 없음 / 전면 유리창 대전 +1kV

대전의 유무에 따른 공기 유속과 차체 표면에서의 거리와의 관계를 나타낸 그래프. 차체 표면에서 5~10mm 부근에서 차이가 크다. 이 영역이 경계층 가운데서도 난류 한계층으로 불리는 부분이다. 여기서 멀어질수록 기류는 난류에서 층류로 바뀌기 때문에 대전에 의한 영향도는 낮아진다.

대전량 다과에 따른 공기 흐름 변화를 실험한 사진. 대전하지 않은 경우는 공기 흐름이 분명히 차체 위쪽으로 흘러나간다. 차체 표면적 가운데 상당 부분을 차지하는 유리 부위에서는 특히 현저하게 차이가 난다. 시판 중인 신형 86에서는 옆문 유리의 전방 하부에 알루미늄 테이프가 붙는다.

↑ 공력 담당 엔지니어가 시승 차량에 알루미늄 테이프를 붙이는 모습. 앞뒤 범퍼에 부착하는 이유는 시각적으로도 알기 쉽게 하려는 의도라고 생각되지만, 시판 차량에는 붙일 수 없는 부위이다. 시승 중에는 스티어링 칼럼 커버에 붙였다 떼었다 하면서, 테이프 유무에 따른 차이를 확실하게 체감할 수 있었다. 붙이는 면적이 클수록 효과는 비례해서 높아지는 것 같다. 「차체 전체에 붙이면?」 이런 질문에 「분명히 효과는 크겠지만, 86이라는 자동차의 상품성을 생각하면 너무 안정성을 높이는 것도 맞지 않다」고 판단해 측면 유리와 칼럼 커버에만 부착하고 있다.

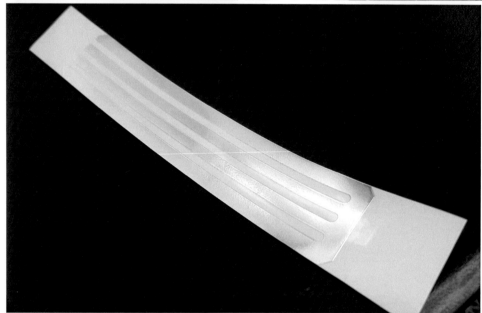

← 주행 테스트에서는 이런 평범한 직선로에서 효과가 높다는 것이 확인되었다. 시승도로의 노면은 상당히 거칠어서 끊이지 않고 미세한 진동이 올라왔는데, 알루미늄 테이프를 칼럼 아래에 붙이자 마치 타이어나 댐퍼를 바꾼 것 같은 느낌이다. 특히 스티어링으로 전해지는 진동이 줄어든 것을 느낄 수 있다. 칼럼이 흔들리지 않기 때문에 벌크헤드부터 바닥에 걸친 진동도 줄었다. 가장 놀란 것은 스티어링 느낌의 개선.

→ 대전 방지용 알루미늄 테이프 실물. 제조원은 3M. 유전성(誘電性)을 높이는 소재를 배합했다 하지만 전혀 특수하지 않은 알루미늄 제품이다. 86 이전에 노아, 복시에는 채택 완료. 미니밴같이 차고가 높고 공력적으로 결함이 많은 차체 형상에서는 더 효과를 발휘할 수 있다고 한다. 뉘르부르크링 24시간 내구레이스에 출전한 86에도 부착해 공력적 효과를 실증했다고 한다.

러스 전위(電位)끼리 반발해 차체 표면의 경계층에서 공기가 박리되면서 난류가 발생한다. 이것이 주행 안정성이나 진동에 상당한 영향을 미친다는 것이다. 차체 형상이나 공력 부품을 개량해도 계획했던 대로 공기가 흐르지 않으면 의미가 없다. 그래서 대전된 차체에 알루미늄 테이프를 붙여 방전시키는, 일종의 접지효과를 끌어내 공력을 개선한다는 의미 같다.

여기서 경계층과 공기의 박리라고 하는 현상에 대해 잠깐 살펴보고 가겠다.

흡기 매니폴드 같은 관 형태의 물체 내부를 공기가 흐르는 상황을 상상해 보자. 관 속을 흐르는 공기는 당연히 속도를 갖고 있는데, 그 속도는 관의 단면 내에서 균등하지 않다. 중심부에서는 빨리 흐르고 관 표면 부근에서는 느려진다. 이런 현상은 공기가 질량을 가진 동시에 점성을 가진 비정상류(非定常流) 물질이기 때문이다. 관 표면 부근에서는 점성으로 인한 마찰력이 작용하기 때문에 거기서 흐름이 흐트러져 유속이 떨어진다. 마찰영향은 관 표면에서 멀어질수록 작아져 중심부에서는 최대 유속을 보인다. 이 위치에서의 상태를 난류에 대해 층류(層流)라고 한다. 점성 영향이 강하고 난류가 쉽게 일어나는 부분을 경계층이라고 한다. 경계층에서는 난류로 인해 속도가 떨어진 공기에 빠른 속도의 공기가 끌려가는 상태가 되어 속도가 평균화되면서 층류 부분보다 공기가 박리되기 어려워진다. 항공기 날개를 설계할 때 일부러 난류를 만들어내 공기를 날개에 달라붙도록 함으로써 높은 양력(高揚力)을 얻는 방식도 있지만, 안정된 표면에 요철(凹凸)을 크게 한다거나, 앞서 언급한 대전에 의한 공기 반발 등이 있으면 표면을 따라 깨끗이 흐르던 공기가 박리=벗겨지면서 아주 큰 난류가 발생한다. 이것은 당연히 공기저항의 원천이다. 또 난류

앞뒤 범퍼에 알루미늄 테이프를 붙인 구형(MC 전) 86. 사실은 가장 난류가 심한 타이어에 붙이고 싶었지만 붙일 만한 면적도 없고 야외 노출이라 내구성도 보증하기가 힘들다. 그래서 돌고 돌아 스티어링 칼럼에 붙이게 되었다고 한다.

로 인해 경계층 주변에 발생한 와류가 일으키는 진동이 발생한다. 항공기에서는 공기가 박리되면 저항이 되어 속도가 올라가지 않는데, 주익에서 박리가 진행되면 실속(失速)으로 인해 최악의 경우는 추락에 이른다. 와류에 의한 진동을 플러터(Flutter)라고 하는데, 이것 또한 구조파괴의 원인으로 작용한다. 공력을 이용하는 기구 입장에서는 공기의 박리가 여러 악조건을 유인하는 근원이다. 덧붙이자면 이런 와류를 적절하게 제어해 공기를 계획대로 흘러가도록 하는 장치가 보텍스(와류) 제너레이터이다. F1 머신의 차체나 윙 주변에 여기저기 장착된 공력 부착물이다. 항공기에서는 고양력 발생장치로 사용하고 있다. 자동차에서 공기는 당연히 최대한 부드럽게 차체 주위를 흐르는 것이 좋다. 이 때문에 현재는 차체를 설계할 때 레이싱카가 아닌 승용차에서도 풍동이나 CFD를 이용해 더 원활한 공기 흐름을 얻고 있다. 하지만 자동차 차체는 항공기와 비교해 울퉁불퉁한 곳이 많고, 원리적으로 쉽게 대전하는 수지(도료도 수지가 원재료이다) 덩어리이다. 차체 표면형상을 승용차의 사용 편리성이나 법규를 고려하면 이상적으로 만들기는 어렵지만, 대전에 관해서는 대처할 방법만 있다면 대처 자체는 간단명료할 것이다. 그 처방전이 알루미늄 테이프라고 말하는 것 같다.

이치는 이해가 된다. 그런데 프레젠테이션이 진행되는 가운데 궁금증을 유발하는 설명이 있어서 의아스러웠다.

실제 부위에 알루미늄 테이프를 붙일 때, 앞뒤 범퍼 측면과 전면 유리창 하부에 붙이면 효과가 높다고 설명한 부분 때문이었다. 공기 흐름이 단숨에 바뀌면서 난류가 쉽게 일어나는 부분이라는 설명은 알겠다. 그런데 실제로 붙이는 곳은 스티어링 칼럼 하부라는 것이다.

자동차 공력의 최대 취약 부위는 타이어 하우스로서, 차체를 따라 흘러온 공기(층류)가 여기서 엉망이 돼버린다. 그 때문에 알루미늄 테이프를 타이어에 붙일 수 있다면 효능이 높겠지만 내구성 측면에서 현실적이지 않다. 그래서 스티어링 칼럼에 붙이는 것이라고 한다. 타이어에서 휠→허브→너클→스티어링 랙→칼럼으로 전기가 흘러 타이어 주변의 플러스이온이 방전된다고 한다. 그렇다고는 하나 이 설명은 아무래도 이해하기가 어렵다. 이 대목에서 안개 속으로 들어온 느낌이다.

주최 측이 보여준 것은 반질반질한 알루미늄 테이프 한 개. 그것을 스티어링 칼럼 안쪽에 붙이는 것만으로 전투기 설계자나 F1 엔지니어조차도 머리 아파하는 공력이라는 현상을 제어할 수 있다는 말인가…. 반신반의하면서 오긴 했지만 아무래도 그것만 붙인다고 해서 끝

날 일은 아닌 것 같은 느낌이었다.

「그러실 겁니다. 그럼 일단 타보시죠」

그래서 테이프를 붙이지 않은 마이너 체인지 전의 86을 타고 도로로 나섰다. 60km/h 정도로 움직이는 가와구치호수 주변의 직선도로는 포장이 상당히 거친 상태여서, 그냥도 스트로크 감이 없이 딱딱한 하체의 86이 더욱 딱딱하다. 스티어링 주변에도 미진동이 느껴져 기분이 좋지는 않다.

호수 주변을 한 바퀴 돈 뒤, 같이 탔던 엔지니어가 범퍼와 스티어링 칼럼 아래에 테이프를 붙인다. 그리고 같은 도로로 나섰다.

「어떻습니까? 바뀐게 있습니까?」

'조금 달려서는 모르죠'하는 마음이었지만, 다르다. 확실히 다르다. 스티어링으로 전달되는 진동이 약해졌고, 직진성이 좋아졌다. 기분 탓일까? 몰입해서 그런가?

「그럼 칼럼 아래의 테이프를 떼어보겠습니다」라고 하는데, 머릿속이 혼란스러운 중에 엔지니어가 조수석에서 손을 뻗어 테이프를 떼었다. 순간 다시 불쾌한 진동이 나타나면서 노면의 나쁜 상태가 그대로 느껴졌다. 손 감촉만이 아니다. 미세하기는 하지만 직진 안정성까지 아까와 달라진 것이다.

「야~, 이거 희한하네…」라고 느끼고 있는데,

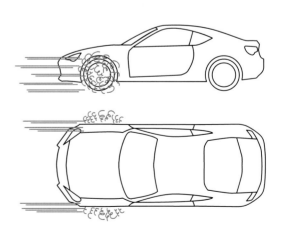

↑알루미늄 테이트 부착 위치를 통해 메이커가 추구하는 효과는 상면(전면 유리창 하부)에서는 다운포스 부가에 따른 안전성을, 측면(범퍼, 문 유리창)에서는 직진 안정성과 조향 응답성이다. 하지만 시승에서 확인할 수 있었던 최대 효과는 앞바퀴 주변의 정류가 기여한 것으로 생각되는 진동 저하와 접지성 향상이었다. 외형적인 개량도 못 하고 공력 부품도 장착되지 않은 타이어 하우스 주위에서 어떻게 난류가 발생하고 그것이 조종 안정성이나 진동특성에 영향을 끼치는지를 실제 체험을 통해 확인한 것이다.

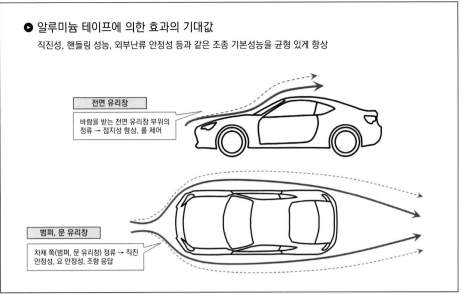

알루미늄 테이프에 의한 효과의 기대값
직진성, 핸들링 성능, 외부난류 안정성 등과 같은 조종 기본성능을 균형 있게 향상

전면 유리창
바람을 받는 전면 유리창 부위의 정류 → 접지성 향상, 롤 제어

범퍼, 문 유리창
차체 쪽(범퍼, 문 유리창) 정류 → 직진 안정성, 요 안정성, 조향 응답

← 신형 86의 매력으로 등장한, 옵션 품목인 삭스 댐퍼. 노멀과 비교해 신장 쪽의 감쇠력 특성이 직접적이어서 하중 변화에 따른 접지성이 높아졌다. 그러나 승차감(진동)만 보면 알루미늄 테이프를 부착한 것이 효능을 불러왔지 않나 싶은 인상을 지우지 못할 정도이다. 댐퍼 옵션 가격이 54만 원밖에 안 되지만(상당히 저렴!), 알루미늄 테이프는 대략 1/1000 이하일 것이다. 비용 대비 효과는 비교가 되지 않는다.

냉정하게 생각해 보면 타이어 주변의 진동이 반드시 공력에 의해서만 영향을 받지는 않는 것처럼 생각된다. 노면으로 인한 진동이 먼저 있고 서스펜션이 흔들린다. 거기에 공기의 난류가 가세하면서 공진하는 것은 아닐까, 하고 추론해 볼 수 있다. 추론을 뒷받침하는 것은 테이프를 붙였을 때 노면의 요철 충격까지 없애지는 못하기 때문이다. 비비빅 거리는 소리에 가까운 고주파 진동만 사라진다. 하지만 HVH는 생리적 영향이 매우 강한 현상이다. 약간의 진동만 줄어도 야만스러운 부류로 취급받던 86이 세련된 승차감을 발휘하는 것으로 느껴지기 때문에 실제 효과와 영향이 높다고 하지 않을 수 없다.

공력을 개선하기 때문에 공기저항이 줄어들면 다소나마 가속에 도움이 될 것이고 연비에도 공헌한다. 또 최고속 영역에서도 상당한 효과가 있을 것이다. 그런데 이 알루미늄 테이프가 그런 알기 쉬운 효능만 가진 것이 아니다. 직진 안정성이 좋아져 특히 브레이크를 잡았을 때의 후방 거동이 차분해진다. 미세 조향 영역의 감촉이 깔끔해지면서 조향핸들을 돌리기가 쉬워졌고, 이것은 한계영역에서의 조향을 수정하는 정확성에도 영향을 끼칠 것이다. 또 접지성이 향상된 감촉이 전해지기 때문에 좌우방향의 하중 변화도 알기가 쉬워진다. 직선로에서 가볍게 지그재그로 달려보았을 때 그것을 확실히 알 수 있었다. 이런 효과를 하체 주변의 튜닝을 통해 얻으려고 한다면 오랜 시간과 돈이 들 것이라는 사실은 상상하기 어렵지 않다. 이론과 효과의 일치가 높은 수준인 것도 놀랍지만 비용 대비 효과로 보면 이 기술은 확실하게 효과적이다.

덧붙이자면 테이프 소재는 통전성(通電性)만 높을 뿐 별로 특수하지 않은 보통 알루미늄 테이프이다. 이 기사를 보고 의심스러운 독자는 꼭 알루미늄 휠이라도 상관없으니까 애마에 붙어 보기 바란다. 단, 장사까지 하려고는 말기 바란다. 이미 특허취득이 끝났다고 한다.

다시 테이프를 붙인다. 틀림없다. 극단적이라고는 할 수 없지만, 있고 없고의 차이는 명백히 다르다. 스티어링의 미진동이 줄어들어 EPS 느낌이 좋아짐으로써 미세 조향의 응답성까지 상승한다. 약간이기는 하지만 승차감도 좋아졌다.

처음에 얕잡아본 것이 미안할 정도였다. 이것은 주술도 무엇도 아니다. 확실한 효능이, 그것도 생각지도 않은 부분에서 나타나는 기술이다. 특히 타이어에서 전해지는 진동에 대한 효과는 놀랄 정도이다. 그런 느낌을 엔지니어에게 말하니,

「타이어 주변의 공력은 정말 까다롭습니다. 레이싱카 같으면 이너 펜더에 구멍을 뚫거나 정류할 수도 있겠지만, 시판 차량은 그런 것이 안 되니까요」

지금까지 스티어링 주변의 진동은 고르지 않은 노면 상태와 휠 밸런스, 부시나 댐퍼만 관련되어 있다고 생각했다. 하지만 이번 시승으로 사실은 공기의 난류가 미묘하게 타이어를 흔들고 있다는 사실을 그야말로 체감을 통해 이해할 수 있었다. 저주파 진동으로만 한정하면 횡풍으로 인해 차체가 쏠리면서 영향이 나타난다는 사실을 알고 있지만, 비교적 고주파 진동까지 공력의 영향이 있으리라고는 전혀 몰랐다. 실제 이와 관련해서는 어떤 책에서도 볼 수 없을 뿐만 아니라, 인식하고 있지도 않을 것이다.

더 좋은 차를 만들기 위한 방법 「근본대책」 재점화

역경에서의 재출발

신형 프리우스의 소음·진동대책

하이브리드라고 하는 신종 자동차를 인지·보급한 선구자 프리우스가 제4세대를 맞았다.
지금까지 「하이브리드」 「에코카」라는 선전문구만이 구매동기였던
도요타의 최대 양산 차종도 어떤 전환점을 맞아 다른 단계로 진화하려고 한다..

본문 : 미우라 쇼지 사진&그림 : 도요타 / 마키노 시게오

21세기가 시작되었을 때 500만대 수준이었던 도요타 자동차의 전 세계 생산 대수는 그 후 매년 50만대 이상의 증가세를 보이다가 2008년에는 950만대에 도달했다. 그때까지 세계 자동차업계의 패권을 잡고 있었던 GM을 비롯한 북미 빅3는 전 세계 경제를 혼란에 빠트린 리먼 쇼크로 인해 엄청난 위기를 빠지게 됐고, 대신에 도요타와 VW이 선두를 다투게 되면서 대망의 생산 대수 1000만대가 눈앞에 다가온 것처럼 보였다.

그러나 리먼 쇼크의 여파는 전 세계 자동차 회사, 당연히 도요타도 영향을 받았다. 거기에 엎친 데 덮친 격으로 북미에서는 급가속 사고를 원인으로 한 대규모 리콜까지 발생한다. 2009년에는 생산 대수가 단숨에 200만대나 감소해 58년 만에 적자로 전락. 게다가 급격한 엔고의 영향도 있어서 도요타는 궁지에 몰리게 된다. 그런 혼란스러운 상황에서 사장으로 취임한 도요타 아키오는 기업경영이념의 대전환을 도모했다.

숫자를 쫓을 것이 아니라 고객만족도와 품질을 추구한다는 깃발 아래 도요타 자동차 제조 프로세스는 크게 바뀌었다. 신형 프리우스의 소음·진동대책을 담당하는 후쿠나가 고타로씨는 2002년에 입사. 그동안의 변화를 몸으로 느끼고 있다.

「입사 이후 매년 생산 대수가 50만대 이상 증가해 왔습니다. 이 정도는 중규모 자동차 회사의 연간 생산 대수와 맞먹는 수준이죠. 이런 상황에서는 뭔가 근본적인 기술혁신을 불어넣으려고 해도 제대로 안 될 때가 많았습니다. 신형 모델 개발에서는 일단 만들기 쉬운 것이 우선시되는 경향을 보였습니다. 생산관리 부문에서 안 된다고 하면 그것으로 끝이었거든요. 이렇게 되니까 새로운 아이디어를 제시하려고 해도 주저하게 되는 겁니다. 그러던 것이 사장이 바뀌면서 변혁의 메시지를 발표한 이후에야 자동차에는 무엇이 필요한지, 고객은 무엇을 원하는지를 돌아보게 된 것이죠. 개발 가장 초기 단계에서 생산부문과 충분히 협의하면서 정말로 필요한지 아닌지를 판단해 인정을 받으면 새로운 기축을 적용할 수 있게 된 것입니다.」

후쿠나가씨의 말에 이어 공력을 담당하는 기타자와 유스케씨가 「기술지시서」라고 쓰인 2종류 체크 시트를 테이블에 올려놓았다.

「이것은 프리우스 것인데, 사용하는 부품의 품질이 설계단계부터 제조·조립까지 올바르게 관리되는지를 체크하는 시트입니다. 기존에는 완성차를 빼내 하나하나 체크하는 방식이었죠. 이런 방식은 문제점이 있

← 신형 프리우스의 공력 담당 엔지니어 기타자와 씨가 보여준「기술지시서」. 부품 수와 체크 항목이 상당한 양이었지만 전부 다 공력과 음진동 관련분이다. 하나하나 부품의 품질 정확도를 공정 단계별로 체크하고 담당 부서가 책임을 짐으로써, 새로운 기구의 필요성과 관련된 이해도가 깊어져 자동차 전체의 가치향상에 크게 도움이 되었다고 한다.

어도 현장의 끝부분에서 처리하게 되므로 공정 관리가 전혀 안 됩니다. 새로운 방식에서는 모든 부품에「보증부서」를 설정함으로써, 공정이 진행되기 전에 단일 부품의 품질 점검을 보증부서가 책임을 갖고 하게 됩니다. 자동차를 개발할 때는 설계도면과 생산도면이 따로따로인데, 그것들 중간에서 가교역할을 함으로써 정확하게 설계된 부품이 정확하게 조립되도록 한 것입니다」

보여준 체크 시트 가운데 예전 방법으로 했던 시트는 172페이지이지만, 새로운 방법에서는 시트가 473페이지나 된다. 부품의 품질 체크만도 3배 가까운 수고가 더 걸리는 만큼, 품질 기여도가 상당히 높아졌다.

「상당히 엄격한 과정이 도입된 겁니다. 당연히 혼자서는 할 수 없어서 다른 부서의 도움을 받고 있습니다. 그렇게 하면서 개발·생산에 관여한 모든 사람이 문제점을 파악할 수 있게 되었습니다. 개선 주안점도 명확해져서 부품 품질의 상승과 더불어 자동차 품질도 좋아지게 된 것이죠」

차량개발 공정이 개선되면서 문제를 개선하는 방법도 바뀌었다. 요소요소에서 개발 도중인 자동차에 각 부문 담당자가 타보고 문제점을 직접 체감하게 된 것이다. 이 단계에서 뭔가 효과가 있는 방법을 찾아내면 그것은 자연스럽게 채택된다. 방법론과 동시에 조직도 바뀌었다. 기타자와씨의 명함에는「MS차량실험부 열유체·연비개발실 주임」이라고 적혀 있다. 열 대책과 공력, 연비라고 하는 명확하게 다른 영역을 총괄한다는 것이다. 기타자와씨 자신은 공력이 전문이라고 하는데, 이런 역할을 준 것은 다른 분야를 횡단적으로 관리함으로써 개별 부위가 아니라 자동차 전체의 성능을 높일 수 있다는 의미일 것이다.

「사내에는 국내 No.1인 도요타라고 해도 각자가 주어진 업무만 소화해서는 살아남을 수 없다는 위기감이 팽배해 있습니다. 그래서 자신 업무의 범주에만 만족하는 것이 아니라 좋은 자동차를 만들어 고객이 기뻐할 수 있게 해야 한다는 것이죠(후쿠나가씨)」

서두가 길어진 이유는, 신형 프리우스에서는 도요타의 변혁이 계기가 되어 음진(音振)대책에 무게를 두었다는 것을 밝히기 위해서이다.

「자동차의 카탈로그에 음진과 관련해서 실려 있는 걸 본 적이 없으시죠? 매우 감각적인 부분이고 수치로도 표현할 수 없는 것이 많기 때이죠. 그런데 이번에는 치프 엔지니어가 먼저『음진을 세일즈 포인트로 삼자』고 말한 겁니다…」

지금까지의 프리우스는 THS라고 하는 독보적 파워트레인과 세그먼트를 넘어선 합리적 패키징만 선전·주목받았지, 음진과 관련해서는 특별히 거론되지 않았다는 것이 후쿠나가씨의 말이다. 프리우스는 프리우스일 뿐이지 다른 자동차와는 달랐던 것이다. 하지만 판매 대수가 상당히 늘어나고 등장 이후 20년 가까이

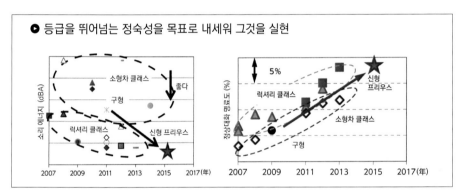

● 등급을 뛰어넘는 정숙성을 목표로 내세워 그것을 실현

신형 프리우스의 실내 정숙성 벤치마크와 목표 설정. 구형은 C세그먼트 범주에서 보통 수준의 평가를 받았지만, 유럽의 프리미엄C & D클래스에 대항하기 위해서는 근본적인 대책이 필요하다고 인식되었다. 특히 의식한 것은 VW 골프 Ⅶ이라고 한다. 우측은 다양한 대책을 적용한 신형이 보여준 정상주행 시의 실내 대화 명료도. 상대적으로 15% 이상 향상되어 C 세그먼트에서는 상당한 정숙성을 실현하게 되었다.

파워플랜트가 원인인 차음 대책

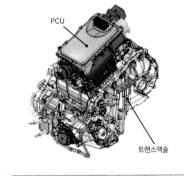
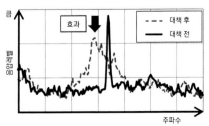

신형 엔진은 최대출력이 구형보다 낮다. 이것은 속도 변화와 회전속도 변화 관계를 더 자연스럽게 한 결과이다. 이로 인해 가속 초기의 엔진 회전속도가 낮아져 엔진 소음을 줄이는데 기여한다. 또 모터 제어용 인버터에서 나는, 귀에 거슬리는 전자(電磁)계 소음을 완화하기 위해서 제어 장치를 트랜스액슬로 옮김으로써 보디에 직접 소리와 진동이 전해지는 것을 줄였다. 주파수 자체를 분산시킴으로써 청각상의 최고점을 완화하는 랜덤PWM 제어도 실행하고 있다(우측 아래).

차체가 원인인 차음 대책

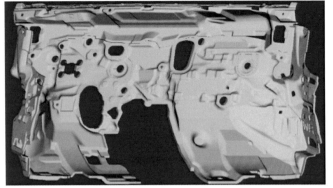

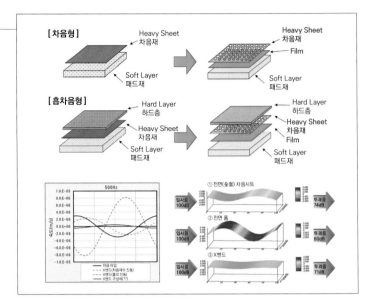

벌크 헤드의 차체 쪽에 설치된 대시 이너 사일런서에는 종래의 차음·흡음재 외에 「X밴드」라고 하는 특수한 차음 시트를 사용. 이것은 구멍이 뚫린 시트와 평평한 폼으로 구성되어 있어서 음파진동이 구멍을 통과해 폼 소재와 부딪칠 때 원래 진동파가 역위상이 되면서 소음을 상쇄한다는 것이다. 차음효과도 효과이지만 매우 가볍다는 점도 특징이다. 아래 그림은 X밴드의 진동 위상이 변환되는 과정을 그림으로 나타낸 것이다.

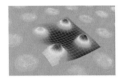

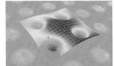

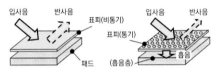

가죽 시트를 사용한 「시트 퍼포레이션」. 통상적인 가죽의 표피는 패브릭과 달리 소리를 반사하기 때문에 차음에 있어서는 불리하다. 그래서 표피에 작은 구멍을 다수 뚫어 입사된 음을 그대로 시트 내부의 우레탄 부위로 흡수시키는 구조로 만들었다. 통기성을 확보하기 위한 처리와 보기에는 똑같아 보여도 목적이 다르다.

지나고 나니, 세상에서는 단순한 「2천만 원대 소형승용차」 정도로 인식하게 되면서 다른 차종과 비교검토하는 것도 당연시되고 있다. 그렇게 되면 실질적인 성능만으로는 언젠가는 승부를 내지 못할 것이 명백하다. 그래서 질감의 향상이라는 주제를 모색하게 되었다. 특히 보이지 않는 부가가치로 음진성능이 차별화하기에 효과가 있을 것이다.

「그래서요, 딜러의 협조를 받아 조사해 봤습니다. 프리우스가 조용하다고 생각하느냐고 말이죠. 그랬더니 선대까지는 특별히 조용하다고 생각하지 않았다는 사실을 알게 되었습니다. 그래서 이번에는 철저하게 차음에 신경을 쓰게 된 것이죠」

당연히 경쟁 모델에 대해서는 모두 조사했다. 특히 VW 골프는 중요한 비교 대상이었고, 거기에 D세그먼트까지 표적으로 삼았다. C세그먼트에서 압도적인 정숙성을 만들어 낼 수 있다면 윗급 차종과도 경쟁할 수 있게 된다. 다만 무거워지지 않도록 노력했다. 최고 연비 차량이라는 타이틀에 영향을 주기 때문이다.

이런 전제를 거쳐 신형 프리우스에 적용한 음진대책은 3가지 분야로 나뉜다.

먼저 파워트레인을 주요 원인으로 하는 대책. 신형 하이브리드 파워트레인은 형식명은 똑같지만 근본적인 개조가 이루어졌다. 내용이 다양하

지만, 최대 포인트는 엔진 폭을 좁히기 위해서 모터와 제너레이터를 2축으로 만든 것이다. 구조상의 변화로 인해 접속 기어에 기어 그라인딩 머신을 걸 수 있게 되었다. 이를 통해 기어 소음을 줄인다. 또 전압과 주파수 제어를 위한 파워 컨트롤 유닛(PCU)을 차체에 직접 탑재하던 방식에서 트랜스액슬 상에 배치하는 방식으로 변경. 트랜스액슬 자체의 매스 댐퍼 효과와 엔진 마운트의 방진효과로 진동전달을 억제해 귀에 거슬리는 고주파 스위칭 소음을 줄인다. 동시에 전력 주파수를 분산시키는 랜덤PWM(Pulse Width Modulation) 제어로 특정 주파수 성분이 나타나지 않도록 했다.

다음으로 차체와 실내의 차음 대책. 앞서 언급한 파워트레인 소음과도 서로 영향을 주는 것이 엔진과 실내의 격벽인 대시 이너(차체 쪽 벌크 헤드)이다. 여기에 「X밴드」라고 하는 구멍 뚫린 시트와 폼 소재에 의한 새로운 차음재를 추가. 대시 이너의 패드가 진동하면 X밴드에 뚫린 구멍이 반응해 구멍 부분과 폼 부분이 역위상 진동을 하면서 서로를 상쇄한다. 단순한 차음재나 폼과 비교해 소음을 줄일 뿐만 아니라 대시 이너의 중량도 20%나 가벼워졌다. 또 가죽 시트의 표피에 작은 구멍을 뚫어 입사음을 시트 내부의 흡음재로 흡수시키는 「시트 퍼포레이션(Perforation)」, 렉서스 LS 모델에 채택한 차음막을 끼워넣은 「어쿠스틱 유리」를 문 유리

창에 적용. 차체의 강철 소재 프레스로 인해 만들어진 부품 사이의 틈을 메꾸는 실러재 사용도 구형보다 20%나 많아졌다. 그리고 공력 측면의 차음 대책. 고속으로 주행할 때의 투과소음 대부분은 풍절음으로, 주행 안정성과 나란히 차음은 공력 대책의 주요 사안이다. 차체 쪽 차음으로만 대비하려고 하면, 차음성능을 높이면 높일수록 외부소음 감도가 올라가 오히려 소음이 두드러지기 때문이다. 구형 프리우스의 풍절음 발생 부위를 저소음 풍동에서 정밀하게 조사했더니, 펜더의 볼록한 부분부터 윈드 실드의 솟은 부위, A필러와 도어 미러 주위부터 문에 걸쳐서가 대부분이라는 사실을 알게 되었다. 특히 소음발생이 큰 문은 외형적인 개량이 어려워서 이너 부분에 흡음효과를 목적으로 리브 성형부품을 추가. 문 하부의 물 빠지는 구멍은 특수한 형상의 클립을 개발해 소음이 직접 실내로 들어오지 않도록 하면서 수분은 옆에서 빠지도록 했다. 이런 결과 고속 정상주행 시의 실내 대화 명료도가 구형보다 십몇%나 향상되었다. 마지막으로 한 가지 더, 도로 소음에 관

해서이다. 이 소음은 타이어가 주요 원인이라는 점은 이론의 여지가 없지만, 타이어는 자동차 회사가 통제할 수 없는 부분인 만큼 고민이 많다. 컨트롤 타이어를 제정하더라도 OEM으로 인해 편차는 당연하고, 음진에서 좋은 성능의 타이어가 있어도 최종적인 결정권은 조종안전 부문에 있기 때문이다. 특히 저연비 타이어는 히스테리시스 손실을 줄이기 위해서 단단하게 만드는 경향이 있는데, 그 결과 하체도 딱딱해져 음진 담당자에게는 좋을 것이 없다고 후쿠나가씨는 탄식했다.

자동차의 차음은, 극단적으로 말하면 차음재나 흡음재를 이래도 되나 싶을 만큼 사용하면 좋아진다. 하지만 이런 방법으로는 중량만 가중하게 되고, 소리가 없는 방 같은 실내는 자동차를 운전하는 감각이 명료하지 않아 결과적으로 자동차의 기능이나 상품성에 기여하지 않는다. 물론 단가라고 하는 무시할 수 없는 벽도 있다. 수치 목표만 추구해서는 좋은 자동차는 만들지 못한다는 것을 후쿠나가씨, 기타자와씨를 비롯한 도요타 사람들은 회사의 위기라

는 역경을 거치면서 깨달았다. 음진뿐만이 아니다. 엔진의 카탈로그 출력을 줄이면서까지 더 좋은 운전 감각을 우선해 보기도 했다. 아마도 이전의 도요타에서는 생각할 수 없었던 일일 것이다. 이런 흐름을 배경으로 해서 만들어진 신형 프리우스는 확실히 타보아도 HEV 특유의 위화감 없이 보통으로 운전할 수 있는 승용차가 되었다. 마찬가지로 회사의 존속을 걸고 다시 태어난 히로시마 도요타 메이커의 신차 생산까지 병행해서 다시 생각해 보면 전화위복이라는 사자성어가 자동차 기술을 위해서 있는 말처럼 느꼈다.

도요타자동차 주식회사
Mid-Size Vehicle Company
MS차량실험부 동적성능개발실
그룹장

후쿠나가 고타로

도요타자동차 주식회사
Mid-Size Vehicle Company
MS차량실험부
열유체·연비개발실 주임

기타자와 유스케

공력이 원인인 차음 대책

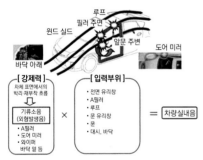

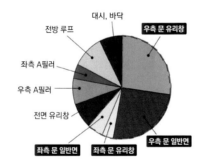

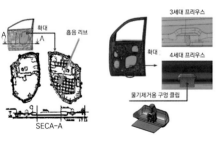

프리우스 외형 발생음의 가시화 사례

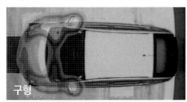

작음　음압　큼

↑→ 좌측 상단 그림은 풍절음의 발생하는 메커니즘을, 그 우측은 주요 발생 부위를 나타낸 것이다. 우측의 원형 그림은 저소음 풍동에서 측정한 신구 프리우스의 고속주행 시 음압 분포. 굴곡 부위인 A필러와 윈드 실드의 솟은 부위&정점 부위 그리고 명확한 돌출부위인 도어 미러부터 문에 걸쳐서가 발생 요인이다. 차체 외형을 소음저감에 유의해서 설계해야 하지만, 대책을 세우기가 어려운 문은 차음 리브를 설치하거나 물기제거용 서비스 홀의 클립 형상을 개량하는 등, 수수한 방법이 기여했다.

↑ 위쪽은 데뷔 당시, 아래쪽은 마이너 체인지 후의 도요타 아쿠아. 전방 덕트 패널 형상과 함께 범퍼 쪽 형상이 달라졌다. 안개등 아래에 구멍을 만들었을 뿐이지만 이것이 소음저감에 상당한 효과를 발휘했다고 한다. 공력은 조종 안정성 목적이라고 해도 실제로 해보지 않으면 효과를 모르는 경우가 많다고 하는데, 음진 요건에서도 미지의 부분이 많은 것 같다.

진동 소음과 조종 안정성은 서로가 상극인가?

스바루 글로벌 플랫폼의 인식 방법

승차감을 좋게 하면 자동차는 무겁고 다리는 부드러워져 조정성과 안정성이 희생된다.
과연 이 말은 사실일까. 플랫폼을 새로 만드는 시점에서 스바루가 취한 대책에 대해 들어 보았다.

본문 : 세라 고타　사진 : 야마가미 히로야　그림 : 스바루

신구 E클래스로부터 생각하는 자동차의 완성법

후지누키씨 부서에서는 신형 임프레자를 개발하던 시점에서 W124(메르세데스 벤츠 E320)을 구매했다. 구매 이유는 「조향감」을 알아보기 위해서이다. 「최근의 젊은 직원(실험 엔지니어)은 전동 파워 스티어링밖에 모른다」면서 유압 파워 스티어링에 볼 너트가 조합되어 이루어진 W124가 「좋은 조향감」의 모델로서는 최적이라고 판단했다. 「W124를 타고 느껴지는 건 『입력에 대해 피하지 않는다』는 겁니다. 어딘가를 부드럽게 해서 피하는 것이 아니라 받아들이겠다는 생각인 것이죠. 받아들여도 굴복하지 않는 차체를 만들겠다는 의지라고 생각합니다. 환경이나 안전에 대한 요구가 엄격한 현재 상태에서 똑같이 만들기는 어렵습니다. 현재의 자동차는 이중고, 삼중고를 맞고 있는 상황이라 최선을 끌어내는 개발이라고 말할 수 있을 것 같습니다」

스바루 신형 임프레자

신형 임프레자는 「조종안정성과 쾌적성을 높은 차원에서 양립」시키기 위해서 플랫폼을 새롭게 했다. 본문에서 설명한 킹핀 옵셋 단축도 그런 목적을 실현하기 위한 수단 가운데 하나이다. 상당히 평평한 노면에서 맛본 인상은 조용하고 부드럽다는 것이다. 조작계통에서 전해지는 정보에 불쾌한 잡냄새가 없어서 기분 좋게 자동차를 몰 수 있다.

「진동·소음과 조종 안정성은 상반되지 않습니다」후지중공업 주식회사에서 스바루 차 실험을 책임지고 관리하는 후지누키 데츠로씨는 이렇게 설명한다.

소음·진동의 설계상 핵심은 다음 4가지이다.

• 불쾌한 진동을 발생시키지 않을 것.
• 공진시키지 않을 것.
• 전달하지 않을 것.
• 흩트리고 분산시킬 것.

이 4가지의 핵심은 현상을 확인하고 나서 대책을 세우는 것이 아니라 설계 단계에서 방침을 정해두는 것이 중요하다. 첫 번째의 「불쾌한 진동을 발생시키지 않는」기술과 관련해서는 킹핀 옵셋을 예로 들 수 있다.

「스바루 1000(1966년)의 킹핀 옵셋은 제로였는데요. 조향력을 줄이려는 의도로 그렇게 했다고 생각합니다」

옵셋이 붙어 있으면 노면에서 올라오는 입력이 있었을 때 스트럿에 모멘트가 발생하고 그것이 진동의 요인으로 작용한다. 제로 옵셋은 조향력뿐만 아니라 진동억제 측면에서도 효과를 발휘했다. 하지만 디스크 브레이크 크기나 로어 암의 조인트 위치가 제약이 되면서 제로 옵셋을 지키기가 힘들어진다.

「초대 레거시(1898년)에서 킹핀 옵셋을 되돌리려고 했죠. 하지만 그 후 타이어가 커진 이유도 있고 해서 옵셋은 늘어나게 되었습니다. 그 결과 스티어링에 진동이 나타났습니다. 그렇게 되자 진동 담당 쪽에서 (진동전달을 줄이기 위해서) 부시를 부드럽게 해달라고 말하게 되었죠. 그러면 조종 안정성 담당 쪽과 싸움이 일어나기 때문에, 그럴 바에는 아예 새로운 임프레자에서는 제로 옵셋으로 되돌리자가 된 것이죠. 플랫폼을 새롭게 하는 계기가 아니었다면 가능하지 않았을 겁니다」

● 스바루 글로벌 플랫폼

발생한 소음을 「전달되지 않도록」하기 위해서는 (매우 원시적이지만) 구멍을 막는 것이다. 플랫폼을 새로 설계할 때는 「구멍을 만들지 않는」 것도 중요하다. 그런 대표적 예가 브레이크와 연료 시스템 배관이 지나가는 토 보드(Toe Board) 구멍이다.

▶ 후방 서스펜션과 서브 프레임

조종 안정성 관점에서는 「딱딱하게」 했으면 좋겠고, 진동소음 관점에서는 「부드럽게」했으면 좋은 것이 부시이다 (딱딱하면 좋다거나 부드러우면 좋다는 뜻은 아니지만). 신형 임프레자는 비연성 (比連成) 부시를 사용해 진동차단성능을 확보하면서도 운동성능을 끌어올렸다 (트레드 강성은 향상).

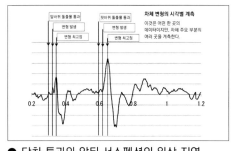

차체 변형의 시각별 계측
이것은 어떤 한 곳의 데이터이지만, 차체 주요 부분의 여러 곳을 계측한다.

● 단차 통과와 앞뒤 서스펜션의 위상 지연

앞뒤 바퀴가 각각 돌출물을 지나갈 때의 차체 변형을 차체의 여러 주요 부분과 시간별로 계측. 그 변형을 가시화함으로써 차체 강성을 어떻게 하면 좋은지를 이미지로 떠올리기가 쉬워진다. CAE에 의한 정확도 검증을 보완하는 방법으로 활용한다.

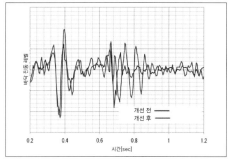

개선 전 ——
개선 후 ——

시간[sec]

● 바닥 대책에 따른 진동감쇠의 개선

차체의 힘 전달을 개선함으로써 차체 후방으로 전달되는 속도가 빨라지는 것을 알 수 있다. 이런 노하우나 변형 다점계측의 시간별 데이터와 그 가시화를 활용해 단차 통과 시의 진동 저감을 실현하였다.

진동·소음을 부드럽게 하라거나 조종 안정성은 딱딱하게 하라는 식의 요구는 많지만, 양쪽에서 줄다리기하다가 약한 지점을 찾아내는 것이 아니라 근본적으로 대책을 세우면 「충돌」은 일어나지 않는다. 애초부터 이율배반이 되는 것만도 아니다.

「임프레자에 투입한 스바루 글로벌 플랫폼 (SGP)에서는 후방 서브 프레임에 플로팅 부시를 사용했는데, 진동성능과 운동성능이 균형을 이루도록 진동차단 성능은 유지하면서도 운동성능은 끌어올렸습니다. 비연성 부시라고 하는데, 부시의 탄성 중심을 집중해 타이어에 횡력이 발생했을 때 정확히 받아냄으로써 모멘트분을 소화하도록 했죠. 받아들이는 방향으로는 딱딱한 부시를 사용합니다」

두 번째의 「공진시키지 않을 것」이란 즉, 어긋나게 하는 것이다. 여기에는 「얼마나 기본에 충실할 수 있느냐」가 중요하다고 한다. 또 「정확도를 높이는 것」이라고 후지누키씨는 말한다.

「이번 임프레자에서는 부품과 부품의 체결 정확도를 높이는 것에 주력했습니다」

도움이 된 것은 전에 소개한 적이 있는, 서스펜션 단독의 테스트 장치 실험을 통한 가시화 기술이다.

「링크 연결로 인해 발생하는 편차를 어디까지 허용할 것인지에 관해 실험할 때, 자동차 1대를 사용해서는 시간적으로 모자랐던 회수가 서스펜션 단독의 테스트 장치 실험으로 가능해진 겁니다. 전에도 실제 주행 시 얼라인먼트를 계측했었는데, 만들고 보면 계획했던 성능이 나오지 않을 때가 있는 겁니다. 그래서 조사해 봤더니 볼트를 체결하는 순서에 따라 얼라인먼트가 바뀐다는 사실을 알게 되었죠. 볼트를 밖에서 끼우느냐, 안에서 끼우느냐에 따라서도 편차가 바뀝니다. 어느 쪽에서 끼우면 좋은지를 파악하게 된 것이죠」

세 번째의 「전달하지 않을 것」에 관한 구체적 사례는 「막는 것」이다. SGP 전의 스바루 차 플랫폼에는 토 보드에 구멍이 뚫려 있었다. 돌이 튀면서 발생하는 영향을 피하기 위해 브레이크와 연료 시스템의 배관을 일단 실내로 들어오게 했다가 후방에서 밖으로 내보낸 것이

다. 돌이 튀면서 발생하는 영향은 커버로 보완하고, SGP에서는 일관되게 실내 밖으로 지나가게 했다.

「구멍을 줄인다. (흡음재 등을) 말단까지 정확하게 덮는다. 그를 위한 공간을 만든다. 이것도 플랫폼을 다시 만드는 시점이라 가능했던 겁니다」 진동과 관련된 네 번째 요소인 「흩트리고 분산시킬 것」에 관해서는 「상세한 얘기는 조금 시간이 지나야」 한다면서도 힌트를 주었다.

「인간은 큰 진동을 싫어하는 것이 아니라 특정한 주파수를 싫어한다는 것을 알았습니다. 조용한 곳에서 모기가 날아다니면 작은 소리라도 싫은 것처럼 말이죠. 그렇지 않은 소리로 흩트린다거나 분산시킨다는 겁니다」

진동·소음과 조종 안정성이 다투지 않고 양립하는 방법에 특효약은 없다. 반복해서 말하지만 어디까지 기본에 충실히 하느냐가 관건이다.

후지중공업
스바루기술본부
차량연구실험 제1부 부장
겸 스바루 연구실험센터
센터장

후지누키 데츠로

14 년형

CX-9

16 년형

> ● 14년형과 16년형 아텐자
>
> 마쓰다는 동일세대의 상품군을 일괄적으로 기획하고 있고, 공통 아키텍처로 설계하고 있다. 그래서 어느 단계에서 완성한 새로운 기술은 횡으로 전개하는 것이 가능하다. 2016년 8월에 아텐자에 도입한 기술은 7월에 악셀라에 도입한 기술과 동일하다. 엔진 제어에서 전후좌우의 G를 통합적으로 제어하는 G벡터링 컨트롤도 그런 기술 가운데 하나이다. 게다가 아텐자에 요구되는 질감 향상에도 대처했다.

| CASE 05 **MAZDA** |

아무것도 바뀐 것 같지 않은데 크게 바뀐

MY16 아텐자

마쓰다 아탄자의 마이너 체인지의 NV대책

잘못해서 같은 사진을 실은 것이 아니다. 2014년 모델 아텐자와 2016년 모델 아텐자.
마쓰다의 기함이라는 자존감이, 보이지 않는 여러 NV대책을 포함하고 있다.

본문 : 세라 고타 사진 : 마쓰다/MFi

운전자한테서 「소음만 안 나면 최고의 자동차인데 말이야~」하는 말도 들었다고 한다. 물론 무음이 좋다는 주장이 아니지만, 소음을 차단하는 능력을 높일 필요성은 갖고 있었다. 마쓰다의 제6세대 상품군 제2탄으로 2012년에 등장한 아텐자는 14년의 상품개량을 통해 천정도 차음성을 높였다. 바닥 매트도 바꾸어 타이어의 패턴 소음에 기인하는 소음이 침투하는 것에 맞추었다. 16년의 상품개량 때로 그런 연장선상에서 손을 댔다. 구체적으로는 가죽 내장을 사용하는 최고급 등급인 L패키지에 차음 유리(전방 측면)를 설정. 「자동차 전체적인 사운드의 질감향상을 도모했다」는 설명이다.

사실은 그뿐만이 아니라고 설명해준 사람은 NVH성능개발부의 요시카와 다카야씨이다.

「16가지 모델의 개선 과제는 구멍이나 틈새를 메꿔서 소리가 들어오는 것을 차단하는 일이었습니다」

「구멍이 뚫린 곳에 아무리 차음재를 추가해도 한계가 있었습니다. 그래서 이번에는 구멍이나 틈새에 신경을 많이 썼죠」

발생한 소음이 실내로 들어오지 않도록 차단하는 일에 주력했다는 말이다. 그때 함부로 손을 써서는 효율이 떨어진다. 그래서 대화 명료도에 가중치를 두고 대화에 방해가 되는 주파수대에 대해 중점적으로 대책을 세웠다. 구체적으로는 1~2kHz 범위로서, 타이어 패턴 소음과 풍절음 영향이 크다.

「1600Hz 부근에 대화 명료도에 영향을 끼치는 불쾌한 영역이 있습니다」

연소음의 주파수 제어

피스톤 핀에 다이내믹 댐퍼를 삽입함으로써 노킹음을 줄이는 기술 외에, 연소 간격을 제어해 노킹 음을 저감하는 기술을 도입. 나아가 EGR 밸브를 제어해 응답 지체를 해소. 어떤 기술이든 악셀라에서 먼저 적용함.

내츄럴 사운드 스무더

커넥팅 로드
ピストン
コンロッド
내츄럴 사운드 스무더

차음성 향상을 위해 최고급 등급인 L 패키지에만 중간막을 끼운 전방 측면 유리를 사용. 유리 판 두께는 종래의 4mm에서 5mm로 늘렸지만, 생산공정 상 손실을 고려해 그 이상의 등급도 판 두께를 5mm로 했다.

전방 측면 유리

문 유리를 눌러주는, 빗물 등을 차단하는 고무 틈새로 소음이 들어왔기 때문에 틈새를 안 생기도록 형상을 변경. 14년 모델에서도 아래쪽에서 들어오는 소음을 막는 방법을 사용하기는 했으나 16년 모델에서는 사운드의 질감을 향상하기 위해 더 강화했다.

가니시

천정부 흡음재

14년 모델에서도 지붕에 넣은 흡음재 면적을 늘렸지만, 16년 모델에서는 「한계까지 늘렸다」(요시카와씨). 당시까지는 중앙 부분을 중심으로 흡음재를 배치했지만 16년 모델부터는 끝부분까지 철저히 공략했다고 한다.

후방 휠 하우스

1kHz 부근의 「샤앗~」 거리는 소리를 일으키는 타이어 패턴 소음은 대화 명료도를 높이기 위해서라도 잡아야 할 소음. 14년 모델에서는 후방 머드 가드 부분의 두께를 늘렸다. 상품개량은 한정된 조건 속에서 손대야 한다.

B필러 부근 구멍 메꾸기와 언더 커버

B 필러가 시작되는 강판과 강판의 이음새 부분을 실러로 막은 것이 16년 모델의 변경 사항이다. 이렇게 변경하기 위해 생산공정에 로봇을 1대 추가했다. 아텐자가 사운드의 질감향상을 중시했다는 증거이다.

문 유리의 리브

16년 모델부터 채택. 리브 말단의 형상을 개량해 문과 유리 틈새로부터 소리 침입을 막는 구조로 했다. 「크게 두드러지지 않는 부분이지만 최선을 다했죠」라는 요시카와씨는 말 속에서 NV대책의 착실한 대처를 보는 느낌이다.

▶ 14년형과 16년형 아텐자

최신 기능을 접목했을 뿐만 아니라 마쓰다의 기함에 어울릴만한 질감 향상에 주력한 것이 특징. 인테리어나 조작계통의 질감 향상에도 힘썼지만, 또 중시한 것이 NV대책이다. 최고급 등급인 L패키지에는 흰색과 검은색 2가지의 (나파 지역) 가죽 인테리어를 설정. 데코나 스위치 종류에도 고급스러움을 연출했다. 「직물과 비교해 가죽이 얼마나 불리한지 알고 있다」면서, NV대책은 불리한 가죽을 기준으로 했다고 한다.

앞뒤 문 안쪽으로 유리를 끼우는 고무(빗물 등을 차단)가 있는데 그 말단 형상을 변경. 말단이 잘렸던 14년 모델에서는 이곳으로 소음이 들어왔지만, 16년 모델은 틈새를 메꾸는 형상으로 바뀌었다. 당연히 형태를 다시 만들었다.

공정을 늘린 개선책도 있다. B필러가 시작되는 부근에서 사이드 실과 결합하는 부분은 복수의 강판이 합쳐진다. 강판과 강판의 이음새에 판 틈(板間)이라는 틈새가 생겨 그곳에서 실내로 소음이 들어오기 때문에 실을 추가했다.

「차체 쪽에 실시한 대책이기 때문에 공장의 생산 라인에서 움직여야 했죠. 이번 개량에서는 라인을 바꿔 로봇을 1대 투입했습니다」

전방 측면 유리창 후방에는 검은 수지제품의 가니시가 붙어 있는데, 안쪽 고무와의 사이에 간격이 있으면 그곳이 소음의 발생원이 된다. 탑승객 귀와 가까워서 영향이 큰 부위이다. 16년 모델에서는 가니시 끝부분이 고무에 강하게 닿게 함으로써 틈새를 없앴다.

유리의 차음성을 높이면 그 이외의 소음이

두드러지게 되고, 다른 곳에 손을 쓰면 유리가 걱정되는 식이어서 결론 내리기가 쉽지 않다. 풀 모델 체인지라면 다른 부분에 손을 쓸 수도 있겠지만 상품개량에서는 손쓸 방도가 한정적이다. 주어진 조건하에서 무엇을 할 수 있는지 생각한 끝에 도달한 것이 구멍이나 틈새를 막는 방법으로, 대화 명료도에 무게를 둔 것이다.

정숙성 향상에 대한 대책은 그런 방면을 중시한 CX-9(일본 미도입) 개발에서 키워온 노하우를 반영했다고 한다.

발생하는 소음을
어떻게 구조적으로 해소할 것인가

브리지스톤 「레그노(REGNO)」의 정숙성 기술

타이어에서 전해오는 소음에 대해 가장 심혈을 기울여 설계한 것은 고급 살롱용 타이어이다.
브리지스톤의 컴포트 쪽 플래그십 타이어인 「레그노」의 소음·진동 대책에 관해 들어보았다.

본문 : 오노 고야　그림 : 브리지스톤

「타이어에서 발생하는 소음은 크게 패턴 소음과 도로 소음 두 가지가 있습니다. 패턴 소음이란 타이어의 그루브(세로 홈)가 원인으로 작용하는 높은 주파수 소음을 말합니다. 그루브와 노면이 접촉하면 그 부분은 끝이 개방된 관 같이 되는데, 그 안의 공기를 타이어 트레드가 달리면서 받는 진동이 공진시키면서 발생하게 되는 겁니다. 또 도로 소음은 타이어 내부 구조에서 전해지는 중~저주파수의 소음을 말합니다. 이 도로 소음은 노면에서 올라오는 입력으로 인해 타이어 자체가 변형·진동하게 되고, 그것이 차체를 가진(加振)함으로써 발생하는 것입니다」

개발에 관여한 고마츠 다츠야씨의 설명이다. 레그노의 메인 브랜드인 GR-XI에는 이런 소음들을 줄이기 위한 새로운 정숙 기술이 반영되어 있다. 패턴 소음을 줄이는 『더블 브랜치형 소음기』와 도로 소음을 줄이는 『소음 흡수 시트 II』가 그것이다.

「레그노에서는 2006년에 발표한 GR-9000부터 공명을 제어하기 위한 브랜치(홈)를 적용해 왔습니다. 브랜치에서 소음으로 역위상 진동을 일으킴으로써 소음을 없애는 것이 목적이죠. 먼저 4개의 그루브 가운데 2개에 이 브랜치를 설치했습니다. 당시의 브랜치는 단순한 관으로서, 그 길이를 통해 발생하는 진동을 제어했습니다. 그 브랜치가 2001년의 GT-XT부터 4개 그루브 전체에 갖춰졌습니다. 헬름홀츠 공명기 이론을 형상에 반영해 기실(氣室)부분과 목 부분의 체적비로 진동을 제어하게 되었습니다. 이 브랜치 효과가 컸던 탓에 정숙성이 크게 향상되었죠. 하지만 기실로 인한 체적이 많아지면 필연적으로 블록 강성이 떨어지게 됩니다. 그것을 해결하기 위해

주행 중인
타이어에서
발생하는
2대 소음

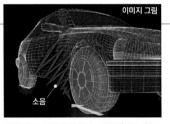

주행 중인 타이어의 주로 그루브(세로 홈)가 원인인 공명음이 패턴 소음으로서, 800~1000 Hz의 고주파로 발생한다.

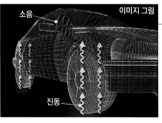

노면의 요철로 인한 벨트나 숄더 부분의 진동이 타이어를 거쳐 보디를 가진해 발생하는 도로 소음. 100~800Hz로 음압이 높다.

REGNO에 적용한 4가지 정숙성 기술

① 소음성능과 블록 강성을 양립한 더블 브랜치형 소음기

② 패턴 소음을 억제하는 베리어블 피치&사일런트 AC블록

③ 진동 발생을 구조적으로 억제하는 소음 흡수 시트 II &숄더 보강층

④ 전파를 억제하는 3D 노이즈 컷 디자인 숄더(IN쪽만)

① 그루브에서 발생하는 기주관(氣柱管) 공명음에 대해 역위상으로 공진해 소음을 줄이는 브랜치. 브랜치 하나가 그루브 2개에 기능하게 되어 있어서 필요한 체적이 감소했기 때문에 블록 강성이 향상되었다.

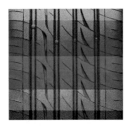

→ ③ 노면에서 시작해 타이어 벨트나 숄더로 전해지는 진동을 소음 흡수 시트 II 가 억제함으로써 차체로 전달되는 소음 전파를 저감. 똑같은 소재를 벨트 양 끝에 숄더의 보강층으로 배치해 진동 억제효과를 높인다.

↑②각 블록의 원주 방향 피치(길이)를 불규칙적으로 변화시켜 패턴 소음을 크게 저감. 블록 표면을 3D 곡면으로 해 접지할 때의 소음도 흡수한다. 마모했을 때의 정숙성도 향상되었다.

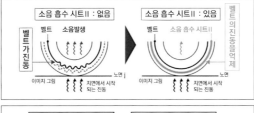

소음 흡수 시트 II : 없음 | 소음 흡수 시트 II : 있음

벨트가 진동 / 소음발생 / 이미지 그림 / 지면에서 시작되는 진동

벨트 / 소음 흡수 시트 II / 이미지 그림 / 지면에서 시작되는 진동

벨트의 진동을 억제

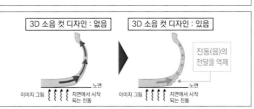

3D 소음 컷 디자인 : 없음 | 3D 소음 컷 디자인 : 있음

진동(음)의 전달을 억제

노면 / 이미지 그림 / 지면에서 시작되는 진동

↑④타이어의 IN쪽 숄더에는 진동음이 잘 전달되지 않게 하는, 쿠션 효과가 있는 디자인을 채택했다. 숄더 부분에서 사이드 부분으로 전파되는 진동을 억제함으로써 차체로 전달되는 도로 소음을 줄인다.

1981년에 데뷔해 35주년을 맞은 레그노. 사진은 초대 레그노 GR-01로, 당시에는 드물었던 5피치·랜덤 패턴을 적용했다.

정숙성 / 승차감 / 매끄러움 / 부드러움 / 고급스러움

선대 GR-XT와의 비교. 전작보다 높은 정숙성을 지향한 GR-XI는 소음의 음질을 바꿔 정숙성을 저해하지 않는 주파수를 개발 목표로 삼았다.

정숙성과 안정성의 양립

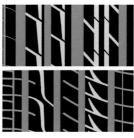

소음기는 선대의 3D 헬름홀츠형(왼쪽 위 노란색)에 대해, 현행 더블 브랜치형(왼쪽 아래 노란색)은 면적이 적어 2개의 그루브(남색 부분)를 효과적으로 잇는다. 이로 인해 블록 강성이 좋아져 주행 안정성도 높아졌다.

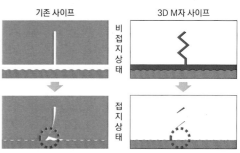

기존 사이프 | 3D M자 사이프

비접지상태 / 접지상태

경자동차 전용인 GR-Leggera에만 적용한 3D M자 사이프(우측 위)는 통상적인 사이프(좌측 우)와 비교해 접지 때의 블록 변형이 작다. 패턴 소음을 줄이고 세로강성을 낮추면서 가로강성을 확보했다.

서 개발한 것이 GR-XI에 새롭게 채택한 더블 브랜치형입니다. 이것은 2개의 그루브로 브랜치를 공유하기 때문에 랜드 비율이 올라가 블록 강성도 향상되고, 주행 안정성도 향상됩니다. 랜드 비율이 올라갔기 때문에 불리해진 구름 저항과 마모에 관해서는 톱 컴파운드의 재질을 개선에 대응하고 있습니다」

「소음 흡수 시트 II 는 유기 소재로 만든 1.5mm 정도의 시트로서, 벨트 위(바깥쪽)에 설치해 벨트 진동을 낮춤으로써 소음 전달을 억제합니다. 또 똑같은 소재의 시트로 벨트 끝에 보강층을 두고 있습니다. 이를 통해 숄더 부분의 변형을 낮출 뿐만 아니라, 나아가 숄더에서 트레드 면에 걸쳐서 강성의 균형을 잡아줌으로써 트레드 면이 M자로 변형되는 현상을 막아줍니다. 이런 현상은 육안으로는 확인할

수 없지만, CAE를 사용하면 가시화할 수 있어서 움직임을 시뮬레이션해서 확인하고 있습니다」

나아가 현행 레그노에서는 메인 브랜드인 GR-XI과 미니밴/SUV용인 GRV II 외에, 경자동차 전용인 GR-Leggera라는 타이어도 상품화했다. 각각의 사용 소재에는 큰 차이가 없는 대신에 설계단계에서 최적화했다고 한다.

「가령 트레드 폭은 같더라도 사용할 차량이 다르므로 내부 설계가 달라집니다. GR-Leggera도 경자동차 전용이라고는 하지만 레그노이기 때문에 성능의 우선순위는 정숙성이 첫 번째입니다. 다음이 구름저항과 주행 안정성이죠. 또 이 타이어에만 적용된 기술로는 3D M자 사이즈가 있습니다. 이것은 패턴 노이즈를 줄이면서 블록 강성을 세로 방향으로

약하게, 가로 방향으로 강하게 할 수 있습니다. 마찬가지로 GRV II 의 바깥쪽에는 딤플형 사이프(Sipe)를 적용했는데, 세로 방향 강성을 낮추면서 전단 방향의 강성을 유지하기 위한 설계입니다. 이처럼 사용할 자동차에 맞춰 구분해서 만들고 있습니다」

우리는 한 마디로 레그노의 정숙성 등에 대해 운운하지만, 실제로는 이렇게 세세히 구분해 만들면서 전체 성능을 갖춘 상태로 하나의 브랜드로 상품화하는 것이다. 거기서 브리지스톤의 노력과 자존감을 보았다.

브리지스톤
PS타이어개발 제5부
구조설계 제1유닛

고마트 타츠야

CHAPTER

| Comfort Cabin Technology |

탑승객 간의 「대화 명료도」를 창출

주행 중인 차량 실내에서 모든 좌석에 앉은 탑승객들이 평소대로 대화할 수 있는 환경.
일상생활에서는 극히 당연한 일이라 대화는 무의식 동작이지만, 사실 자동차 안에서는 어려운 주제이다.

본문&사진 : 마키노 시게오   그림 : 도요타

일본어 : 125~1500Hz
미국 영어 : 750~5000Hz
영국 영어 : 2000~12000Hz
이탈리아어 : 2000~4000Hz
독일어 : 125~3000Hz
러시아어 : 125~8000Hz
전부 주요 주파수(패스 밴드)로서, 말하는 사람이나
「발음」에 따라 실제 주파수는 다르다.

대략적인 모음 주파수 최고값
■ 일본어
「あ(아)」1.0k/1.2kHz
「い(이)」0.4k/2.8kHz
「う(우)」0.5k/1.2kHz
「え(에)」0.7k/2.0kHz
「お(오)」0.7k/1.0kHz

■ 영어
「A」0.8k/1.5kHz
「I」0.3k/2.5kHz
「U」0.3k/0.8kHz
「E」0.9k/2.0kHz
「O」0.6k/0.8kHz
포먼트(Formant) 제1/제2

▶ 세단은 압도적으로 유리

트렁크 룸과 차량 실내가 격벽으로 막힌 세단은 실내의 차음성능에서 해치백이나 미니밴, SUV와 비교해 압도적으로 유리하다. 근래에는 실내 대화용 마이크를 갖춘 대공간형 승용차가 등장하고 있지만, 기본은 어떻게 육성으로 잘 전달하느냐이다.

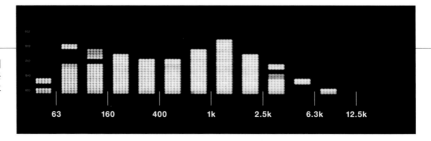

▶ 대화 명료도의 지표 「AI」

도요타는 헬멧 모양의 녹음기(Dummy Head)를 사용해 고속주행 시의 소음 데이터를 측정한다. 인간의 얼굴 표면을 통해 이도(耳道)로 들어오는 모습을 흉내 낸 케이스에 마이크를 장착하고는 인간이 듣는 상태에 가깝게 계측한다. 그 데이터를 알테미스S라고 하는 음향분석 소프트웨어에 걸어 1/3옥타브 밴드의 파형으로 변환한 다음, 환산표에서 숫자를 취합해 합산한 것이 AI이다. 우측 위 그래프와 아래의 환산표는 닮은 것이다. 세계 공통의 상정법이기 때문에 횡적 비교가 가능하다.

터널에 진입하자 벽에 반사된 주행음이 실내로 들어오기 때문에 대화 주파수 스펙트럼이 바뀌었다. 『구~』거리는 저주파음을 마이크도 잡아냈다. 당연히 노면의 포장이나 날씨, 눈에 의해서도 차량실내의 소음 데이터는 바뀐다.

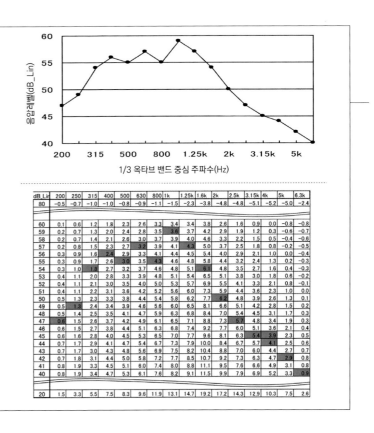

1/3 옥타브 밴드 중심 주파수(Hz)

dB_Lin	200	250	315	400	500	630	800	1k	1.25k	1.6k	2k	2.5k	3.15k	4k	5k	6.3k
80	-0.5	-0.7	-1.0	-1.0	-0.8	-0.9	-1.1	-1.5	-2.3	-3.8	-4.8	-4.8	-5.1	-5.2	-5.0	-2.4
60	0.1	0.6	1.2	1.8	2.3	2.6	3.3	3.4	3.4	3.8	2.6	1.6	0.9	0.0	-0.8	-0.8
59	0.2	0.7	1.3	2.0	2.4	2.8	3.5	3.6	3.7	4.2	2.9	1.9	1.2	0.3	-0.6	-0.7
58	0.2	0.7	1.4	2.1	2.6	3.0	3.7	3.9	4.0	4.6	3.3	2.2	1.5	0.5	-0.4	-0.6
57	0.2	0.8	1.5	2.3	2.7	3.2	3.9	4.1	4.3	5.0	3.7	2.5	1.8	0.8	-0.2	-0.5
56	0.3	0.9	1.6	2.4	2.9	3.3	4.1	4.4	4.5	5.4	4.0	2.9	2.1	1.0	0.0	-0.4
55	0.3	0.9	1.7	2.6	3.0	3.5	4.3	4.6	4.8	5.8	4.4	3.2	2.4	1.3	0.2	-0.3
54	0.3	1.0	1.8	2.7	3.2	3.7	4.6	4.8	5.1	6.1	4.8	3.5	2.7	1.6	0.4	-0.3
53	0.4	1.1	2.0	2.8	3.3	3.9	4.8	5.1	5.4	6.5	5.1	3.8	3.0	1.8	0.6	-0.2
52	0.4	1.1	2.1	3.0	3.5	4.0	5.0	5.3	5.7	6.9	5.5	4.1	3.3	2.1	0.8	-0.1
51	0.4	1.1	2.2	3.1	3.6	4.2	5.2	5.6	6.0	7.3	5.9	4.4	3.6	2.3	1.0	0.0
50	0.5	1.3	2.3	3.3	3.8	4.4	5.4	5.8	6.2	7.7	6.2	4.8	3.9	2.6	1.3	0.1
49	0.5	1.3	2.4	3.4	3.9	4.6	5.6	6.0	6.5	8.1	6.6	5.1	4.2	2.8	1.5	0.2
48	0.5	1.4	2.5	3.5	4.1	4.7	5.9	6.3	6.8	8.4	7.0	5.4	4.5	3.1	1.7	0.3
47	0.6	1.5	2.6	3.7	4.2	4.9	6.1	6.5	7.1	8.8	7.3	5.7	4.8	3.4	1.9	0.3
46	0.6	1.5	2.7	3.8	4.4	5.1	6.3	6.8	7.4	9.2	7.7	6.0	5.1	3.6	2.1	0.4
45	0.6	1.6	2.8	4.0	4.5	5.3	6.5	7.0	7.7	9.6	8.1	6.3	5.4	3.9	2.3	0.5
44	0.7	1.7	2.9	4.1	4.7	5.4	6.7	7.3	7.9	10.0	8.4	6.7	5.7	4.1	2.5	0.6
43	0.7	1.7	3.0	4.3	4.8	5.6	6.9	7.5	8.2	10.4	8.8	7.0	6.0	4.4	2.7	0.7
42	0.7	1.8	3.1	4.4	5.0	5.8	7.2	7.7	8.5	10.7	9.2	7.3	6.3	4.7	2.9	0.8
41	0.8	1.9	3.3	4.5	5.1	6.0	7.4	8.0	8.8	11.1	9.5	7.6	6.6	4.9	3.1	0.8
40	0.8	1.9	3.4	4.7	5.3	6.1	7.6	8.2	9.1	11.5	9.9	7.9	6.9	5.2	3.3	0.9
20	1.5	3.3	5.5	7.5	8.3	9.6	11.9	13.1	14.7	19.2	17.2	14.3	12.9	10.3	7.5	2.6

옛날부터 도요타 차는 시장에서 「실내가 조용한 자동차」라는 평가를 받아 왔다. 여기에는 두 가지 의미가 있다고 생각한다. 하나는 물리적으로 조용하다는, 즉 진동·소음(이하=NV)의 음압레벨이 낮다는 것이다. 또 하나는 실내에서 지장 없이 일상적 대화가 가능하다는, 즉 대화 명료도가 높다는 것이다. 예전 1980년대 후반에 도요타가 초대 셀시오(렉서스 LS)를 개발했을 때, 이 두 가지 성능을 의식적으로 철저히 적용했다. 당시 나는 초대 셀시오의 스즈키 주사로부터 「이런 것은 의식하지 않으면 절대로 반영할 수 없는 부분」이라고 들었던 기억이 선명하게 남아 있다. 보통 대화 자체는 무의식 동작이다. 전화할 때 자연스럽게 목소리가 커지는 이유는 상대방의 목소리가 잘 들리지 않아서 일어나는 무의식적 동작으로, 방음 성능이 낮은 트럭을 운전하거나 할 때는 대화를 하기 위해 목소리를 높이게 된다. 이것은 스트레스를 불러온다. 반대로 보통의 목소리 톤으로 대화할 수 있으면 스트레스를 받지 않는다. 종합적 대화 명료도가 높은 자동차는 이동할 때의 정신적 피로를 줄여줄 것이라 생각한다.

왼쪽 페이지의 아래쪽 스펙트럼 분석기 화면 사진은 현행형 프리우스에서 필자와 본지 부편집장이 도메이 고속도로를 주행하면서 대화했을 때의 실측 데이터이다(녹음 요령은 22페이지와 동일). 세로축은 음압레벨이고 가로축은 주파수대로서, 그래프 막대가 도중에 끊어진 것은 바로 이웃한 최고점일 때의 음압을 표시하고 있기 때문이다. 속도 95km/h일 때 프리우스 실내의 운전석/조수석 사이에서 대화를 나누었더니 80Hz 부근에 저주파의 음압 최고점이 나타났다. 고주파 쪽의 음압 최고점은 1.4kHz 부근에 나타났다. 흥미로운 점은 영어 단어를 나열하면 2.5kHz보다 높은 주파수 음압이 올라간다. 일본어만 사용하면 1kHz 아래에 최고점이 나타난다. 왜 그럴까 하고 조사했더니, 언어에 따라 주파수대가 다르다는 점을 알게 되었다. 우리가 측정한 데이터만 보더라도 일본어와 미국 영어 사이에 차이가 있었다.

「언어 사이의 주파수대 차이는 정설로 존재합니다. 포먼트(시간 경과로 이동하는 복수의 최고점)를 계측해도 언어에 기인하는 모음 차이가 나타납니다. 차량 실내에서 대화 명료도를 나타내는 지표를 AI(Articulation Index)라고 하는데, 원래는 무선교신할 때의 청취 용이성을 표현하기 위해 개발된 심리음향 지표이지만, 자동차 세계에서도 세계적으로 널리 이용합니다. 인간이 가장 잘 듣는 1.6kHz 감도를 중심으로 해서, 그 상하는 주파수 구분마다 가중치를 주는데요. 차량 실내에서 소음을 계측하고 음향분석 소프트웨어를 사용해 계산한 다음, 주파수 별 음압레벨을 AI 환산표에서 뽑아내 합산한 것이 AI입니다. 전 세계 승용차의 AI를 조사해 보면 거의 차량 등급에 비례합니다. 고급차량이 65 정도, E세그먼트 차는 53~59, D세그먼트 차가 52~48 정도, 이런 식이죠. 가격대마다 고객의 기대값이 있어서 개발자 측은 그 이상을 지향하기 때문에 자연히 차량 등급에 비례하는 겁니다」 도요타에서 오랫동안 NV개발에 관여해 온 우메무라 에이지씨의 말이다. 세계가 경탄한 초대 렉서스 LS의 NV 설계에 관여하기도 한 우메무라씨는, 78년에 입사한 이래 도요타에서의 경력 가운데 80%가 NV개발이었다. 이번 취재 후에 렉서스 GS로 똑같은 차량 실내음을 계측해 봤는데, 확실히 전체적으로 음압레벨이 프리우스보다 훨씬 낮았다. 렉서스 브랜드는 도요타 브랜드와는 NV와 관련된 요구가 다르다고 우메무라씨도 말해 주었다. 그런 식으로 질문하고 싶었던 이유는 최근의 도요타 차가 NV성능과 관련된 우위를 상실했기 때문이다. 내 기억 속에 있는 예전의 도요타 차는, 가령 저렴한 양산 차량이라 하더라도 NV성능은 출중했다. 「경량화가 큰 주제가 되면서, 솔직히 말하면 NV 중요성이 낮아졌습니다. 2005년쯤이 터닝 포인트였죠. 제진재,

도어 트림

루프 라이닝(루프패널 안쪽)

어퍼 백 사일런서

C필러 라이닝(C필러 안쪽)

샌드위치 제진 패널(차량실내 쪽)

후드 인슐레이터
(보닛 후드 안쪽)

아스팔트 시트

트렁크 매트

바닥 카펫

바닥 카펫

대시 이너 사일런서

아스팔트 시트

대시 아우터 인슐레이터(엔진룸 쪽)

엔진 언더커버

제진재
흡음재
차음재

차음재, 흡음재(총칭해서 방음재)를 사용하면 무게가 늘어나므로 예전보다 사용량을 크게 줄인 겁니다. 하지만 TNGA에서 다시 NV를 중시하고 있습니다. 2014년도에 수립한 NV14라고 하는 시나리오를 바탕으로 신형 프리우스를 개발했습니다. 유럽과 미국 회사들은 경량화로 번 무게를 NV에도 할당해 매년 AI를 향상하고 있습니다. 차량 무게가 가벼워지고 있는데 AI는 좋아지는 겁니다. 지금은 NV성능에서 구미 경쟁사에 뒤처진 도요타 차가 적지 않습니다. 당연히 이대로 있을 수는 없죠」 그렇다면 AI향상을 위해서는 어떤 대책이 필요할까. NV 중에서도 인간의 목소리와 겹치는 대역에 대한 대책을 도요타는 어떻게 생각하고 있을까.

「현상으로서의 NV를 간단히 말하자면, 파워트레인이나 서스펜션 등과 같이 진동을 발생시키는 강제력에 차체 감도를 곱한 겁니다. 진동 발생원이 있고 그 기진력이 다양한 부위의 공진을 증폭시킵니다. 따라서 NV개선에 관한 주요 수단은 강제력 쪽의 저감과 공진 분산이라고 할 수 있죠. 향후 NV성능을 어떻게 향상해 나갈지에 관한 로드 맵 작성과 NV 발생 메커니즘 분석 후에는 차체와 섀시, 파워트레인 등 부분별 물리적 수치에 반영한 다음, 그것을 바탕으로 구조검토와 설계 요건화를 하는 식으로 진행됩니다. 원인을 찾아내 한가지씩 대책을 세워나가는 것이죠. 그런 의미에서 현재의 로드맵이 NV14입니다」 그럼 NV개발의 수단은 이전과는 다른 것일까. 초대 시나리오를 수립하던 시절에는 「NV대책은 착실하게 작업을 계속해 나가는 과정」이라고 들었다. 분석기술이 발달한 현재는 어떨까 하는 생각에 우메무라씨에게 물었더니 다음과 같은 대답이 돌아왔다.

「예를 들면 엔진 진동은 공회전에서는 몇십 Hz지만, 회전속도를 높

이면 연소음에 4~5kHz의 성분이 들어갑니다. HEV에서는 스위칭 등의 전기계통 소음으로 인해 10kHz를 넘는 성분이 포함됩니다. 이런 넓은 주파수대에서 대화 명료도를 방해하는 강제력을 상대해야 하는 상황이라 AI 향상도 넓은 주파수대에서 대책을 세울 필요가 있는 것이죠. 그런데 그 효과를 측정해도 데이터에 안 나타나는 경우가 많이 있습니다. 그래서 최종적으로는 인간이 귀로 듣는 관능평가가 될 수밖에 없습니다. 인간은 특히 소리가 나는 장소를 특정해 지향성을 간파하는 능력이 있는데, 그런 점은 측정기를 뛰어넘습니다. 엔진 등과 같은 강제원의 소리가 의외의 곳에서 날 때는 인간이 더 잘 찾아냅니다」

뿌리는 바뀌지 않은 것 같다. 「NV기술자는 항상 귀를 단련하고 있죠」라며 우메무라씨는 자신 있게 단언했다. 나아가 다음처럼도 말한다.

「예전에는 대시 사일런서(위 그림참조)에만 1대에 약 10kg을, 심지어 무게로 진동을 억제하는 샌드위치 제진 패널까지 사용했었죠. 현재는 모든 방음재를 다 합쳐도 크라운이 20kg 정도입니다. 차량 무게 전체 가운데 1~2%에 해당하죠. 흡음·제진에 사용할 수 있는 부자재는 그중에서 또 약 반 정도입니다. 중량 증가는 허용되지 않습니다」

구체적으로 NV대책에 대한 검토 사례를 들어보니 그 점은 80년대와는 전혀 달랐다.

「예를 들면 엔진룸과 실내를 가르는 방화벽을 『1개짜리 로』해서, 진동 상태를 봐가면서 거기에 부착하는 보조기기 종류나 구멍 등을 고려해 세분화한 모델도 검토합니다. 부분적으로 패널의 공진 주파수가 다르기 때문이죠. 특히 이런 방식은 바닥 패널에도 적용됩니다. 분할한 구역별로 흡음력과 차음 목표를 세우고 있습니다」 그렇다는 말은 AI 측면에서 흡

능이 좋았던 샌드위치 제진강판을 사용하지 않는다는 뜻일까? 「거의 사용하지 않습니다. 아스팔트 시트도 연비규제가 심한 나라에서는 사용하지 못합니다. 도포형 제진재를 사용하죠. 그것도 최소한이긴 합니다만」 방화벽은 차체 강성의 중심이기도 해서 판 두께는 그럭저럭 확보되어 있다. 그러나 차체 내 외판은 고장력 강판(HTSS)을 사용해 강도를 확보하고 판 두께는 줄이는 경향이 두드러진다.

「투과 손실은 물리량으로 결정되기 때문에 NV에는 판 두께가 두꺼운 쪽이 유리하죠. 하지만 고장력 강판을 사용하는 흐름은 피할 수 없습니다. 1장의 차체 패널을 더 세분화해서 NV성능을 추구하는 일 외에, 도료가 빠지는 구멍을 줄이되 꼭 필요한 구멍은 실로 막아 방음재 종류를 최대한 사용하지 않는 식으로 개선 중입니다. 예를 들면 대시 보드에서 차량 실내로 들어오는 소음은 어떤 종류인지, 주파수별로 세밀하게 분석합니다. 원인을 특정할 수 있어야 대책을 세울 테니까요」 하지만 예전에는 무게 50kg 이상의 방음재를 사용한 고급 세단도 있었다. 이 물리량 차이를 메꿀 수 있을까.

「강제력을 낮추어 모든 부분이 NV를 증폭시키지 않도록 연구 중입니다. 현재 사용하고 있는 부품의 소재와 제조방법 개선도 부품업체의 협조를 얻어 진행 중이고요. 이렇게 중량이 증가하지 않는 방법들을 다 적용하고 있습니다. 그런데도 AI대책 차원에서 말하자면 방음재를 사용하지 않을 수는 없는 것이 현재 상태입니다. 방음재는 주파수가 높은 소음

에는 효과가 있지만, 이것만 사용하면 무향실같이 되기 때문에 불쾌감을 주지 않도록 주의해서 사용합니다. 제진재는 저주파에 효과가 있지만, 중량 증가로 이어지므로 가능한 한 차체 쪽의 근본적 대책으로 극복하고 있습니다. 한편 차음재는 흡음재와 달라서 반향이 늘어나므로 이것도 균형을 봐가면서 사용합니다. 방음재 사용은 최종적인 수단이어서, 그 전에 강제력을 낮추어 공진을 분산시키지 않으면 안 됩니다. 그러기 위해서 파워트레인이나 섀시 등의 각 부문에 NV목표를 할당함으로써 목표값 달성에 매진하도록 하고 있습니다」 유리는 어떨까. 유럽 차는 감쇠막을 2장의 유리 사이에 끼우는 라미네이트 유리를 많이 사용하는 추세인데….

「고차음성 유리나 감쇠 유리는 확실히 효과가 있지만, 유리는 차량 실내의 소리를 반사시키는 원인이 되기도 해서, 방음재와 유리를 어떻게 조합할지를 검토하고 있습니다」

마지막으로 NV기술자로서의 목표를 들어보았다. 「최종 목표는 0dB입니다. 여기에 최대한 다가서고 싶은 생각입니다. 요는 NV기술자의 작업은 영원히 계속된다는 것이죠」

우메무라씨는 『소음·진동의 도요타』로 복귀하기 위해 최일선에서 싸우고 있다. 중량과 단가 인상이 허용되지 않는 환경 속에서 도요타의 NV성능이 어떻게 움직일지, 필자는 앞으로도 주목해 나갈 생각이다.

▶ 「방음수단」을 파헤쳐 보면…

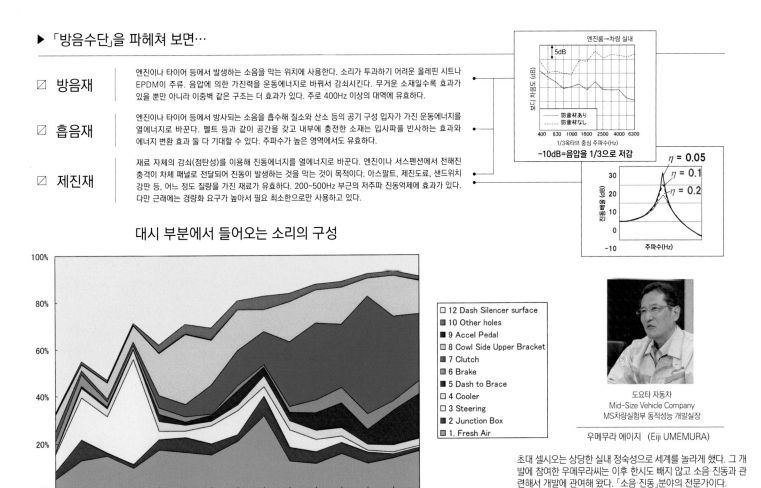

☑ 방음재 — 엔진이나 타이어 등에서 발생하는 소음을 막는 위치에 사용한다. 소리가 투과하기 어려운 올레핀 시트나 EPDM이 주류. 음압에 의한 가진력을 운동에너지로 바꿔서 감쇠시킨다. 무거운 소재일수록 효과가 있을 뿐만 아니라 이중벽 같은 구조는 더 효과가 있다. 주로 400Hz 이상의 대역에 유효하다.

☑ 흡음재 — 엔진이나 타이어 등에서 방사되는 소음을 흡수해 질소와 산소 등의 공기 구성 입자가 가진 운동에너지를 열에너지로 바꾼다. 펠트 등과 같이 공간을 갖고 내부에 충전한 소재는 입사파를 반사하는 효과와 에너지 변환 둘 다 기대할 수 있다. 주파수가 높은 영역에서도 유효하다.

☑ 제진재 — 재료 자체의 감쇠(점탄성)를 이용해 진동에너지를 열에너지로 바꾼다. 엔진이나 서스펜션에서 전해진 충격이 차체 패널로 전달되어 진동이 발생하는 것을 막는 것이 목적이다. 아스팔트, 제진도료, 샌드위치 강판 등, 어느 정도 질량을 가진 재료가 유효하다. 200~500Hz 부근의 저주파 진동억제에 효과가 있다. 다만 근래에는 경량화 요구가 높아서 필요 최소한으로만 사용하고 있다.

엔진룸→차량 실내
5dB
방음음 투과손실 (dB)
─ 防音材 あり
‥‥ 防音材なし
400 630 1000 1600 2500 4000 6300
1/3옥타브 중심 주파수(Hz)
-10dB=음압을 1/3으로 저감

$\eta = 0.05$
$\eta = 0.1$
$\eta = 0.2$
30
20
10
진동배음 (dB)
-10
주파수(Hz)

대시 부분에서 들어오는 소리의 구성

□ 12 Dash Silencer surface
■ 10 Other holes
■ 9 Accel Pedal
☐ 8 Cowl Side Upper Bracket
■ 7 Clutch
■ 6 Brake
■ 5 Dash to Brace
□ 4 Cooler
☐ 3 Steering
■ 2 Junction Box
■ 1. Fresh Air

400 500 630 800 1000 1250 1600 2000 2500 3150 4000 5000 6300 8000 10000 (Hz)

도요타 자동차
Mid-Size Vehicle Company
MS차량실험부 동적성능 개발실장

우메무라 에이지 (Eiji UMEMURA)

초대 셀시오는 상당한 실내 정숙성으로 세계를 놀라게 했다. 그 개발에 참여한 우메무라씨는 이후 한시도 빠지지 않고 소음·진동과 관련해서 개발에 관여해 왔다. 「소음·진동」분야의 전문가이다.

도해
특집 엔진의

실린더 배열과

ENGINE CONFIGURATION & SMOOTHNESS

진동

왕복엔진은 1기통부터 시작해 실린더 배열과 수에 따라 다양한 종류가 있다.
실린더 배열에 따라 아주 일반적인 직렬부터 V형, 수평대향형, W형, H형, 방사형 등등.
실린더 수에 따른 2기통, 3기통, 4기통, 5기통, 6기통 심지어는 36기통까지.
왜 이렇게 많은 조합이 있는 것일까? 배열 구조를 결정하는 요인은 무엇일까?
그 이유를 쫓아가 보면 패키징과 진동이 규정한다는 사실을 알게 된다.
동서고금의 왕복엔진 형태와 그 성립요인에 대해 시각적, 이론적으로 살펴보겠다.

Encyclopedia of reciprocating engine cylinder layout.

수많은 왕복 엔진의 다양성

가솔린, 디젤을 불문하고, 왕복 엔진이 사용되는 것은 자동차 만이 아니다.
이륜·항공기·선박까지 포함하면 왕복 엔진은 별 수만큼 많다.
기통 수, 배치구조도 다양하다. 그 현란한 상황을 보십시오.

가로배치 V형 6기통

> 혼다 레전드(Honda Legend)

1980년대에 FF 중형차에 다기통 엔진을 탑재하기 시작. 엔진 길이를 줄이기 위해 V형 배치 구조가 필수가 되면서 FF차도 직렬 6기통에서 V형 6기통으로 바뀌기 시작한다. 더구나 현재는 직렬 4기통에 과급기를 장착하는 다운사이징이 급속하게 진행되고 있다.

가로배치 직렬 4기통

> 도요타 아쿠아(Toyota Aqua)

현재 가장 일반적인 배열 구조는 엔진과 변속기를 직렬로 연결한 뒤 가로로 배치하는 지아코사 방식이다. 요구출력과 엔진룸 용적과의 절충 때문에 직렬 4기통이 주류를 차지하고 있지만, 과급 직렬 3기통으로 전환되고 있다.

가로배치 V형 6기통

> 아우디 티티(Audi TT)

기술 제일주의적인 자세를 취하는 아우디는 V형을 채택하면서 2WD는 가로배치를, 4WD는 세로배치를 하는 양동작전을 펼친다. 구동력 흐름을 고려하면 매우 적절하기는 하지만, 당연히 설비투자와 제작단가의 증가는 피할 수 없다.

수평대향 4기통

> 도요타 86(Toyota 86)

과거에는 알파로메오나 시트로엥 등에서도 볼 수 있었던 전방 탑재 복서 엔진을 지금은 스바루에서만 만들고 있다. 진동적으로는 완전하다고 할 수 있는 형식이지만 자동차용으로서는 흡배기계통의 배치 구조와 탑재에 어려움이 있다.

지금은 자동차에 탑재되는 엔진의 80%가 직렬 3기통과 4기통이다. 연비와 배출가스 그리고 패키징 측면에서 보면 어쩌면 당연한 귀결일 것이다. 하지만 소수이기는 하지만 직렬 6기통이나 V6, V8, V12에, 더 적은 수의 직렬 2기통 등과 같은 엔진 형식도 생산되고 있다. 과거를 거슬러 올라가면 기상천외하다고 할 만한 엔진 배열 구조가 무수히 존재했다.

현대적 요구와는 대조적으로 엔진 역사의 발전기 때는 출력향상이야말로 최대의 화두였다.

그를 위한 수단은 오로지 배기량 확대와 다기통화(多氣筒化)였고, 모든 가능성을 찾아 닥치는 대로 다양한 형식의 엔진을 만들었다. 그런 시대에 인기 있던 엔진은 대개 항공기용이었기 때문에, 예를 들면 방사형 엔진은 자동차용으로는 탑재성이 고려되지 않은 형식임에도 불구하고 많은 연구가 이루어졌다.

오로지 더 많은 출력만 요구받던 당시 엔진의 기술적 과제는 생산성과 신뢰성 그리고 진동대책뿐이었다고 할 수 있다. 본지에서 연재

중인 「니콜라 마테라치의 자동차 기술사」에서도 나오듯이, 무수한 아이디어 가운데 실제로 실용화된 엔진은 한 줌에 불과하고 대부분은 제대로 움직이지 않거나, 계획 자체가 과대망상이었다고 할 정도로 저출력이거나, 너무나 정교하고 복잡한 나머지 실제 생산이 어려웠다거나 하는 사례가 많았다. 방사형 엔진이 주목받은 이유는 크랭크축의 길이가 짧아 실린더 균형이 좋았기 때문에 진동이 적다는 점이 한 가지 요인이었다. 진동대책은 특히 중요한 문제이기도 했다.

세계대전 후 엔진 수요가 자동차용으로 전환

되면서 대량생산 시대가 닥쳐오자 차체 크기에 맞춰 엔진 크기도 거의 자동적으로 규정되어 나갔다. 싼 가격에 쉽게 제작할 수 있도록 요구되는 한편, 출력은 차체와의 균형을 고려해 대중차는 직렬 4기통, 고급차는 직렬 6기통이나 V8 식의 공식이 자리 잡는다. 그렇게 고출력에만 꽂혀 있던 엔진 설계자의 시선이 바뀌게 된 것이 1970년대이다. FF차가 일반화되고 석유파동 그리고 배출가스 규제라는 변혁이 동시다발적으로 일어나면서부터이다. 서두에서 언급한 정의 즉, 패키징이나 연비, 환경 같은 순수한 엔진 기술 이외의 명제가 등장한 것이다.

FF차에서는 앞쪽 엔진룸에 거의 모든 동력 시스템을 넣어야 하므로 최대한 작은 엔진이 요구된다. 그래서 요구하는 출력 대비 부피가 작고 부품수도 적은 직렬 형식, 그것도 4기통 이내가 필연적이었다. 그러다 얼마 지나지 않아 FF용 가로배치와 FR용 세로배치의 공용화가 요구되면서 과급 시스템의 진화와 함께 다기통 엔진은 쇠퇴의 길로 접어든다. 연비나 배출가스에 대한 대책은 연소 해석과 배출가스흐름, 열효율 추구 같은 설계개발의 양식 변화를 가져오고, 배치 구조는 간소하게 또 성능 담보는 장치로 확보하는 방법으로 옮겨간다. 어느덧 배치 구조나 형식은 성능향상의 수단이 아니게 되었다.

나아가 여러 가지 엔진 형식을 차종마다 준비하는 것이 낭비라는 분위기가 강해지고 위에서 아래까지 소화할 수 있는 직렬 배치 구조는 여러 가지 중의 하나(one of them)가 아니라 오직 하나(only one)로 자리 잡는다. 형식을 결정하는 중요한 요소 가운데 하나였던 진동대책에 대해서도 밸런서를 비롯한 방법들이 수립되면서 다기통이나 직렬 이외의 배치 구조를 채택하는 이유를 사회적 지위를 나타내는 상품성 말고는 찾아볼 수 없게 되었다.

이렇게 해서 자동차용 엔진 배치 구조는 직렬 3기통, 직렬 4기통과 일부 V형으로 정리된 것이다. 모든 진화는 역사로부터 탄생한다는 점에서 보면, 백 년이 넘는 동안에 만들어졌다가 사라진 아름답고 무상하기까지 한 엔진 배치 구조를 새롭게 규정하는 일이 자동차의 미래를 생각하면 나름의 의미는 있을 것이다.

가로배치 직렬 6기통
> 볼보 S80(Volvo S80)

엔진룸의 가로방향에 대한 제약이 심한 FF차에 6기통을 넣을 때는 거의 V형을 취하게 되는데, 볼보는 구태여 직렬 6기통을 선택. 이상적이라고 할 수 있는 엔진 배치 구조도 비용, 연비, 패키지 같은 정의 앞에서는 바람 앞의 등불에 불과하다

가로배치 직렬 4기통
> 렉서스 NX(Lexus NX)

20세기 후반에는 V6가 당연시되었던 D세그먼트 FF차도 과급이나 하이브리드 같은 장치가 추가되고부터는 실린더를 줄이는 것이 일반화되었다. 실린더 수는 줄어들어도 출력이나 토크는 높아지는 경우가 많다. 개별 엔진의 무게도 경감.

세로배치 V형 8기통
> 아우디 A8(Audi A8)

일부 예외를 제외하면 자동차용으로는 사실상 다기통의 상한선이라고 할 수 있는 형식. V6로 바뀌고 있기는 하지만 고급차 엔진으로는 확실한 지지와 수요가 존재하기 때문에 당분간은 플래그십으로 남을 것이다.

세로배치 V형 12기통
> 메르세데스벤츠 SL (Mercedes Benz SL)

누구나 인정하는 왕복엔진의 최고봉. 과거에는 흔하디흔했던 레이싱 V12마저 전멸한 지금에는 사회적 지위의 상징으로만 존재할 뿐이지만, 그 압도적 존재감은 앞으로도 소수에 불과하지만 계속해서 빛날 것이다.

세로배치 직렬 8기통
> 알파로메오 158(Alfa Romeo 158)

직렬 4기통 2개를 연결한 형태의 직렬 8기통은 출력향상 수단으로 다기통화가 유일했던 제2차 세계대전 전에는 많이 볼 수 있었던 배치 구조이다. 이론적으로는 절대로 영똥한 형식이 아니지만, 패키지 문제 때문에 전후에는 모습을 감추었다.

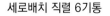

세로배치 직렬 6기통
> BMW 3er

왕복엔진으로는 최적의 본성을 갖춘 직렬 6기통도 지금에 와서 자동차라는 상품으로 봤을 때는 최선이라고 말하기가 어려워졌다. 하지만 그 형식을 아이콘으로 인식하고 있는 BMW는 직렬 3기통, 직렬 4기통과의 모듈러 설계를 통해 유지해 나갈 계획이다.

세로배치 W형 12기통
> 폭스바겐 페이톤(Volkswagen Phaeton)

가격이나 복잡한 구조적 측면에서는 괴물 같다고밖에 표현할 수 없는 형식이지만, 구태여 V12로 하지 않는 이유를 넘어서는 뭔가가 있다는 것이 엔진 세계의 심오함이기도 하다. 로망이 정의를 초월하는 것도 기술발전의 한 측면이다.

1
CYLINDER
[1기통]

왕복 엔진의 원점
모든 것이 시작되다.

엔진으로는 가장 간단한 실린더 배열이 단기통이다. 엔진 전체로 보면 크랭크축이 2회전(720°)할 때 점화는 한 번만 하므로 토크 변동이 매우 크다는 특징을 갖는다. 또 왕복운동하는 부분이 하나이기 때문에 왕복운동이나 회전운동을 취소하기가 어렵고 균형추로 진동을 억제하기도 어렵다. 다임러나 벤츠 모두 초창기 자동차에 이 단기통 엔진을 사용했었다. 오늘날에는 자동차용으로 사용되지 않고 있다. 반면에 이륜차에서는 아직도 주류를 차지하고 있어서 50cc 스쿠터부터 650cc 스포츠 바이크까지 다양한 스타일의 차체에 탑재된다. 양산 이륜차로는 4행정 사이클에서 최대 800cc, 2행정 사이클에서 700cc까지 가능. 탑재 방향은 거의 다가 가로배치(진행 방향 쪽으로 크랭크 샤프트가 직각)이지만, 수평대향 엔진의 한쪽을 떼어낸 듯한 구조의 BMW 등, 일부 이륜차에는 세로배치도 존재했다. 1960년대까지 그랑프리 레이서 차량의 상위 클래스에는 모두 다 공랭식 단기통이 차지했었다. 엔진 자체가 작아서 비교적 탑재하는 방향에 제한이 적다는 것도 특징.

← 혼다 MC41E(Honda MC41E)

1987년에 등장했을 때는 밸브를 구동하는데 기어를 사용했지만, 2011년에 모델 변경을 하면서 체인 구동으로 바뀐다. 동시에 균형축과 이륜차 DOHC 최초의 롤러 로커암을 채택했다.

← 후사벨(Husaberg)
FE450용 엔진

현재는 허스크바나·KTM 산하의 오프로드 바이크 전문 메이커의 엔진. 95.0mm×64.3mm밖에 안 되는 극단적인 내경×행정을 앞쪽으로 70° 기울게 배치하고 크랭크 케이스 아래쪽에 변속기가 오게 한 독특한 배치 구조의 엔진.

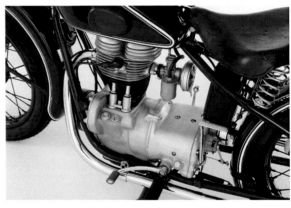

↑ BMW R24

크랭크 축으로부터 체인으로 캠 스프로킷을 높은 위치로 들어 올리는 「하이 캠」 OHV 구조를 채택. 샤프트 드라이브 때문에 크랭크축과 캠축이 세로축으로 회전하는데도 상관없이 흡배기 밸브가 일반적인 앞뒤 방향으로 배치되었다는 점이 주목할 만하다.

배열	실린더 협각	크랭크핀 위상	2차진동	우력(짝힘)	점화간격	비고
직렬	−	−	×	(○)	720	상하로 연속적으로 움직이지만 우력은 없다.

2
CYLINDER
[2기통]

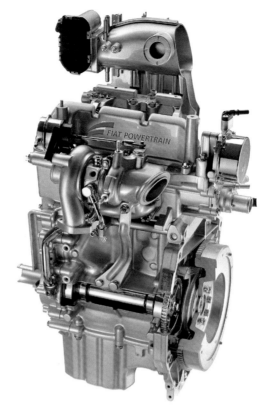

← 피아트 트윈에어(Fiat TwinAir)

1987년에 등장했을 때는 밸브를 구동하는데 기어를 사용했지만, 2011년에 모델 변경을 하면서 체인 구동으로 바뀐다. 동시에 균형 축과 이륜차 DOHC 최초의 롤러 로커암을 채택했다.

↓ Suzuki prototype diesel

스즈키가 피아트로부터 라이선스를 공급받아 독자적 개발에 나서 인도에 수출한 0.8리터 디젤 엔진(DE). 디젤 엔진치고는 상당히 소배기량으로, 77.0mm밖에 안 되는 내경이 작은 엔진은 마쓰다 데미오와 함께 주목받고 있다.

엔진 실린더 감축의 최종 종착점

자동차용 2기통 엔진으로는 2015년 시점에서 피아트 그룹의 「트윈에어」가 유일하다. 실린더 2개를 옆으로 나란히 직렬로 배치함으로써 크랭크축이 1회전 하는 동안 어느 한쪽 실린더가 연소하는 사이클을, 즉 크랭크축이 2회전할 때마다 교대로 각 실린더가 점화하는 구조를 띤다. 크랭크 핀의 배치는 360°, 즉 위상이 같다. 트윈에어 이후 자동차용 엔진으로 널리 사용되지 않은 이유 가운데 하나는 연소 간격에서 생기는 토크 변동으로 인해 진동이 크다는 것 때문이었다. 하지만 360cc 시대의 일본 경자동차 등, 예전 자동차에서는 비교적 인기가 많았던 엔진 형식이다. 그렇게 시장에서 큰 불만 없이 계속해서 사용되었던 것은 배기량이 작아서 앞서 언급한 토크 변동이 작았기 때문일 것이다.

선진적인 장착 사례로는 오브리스트 회사에서 만든 레인지 익스텐더용 엔진으로서의 HICE 엔진이 있다. 단기통 엔진을 세로로 두 개를 배치한 구성으로, 이것을 역회전시켜서 진동을 없애겠다는 의도이다. 진동소음대책에 관한 독특한 사례이다.

이들 자동차용은 직렬 2기통이고 일부 예외적으로 수평대향 2기통을 탑재하기도 했지만, 이륜차용으로서의 2기통 엔진은 종류가 아주 다양한 형식이다. 이륜차용 엔진은 진동에 대한 불만이 적을 뿐만 아니라 오히려 간격이 일정하지 않은 연소로 인한 토크 변동을 구동 펄스로 즐기는 성질이 있어서 실린더 2개를 자유롭게 배치하는 경향이 있다. 흔히 V 트윈으로 불리는 V형 2기통에는 무수한 방식을 열거할 수 있다. 또 병렬 2기통(이륜차의 직렬 2기통)이라도 핀 위상이 180°인 크랭크나 270°인 크랭크도 존재한다.

↑ BMW R24

← Honda type EH ↓

둘 다 EH타입으로서, 액티용 파워트레인이다. 왼쪽의 투데이가 가로 방식의 수평 실린더로 배치되어 전방에 탑재(변속기의 우측 배치에도 주목하는데 반해, 액티는 세로 방식의 수평 실린더로 배치되어 미드십에 탑재한다.

2기통, 주요 자동차용으로서의 특징

배열	실린더 협각	크랭크핀 위상	2차진동	우력(찍힘)	점화간격	비고
직렬	—	180°	×	×	180°~540°	
↓	—	360°	×	○	360°	
↓	—	360°	×	○	360°	Oblist (reverse 2 crank)

2기통, 다양한 방식의 특징

배열	실린더 협각	크랭크핀 위상	2차진동	우력(짝힘)	점화간격	비고
직렬	—	360°	×	○	360°	Kawasaki KR (2stroke-2crank)
V	45°	45°-315°	×	×	405°-315°	
↓	75°	75°-285°	×	×	435°-285°	
↓	90°	90°-270°	×	×	450°-270°	
수평대향	180°	180°	○	○	360°	
대항 피스톤	—	360°	×	○	720°	Pinnacle(reverse 2crank)

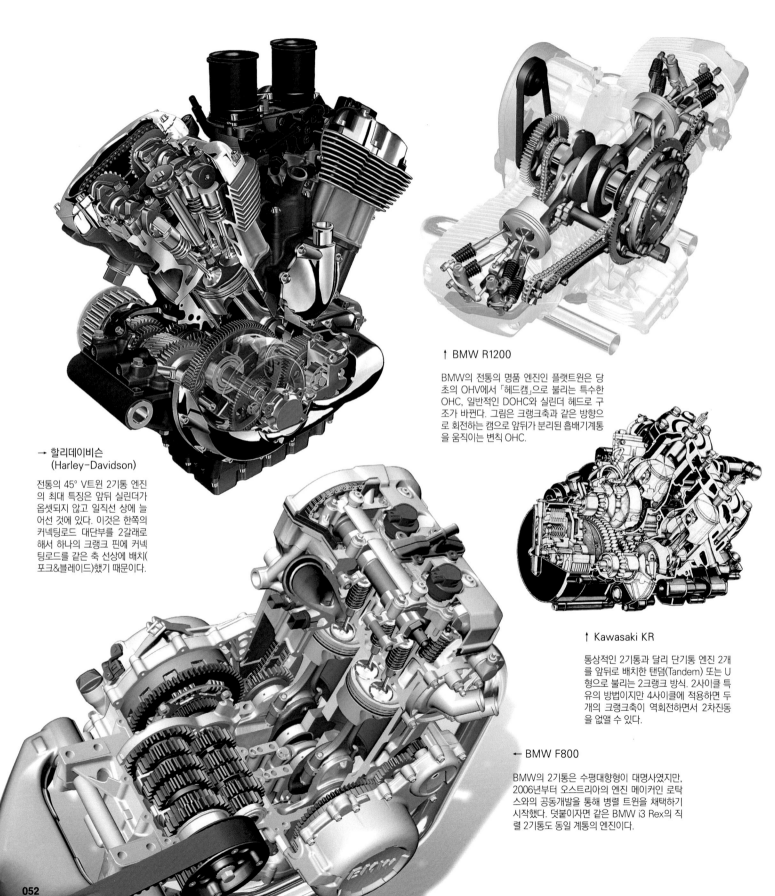

↑ BMW R1200

BMW의 전통의 명품 엔진인 플랫트윈은 당초의 OHV에서 「헤드캠」으로 불리는 특수한 OHC, 일반적인 DOHC와 실린더 헤드로 구조가 바뀐다. 그림은 크랭크축과 같은 방향으로 회전하는 캠으로 앞뒤가 분리된 흡배기계통을 움직이는 변칙 OHC.

→ 할리데이비슨
(Harley-Davidson)

전통의 45° V트윈 2기통 엔진의 최대 특징은 앞뒤 실린더가 옵셋되지 않고 일직선 상에 늘어선 것에 있다. 이것은 한쪽의 커넥팅로드 대단부를 2갈래로 해서 하나의 크랭크 핀에 커넥팅로드를 같은 축 선상에 배치(포크&블레이드)했기 때문이다.

↑ Kawasaki KR

통상적인 2기통과 달리 단기통 엔진 2개를 앞뒤로 배치한 탠덤(Tandem) 또는 U형으로 불리는 2크랭크 방식. 2사이클 특유의 방법이지만 4사이클에 적용하면 두 개의 크랭크축이 역회전하면서 2차진동을 없앨 수 있다.

← BMW F800

BMW의 2기통은 수평대향형이 대명사였지만, 2006년부터 오스트리아의 엔진 메이커인 로탁스와의 공동개발을 통해 병렬 트윈을 채택하기 시작했다. 덧붙이자면 같은 BMW i3 Rex의 직렬 2기통도 동일 계통의 엔진이다.

3
CYLINDER
[3기통]

이상적이지는 않지만, 현실적인 소배기량 배치 구조

엔진의 실린더수 축소가 진행된 이후, 중소형차를 중심으로 주류로 올라설 기세인 3기통은 자동차용으로는 직렬방식의 가로배치가 전부이다. 일정 간격으로 연소시키려면 240° 간격의 점화 타이밍을 유지해야 한다. 크랭크축이 반 바퀴 이상 돌고 나서야 다음 연소가 이루어지기 때문에 점화간격치고는 긴 편이지만, 핀 배치가 120°씩이라는 점에서는 상사점을 기다리는 실린더가 크랭크 반 바퀴 이하에서 연속적으로 존재하는 셈이기 때문에 부드러운 회전을 얻을 수 있다. 240° 간격의 연소 사이클이라 다른 실린더와의 간섭이 적고 흡배기를 작게 설계할 수 있다는 점도 특징. 한편 크랭크축 방향에서 바라보면 왕복운동에 있어서 실린더끼리의 상쇄를 기대할 수 없으므로 엔진에 회전 모멘트(우력)가 생긴다는 특징이 있다. 일본 경자동차는 거의 대개가 이 방식을 채택하고 있다는 점을 생각하면 기술적 축적에 있어서 일본이 조금 앞선 측면이 있다고 할 수 있다. 진동소음을 해결하면 유망한 실린더 배열 가운데 하나이다.

이륜차로서는 아직도 주류가 아니지만 근래에는 스포츠용을 중심으로 직렬타입을 채택하는 차종이 늘고 있다. 작고 가볍다는 점이 강점이다. 2행정 사이클이 전성기를 구가했을 무렵에는 당시의 고성능 이륜차에 직렬형을 종종 볼 수 있었으나, 일부에는 시판차에 V형 3기통이라는 기발한 배열도 존재한다.

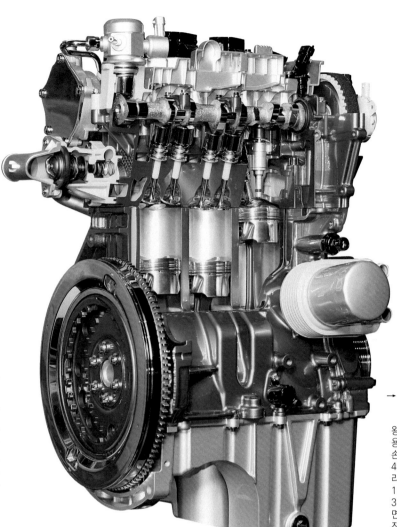

→ 포드 에코부스트 1.0
(Ford EcoBoost 1.0)

왕복엔진의 실린더 1개 용적은 S/V비(比)와 마찰손실의 균형을 감안하면 450~500cc가 이상적이라고 알려져 있다. 따라서 1.5ℓ 전후 배기량에서는 3기통이 최상. 그보다 적으면 2기통으로 해야 하는데 진동 때문에 대부분은 3기통을 사용한다.

→ 혼다 MVX
(Honda MVX)

90° 후방의 2번 실린더만 피스톤 핀과 커넥팅로드의 질량을 늘림으로써 균형을 잡는 2사이클 엔진. GP 레이서용 V3에서는 뱅크 각도가 112°로, 외곽 뱅크의 2기통이 거의 같이 폭발하도록 설정되어 있다.

→ 회전계통의 배열과 밸브 트레인

120° 위상의 크랭크 축과 피스톤의 위치 관계를 잘 알 수 있는 사진. 2번 피스톤이 상사점에 있을 때 1번과 3번 피스톤이 불안정한 위치에 있다. 이것이 우력 발생의 원인. 직렬 6기통은 직렬 3기통을 반대로 배치하기 때문에 이런 결점이 노출되지 않는다.

배열	실린더 협각	크랭크핀 위상	2차진동	우력(짝힘)	점화간격	비고
직렬	−	120°	○	△	240°	×에 가까운 △
V	112°	120°	○	×	120°	Honda NS500(2stroke)
W			×	×		

4
CYLINDER
[4기통]

진동 특성과 관련된 어려움은 있지만 압도적으로 많은 주류 엔진

자동차용 엔진의 확고부동한 주류이다. 가로세로 탑재 방향에 구애받지 않고 시판 차량용으로는 직렬형이 거의 대다수를 차지한다. 4기통 엔진은 180°의 핀 배치·점화간격을 통해 일정 간격으로 연소하기 때문에 1-4번, 2-3번이 같은 위상에서 움직이므로 우력과 토크 변동 측면에서는 균형이 잡히지만, 상사점 부근과 하사점 부근에서의 피스톤 속도가 불일치해서 180° 위상이 갖는 진동이 발생하게 된다. 그래서 크랭크축 1회전당 2번에 걸쳐 진동이 발생하므로(2차진동) 크랭크축 회전속도의 배로 회전하는 밸런스 샤프트를 이용해 이것을 억제한다. 흡배기 간섭을 일으키기 쉬워서 확실한 소기(掃氣)와 배기를 위한 대책이 필요하다. 뒤에서 다룰 직렬 6기통에서는 이런 특징이 없으므로 가능하다면 6기통을 이용하면 좋지만 소형차는 공간적으로나 무게에 제한이 따른다는 점, 실용 토크를 고려하면 개당 실린더 용적을 헛되이 작게 할 수 없다는 점 등 때문에 자연흡기(N/A) 시절에는 4기통을 많이 선택했다. 앞으로 과급 다운사이징이 더 진행되면 이들 세력 분포가 어떻게 바뀌어나갈지도 흥미로운 대목이다. 이밖의 자동차용 엔진으로는 수평대항형을 들 수 있는데, 이 엔진은 문자 그대로 피스톤의 움직임이 상대하는 실린더와 마주하기 때문에 진동이 상쇄되어 발생하지 않는다는 특징이 있다.

V형 같은 방법도 가끔 볼 수 있었지만, 자동차용으로는 주류로는 자리 잡지 못한다. 근래에 포르쉐가 WEC용 레이스카 919 하이브리드에 V4를 선택하면서 화제가 됐을 정도이지, 현재는 이륜차용으로만 사용되고 있다. V형 2기통과 마찬가지로 시판차나 레이서를 불문하고 전폭을 좁히면서 중량물(특히 실린더 헤드)이 한쪽으로 치우치게 하지 않으려는 이륜차에서 채택하고 있다.

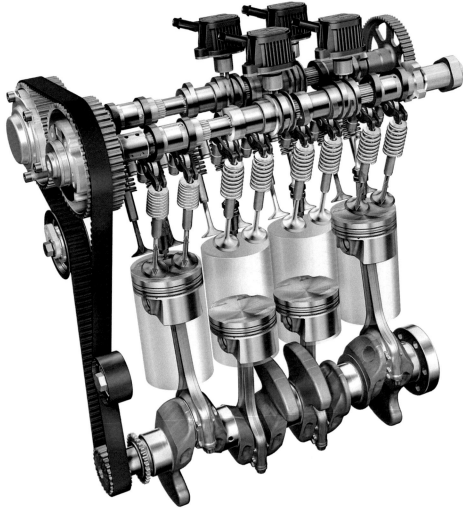

↑ 아우디 2.0 TFSI(Audi 2.0 TFSI)

직렬 4기통은 구조적으로 간소해서 모든 자동차 회사에서 생산하기 때문에 기본적인 구조 차이는 거의 없다. F1에서도 직렬 4기통을 채택하려는 계획이 있었다가 블록의 단면적 부족으로 스트레스 마운트가 어려워서 취소되기도 했다.

← 란치아 타입 818 (Lancia type 818)

1922~76년까지 만들어진 란치아의 협각 V4 엔진. 모노블록으로 인해 실린더 헤드의 공간이 좁아서 한쪽 뱅크의 캠으로 양쪽 뱅크의 흡배기를 제어하는 고육지책을 펼 수밖에 없었다. VW의 VR엔진도 똑같은 구조.

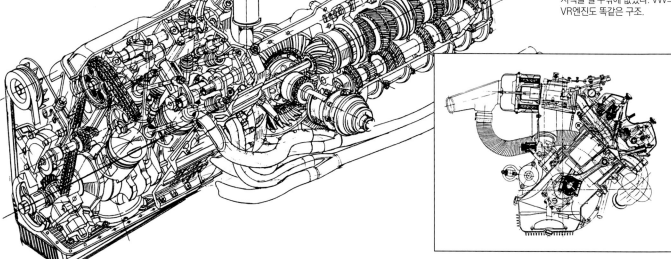

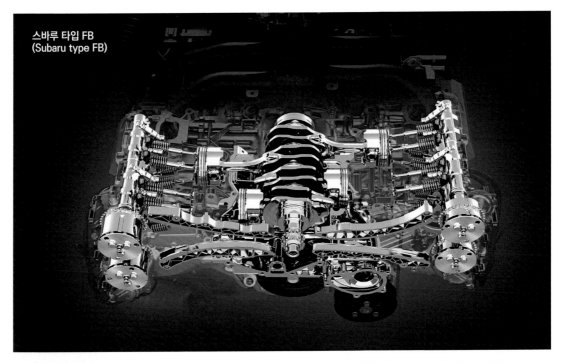

스바루 타입 FB
(Subaru type FB)

현재 승용차용 엔진으로는 유일하게 남은 스바루의 박서. 낮은 무게중심을 자랑하지만 크랭크축 중심을 낮추면 배기계통과 지면이나 전방 서스펜션의 간격을 잡기가 어렵다. 같은 이유로 가로배치도 불가능.

← 야마하(Yamaha) YZF-R1의 크랭크 샤프트

승용차용 직렬 4기통의 크랭크 위상은 대개가 180°인데 이것을 일부러 부등간격 점화인 90° 위상으로 바꾼 사례. 이륜차의 경우 부드러움이 트랙션 측면에서는 단점일 때가 있어서 혼다의 V4(2행정)에서도 채택되었다.

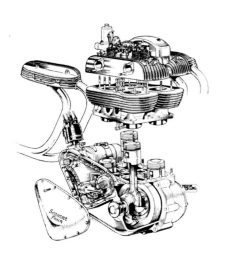

↑ 아리엘 스퀘이 포
(Ariel Square Four)

직렬(병렬) 2기통을 앞뒤로 배치한 2크랭크축 방식. 이 엔진은 4행정이지만, 2행정 엔진에서는 크랭크실에서 1차압축을 하는 관계상 크랭크핀 하나로 커넥팅로드를 같이 쓰는 V형은 성립되기가 어려워서 이륜차에서는 많이 사용되었다.

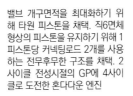

혼다 인터셉터 ↑
(Honda Interceptor)

시판 이륜차 최초의 수냉 V4 엔진. 처음에는 90° 위상의 크랭크 샤프트로 1차진동을 상쇄했지만 점화간격은 90°-270°. 나중에 180° 위상으로 바꾸어 부등간격 점화이면서도 점화간격을 좁혀 진동을 줄였다.

→ 혼다 NR의 엔진과 피스톤

밸브 개구면적을 최대화하기 위해 타원 피스톤을 채택. 직6면체 형상의 피스톤을 유지하기 위해 1 피스톤당 커넥팅로드 2개를 사용하는 전무후무한 구조를 채택. 2 사이클 전성시절의 GP에 4사이클로 도전한 혼다다운 엔진

배열	실린더 협각	크랭크핀 위상	2차진동	우력(짝힘)	점화간격	비고
직렬	—	180°	×	○	180°	
↓	—	90°	×	×	270°-180°-90°-180°	
V	13°	13°-347°	×	△	193°-167°	Lancia Fulvia 우력은 ○에 가까운 △
↓	90°	90°-270°	×	×	90°-270°	
↓	90°	180°	×	△	90°	2 stroke GP racer 2 crank
수평대향	180°	180°	○	○	180°	

5 CYLINDER
[5기통]

진동이나 크기 모두
어디까지나 「4」와 「6」 사이

직렬 4기통은 진동이라는 문제가 있고 직렬 6기통은 엔진 길이가 너무 길 때, 그럴 때 절충안으로 사용하는 엔진이 직렬 5기통이다. 4사이클 직렬 4기통의 가장 큰 결점인 2차진동은 상하로 움직이는 동안에 피스톤 속도가 바뀌어서 발생하는 것으로, 180°인 크랭크핀 위상이 피스톤이 상사점과 하사점에서 일제히 속도 제로가 되는 것이 근본 원인이다. 만약 점화간격이 180° 미만이라면 불균형한 진동이 상쇄·완화된다. 그런 관점에서는 144° 점화간격인 직렬 5기통에 직렬 4기통을 능가하는 장점이 있다고 할 수 있지만, 홀수 직렬 기통의 경우는 양쪽 끝의 피스톤이 불균형하게 움직임이기 때문에, 세차(歲差)운동으로도 불리는 우력(偶力)이 불가피하게 발생해 직렬 6기통만큼의 진동 균형은 얻지 못한다. 가솔린 엔진보다 저회전속도에서 운전되는 디젤 엔진은 이런 결점이 도드라지지 않아서 비교적 직렬 5기통 디젤이 많이 존재한다. 가솔린 엔진에서는 V6가 일반화되어 엔진 길이에 대한 문제가 해결되면서 직렬 5기통의 존재의의가 작아졌다.

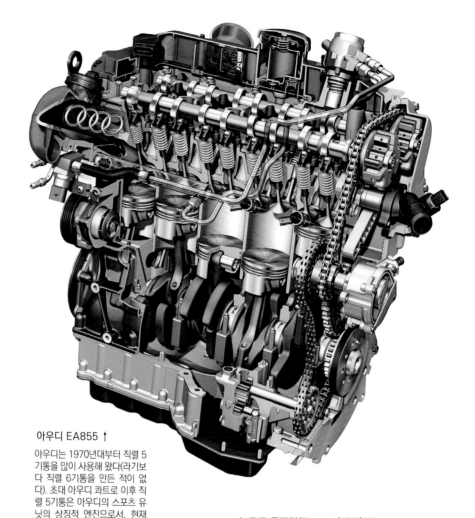

아우디 EA855 ↑

아우디는 1970년대부터 직렬 5기통을 많이 사용해 왔다(라기보다 직렬 6기통을 만든 적이 없다). 초대 아우디 콰트로 이후 직렬 5기통은 아우디의 스포츠 유닛의 상징적 엔진으로서, 현재도 TT RS용으로 존속하고 있다.

↓ 포드 듀라텍(Duratec) ST/RS

볼보가 FF방식으로 바꾼 850시리즈에서 직렬 4기통·직렬 6기통과 기본설계가 똑같은 모듈러 엔진으로서 등장한 직렬 5기통. 나중에 볼보의 자본을 흡수한 포드의 유럽 사양에도 사용되었다. 새로운 직렬 4기통으로 바꿀 방침이다.

↑ Volkswagen VR5

6기통 VR6에서 실린더 하나를 뺀 형식이라는 것은 내경×행정(81.0mm×90.0mm)이 똑같다는 사실로도 알 수 있다. 뱅크 각도도 15°이고, 크랭크핀 위상은 직렬 5기통과 같은 72°이다. 7년 정도 만들다가 제조가 중지되었다.

↑ Honda RC211Vのエンジン

첫 모토GP에 참가했을 때 우승한 엔진. 앞3+뒤2로 구성되었고 뱅크 각도는 75.5°이다. 바깥쪽 4개 실린더 분의 불균형을 중앙 실린더로 상쇄했으며, 홀수 실린더 특유의 우력도 발생하지 않는 교묘한 배치 구조에, 점화간격은 중간에 1-2와 4-5가 동시에 폭발한다.

배열	실린더 협각	크랭크핀 위상	2차진동	우력(짝힘)	점화간격	비고
직렬	—	72°	○	×	144°	피칭이 심해 밸런서가 필요
V	15°	72°	○	×	144°	VW VR5 피칭이 심해 밸런서가 필요
↓	75.5°		○	×	75.5-104.5-180-75.5-284.5	혼다 RC211V

6
CYLINDER
[6기통]

「자연의 섭리」인 직렬과 다양한 뱅크 각도의 V형

20세기 초에 네덜란드의 스파이커 회사가 최초의 직렬 6기통을 만들자 롤스로이스를 비롯한 고급차량은 빠짐없이 직렬 6기통을 채택했다. 또 직렬 6기통 2개를 연결해서 만든 V12는 레이싱카나 항공기용 엔진으로 전 세계에서 맹위를 떨쳤다. 수평대향형과 마찬가지로 이론상 거의 진동이 상쇄되어 완전히 균형을 잡는 엔진은 원시적인 설계와 제조법에 의존했던 제2차대전 후에 걸친 공업업계에서 그 형식만으로도 성능을 담보할 수 있는 마법의 배치 구조였다. 크랭크핀 위상은 120°로, 직렬 4기통처럼 피스톤이 일제히 순간적으로 정지하는 일이 없어서 피스톤 속도의 불균형이 해소되며, 짝수 실린더이기 때문에 크랭크 축의 양쪽 끝이 다른 모멘트에 의해 휘둘리는 우려도 발생하지 않는다. 점화간격도 넓지 않아 연소로 인한 관성이 간헐적으로 발생시키는 진동도 완화된다. 회전속도를 올려서 출력을 높이는 왕복엔진에서 직렬 6기통은 기계적으로 무리가 없고 탑승객의 스트레스도 적은, 이상적인 엔진이다. 세계대전 후에는 재규어를 시작으로 메르세데스 벤츠나 BMW 등과 같은 유럽 메이커는 주력 엔진으로 뛰어난 직렬 6기통을 내놓게 되고, 그것을 배운 일본 메이커도 고급 차종에 직렬 6기통을 장착하는 것이 상식이 되었다. 1980년대에 들어오면 FF차량에 다기통엔진을 탑재하라는 시장의 요구로 전장이 긴 직렬 6기통이 V형으로의 변신을 압박받는 동시에 충돌 안전규제가 본격화함으로써 치수상으로 빠져나올 수 없는 약점을 가진 직렬 6기통은 점차로 도태되었다.

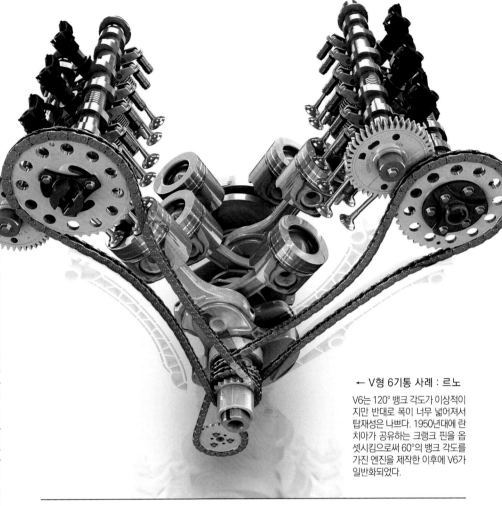

← V형 6기통 사례 : 르노
V6는 120° 뱅크 각도가 이상적이지만 반대로 폭이 너무 넓어져서 탑재성은 나쁘다. 1950년대에 란치아가 공유하는 크랭크 핀을 옵셋시킴으로써 60°의 뱅크 각도를 가진 엔진을 제작한 이후에 V6가 일반화되었다.

직렬 6기통의 예 : BMW

수평대향 6기통 : 포르쉐

왼쪽 : 1980년대까지 유럽과 일본에서 고급차 엔신의 대명사였던 직렬 6기통이 지금은 BMW에서만 공급할 뿐이다. 3기통, 4기통, 6기통의 내경×행정과 연소실을 공통화하는 모듈러 엔진으로 생존을 모색하고 있다.

오른쪽 : 직렬 6기통과 똑같이 완전히 균형을 갖춘 엔진이지만 가로 폭이 넓고, 흡배기 배치 구조(과급기도)에 제약이 많은 수평대향형은 승용차용으로는 결코 최적의 엔진이라고는 할 수 없다. 엔진을 뒤쪽에 탑재하는 포르쉐만이 그 혜택을 누릴 수 있다.

배열	실린더 협각	크랭크핀 위상	2차진동	우력(짝힘)	점화간격	비고
직렬	—	120°	◎	◎	120°	자연의 이치에 적합하다.
V	15°	120°(실린더 옵셋)	○	△	120°	VW VR6
↓	60°	120°(핀 옵셋 60°)	○	△	120°	
↓	90°	120°	○	△	120°	PRV 등
↓	90°	120°(핀 옵셋 30°)	○	△	120°	
↓	120°	120°	○	○	120°	
수평대향	180°	180°	○	○	120°	
대향 피스톤	—	120°	○	○	240°	융커스 유모205(2행정 디젤)

↑ 10.6° : 폭스바겐

기본적으로 FF 메이커라고 할 수 있는 VW은 엔진 전체 길이를 줄이는 일에 힘을 쏟아 직렬과 V의 장점을 병행할 수 있는 협각V를 개발했다. 아이디어 자체는 1920년대부터 시작된 란치아의 수많은 V4 엔진을 답습한 것이다.

↑ 72° : 다임러

통상 V형에서는 바깥쪽으로 배기계통이 오게 하지만, 이 엔진은 안쪽에 설치하는 동시에 뱅크 각도를 넓힌 다음 거기에 터보차저를 장착했다. 배기 에너지를 효율적으로 사용할 수 있고, 촉매 워밍업에도 효과가 좋다.

↑ 60° : 마세라티

90°와 마찬가지로 전형적인 V6의 뱅크 각도. 단순히 크랭크 핀을 틀어 놓은 것도 있지만 강성이 부족해서 사이에 웹(크랭크 암)을 끼우는 경우도 많다. 이렇게 되면 이미 6스로(throw)라고 해도 무방한 구조이다.

크랭크 웹

↓ 90° : 혼다

60° 뱅크와 비교해 핀 옵셋량이 30° 적기 때문에 웹을 사용하지 않고 핀을 틀어 놓기만 하면 된다. 세로배치를 전제로 한다면 합리적인 배치 구조이다. 과거에는 90° V8에서 파생해 부등간격으로 점화하는 엔진도 있었다.

7&9 CYLINDER
[7기통, 9기통]

초장(超長) 행정인 2행정 디젤은 내경×행정 모두 요구출력을 실린더 수의 증가로 세밀하게 공급하는 사례가 많다. 홀수 실린더일 때는 4+3 같은 식으로 분할해서 배치한다. 조립식 크랭크축다운 사양설정이라고 할 수 있다.

해상이나 항공에서는 무슨 이유로 홀수 실린더가 대세

자동차용 왕복엔진에서 홀수 실린더는 1기통과 3기통, 5기통뿐이다. 그러나 「자동차용」이라는 범주를 벗어나면 더 많은 홀수 실린더 배열이 존재한다. 그런 전형이 항공기용 성형 엔진이다. 반대로 말하면 성형에는 홀수 실린더밖에 존재하지 않는다. 성형 짝수 실린더가 있다고 치고 그 점화 순서를 생각해 보자. 원을 따라 순서대로 1→2→3 식으로 진행되면 크랭크축이 1회전하는 동안 모든 실린더의 점화가 끝나면서 4사이클이 성립하기 위해서는 나머지 1회전이 공회전해야 한다. 따라서 홀수 실린더 같은 경우는 1→3→5→2→4(5기통일 때) 순서의 대각선상으로 점화할 필요가 생긴다. 14기통 같은 짝수 실린더는 7기통×2의 형태로서, 홀수 실린더를 앞뒤로 겹치게 해서 만든 것이므로 기본은 어디까지나 홀수 배열이다. 또 선박용 대형 디젤 기관은 7기통 이상의 직렬 홀수로 배열한다. 2사이클로 몇십 rpm이라는 아주 낮은 회전속도로 운전되기 때문에, 120° 이상의 크랭크핀 위상(폭발 간격)이라면 진동이 거의 문제가 되지 않기 때문이다.

[복렬성형(複列星形)]

[단렬성형(單列星形)]

← 3기통으로 만들어진 성형이지만, 실제 사례로는 7기통이 많다. 고출력 파생형으로 9기통도 있다. 이 이상의 멀티 실린더화는 실린더(대개가 핀 장착 공랭)끼리 너무 접근되어서 배치와 냉각에 무리가 생긴다.

→ 9기통 이상은 2개 이상의 크랭크 축을 사용하는 중복 형식으로, 제2차 세계대전 때의 주력 엔진 대부분이 14나 18기통이었다. 3열·4열 같은 괴물도 존재했지만 제트 엔진이 능상하면서 대폭 줄어들었다.

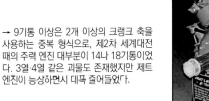

실린더 수	배열	실린더 협각	크랭크핀 위상	2차진동	우력(짝힘)	점화간격	비고
3기통	성형	120°	120°			240°	
5기통	성형	36°	36°	○	○	144°	
7기통	직렬	—	51.43°	△	×	102.86°	○에 가까운 △
	성형	51.43°	51.43°	○	○	51.43°	
9기통	직렬	—	40°	○	○	40°	롤스로이스 비건 디젤
	성형	40°	40°	○	○	40°	

8 CYLINDER
[8기통]

전통적인 북미에서는 오늘날 다기통의 상징으로 군림

일반적으로 왕복엔진의 다기통 배치 구조는 크게 직렬이나 V형으로 나눌 수 있다. 실린더와 실린더 헤드가 하나면 되는 직렬이 무난하다고 생각할지 모르지만, 직렬을 다기통화하면 필연적으로 크랭크 축이 길어져서 강성부족으로 인한 고회전·고출력화에 대한 족쇄가 된다. 왕복엔진 초창기 때 이것은 큰 문제였다. 그런 의미에서 다기통화가 무난한 것은 오히려 V형이라고 생각해 실제로 최초의 2기통 엔진은 V2였다.

또 6기통 이상의 직렬 다기통은 탑재성 문제도 있었기 때문에 애초의 다기통 엔진은 V형 또는 방사형을 바탕으로 진화했다. 그런 전형적인 사례가 V8이라고 할 수 있다. 직렬 4기통이 충분히 실용화되자 그것을 2개의 뱅크로 연결

한 V8이 특히 고급·고출력 승용차용으로 많이 사용된 것이다. 특히 미국에서는 대배기량 엔진 수요가 활발했던 이유도 있어서 독자적으로 발전해 나갔다. 고회전 속도의 한계를 결정짓는 피스톤 속도도 8기통이라면 충분히 허용 범위에 있어서 이상적인 뱅크 각도인 90°는 V12의 60°보다 흡배기 배치 구조가 간편한 등, 기술적 측면에서도 제약이 적은 다기통 엔진의 표준이라고 할 수 있을 것이다.

역사적으로 V8보다 후발 주자인 V6(직렬 6기통이라는 뛰어난 형식이 있었다)가 V8에서 2기통을 덜어내고 많이 만들었다는 사실이 그 증거이다. 4기통 이상의 다기통 엔진 가운데서 마지막까지 남을 것은 아마도 V8이라고 생각한다.

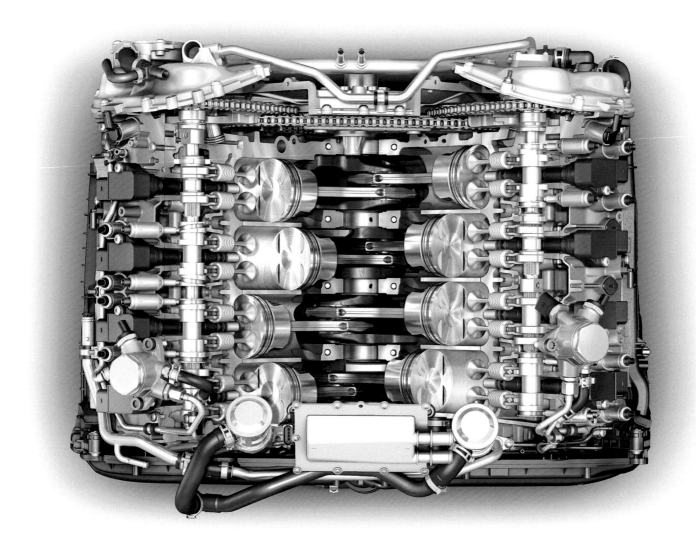

배열	실린더 협각	크랭크핀 위상	2차진동	우력(짝힘)	점화간격	비고
직렬	—	90°	○	○	90°	
V	60°	90°	○	○		포드 SHO
V	72°	90°(싱글 플레인)	×	○		래디컬 RP
↓	90°	90°(싱글 플레인)	×	○	90°	싱글 플레인이라면 직렬과 똑같은 DNA
↓	90°	180°(더블 플레인)	○	×	90°	
수평대향	180°	180°	○	○	90°	

싱글 플레인과 크로스 플레인

V8의 크랭크핀 위상에는 2종류가 있는데, 한 가지는 직렬 3기통 자체의 싱글 플레인이고 또 한 가지는 정면에서 봤을 때 +자형인 크로스(더블) 플레인이다. 싱글 플레인은 직렬 4기통의 진동 특성을 그대로 가져오고, 크로스 플레인은 진동면에서는 뛰어나지만 한쪽 뱅크에서 부등간격 점화에 따른 배기 간섭(고출력 사양이 아니다)이라는 일장일단이 있어서 탑재하는 자동차의 성격에 맞춰 선택하게 된다.

싱글 플레인 크랭크

크로스 플레인 크랭크

V형 사례 : 벤틀리

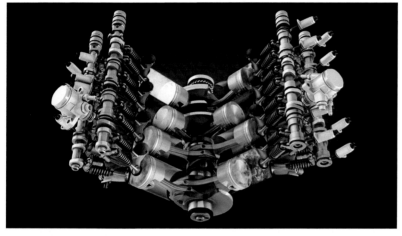

1957년에 등장한 OHV 장치를 개량해 가면서 반세기 이상 사용해 온 벤틀리 V8도 시류를 극복하지 못하고 결국 DOHC 헤드를 가진 기통휴지(休止) 기능을 갖춘 트윈 터보 최신형이 등장했다. 물론 설계 제작은 VW에서 한다.

협각 V형 사례 : 폭스바겐

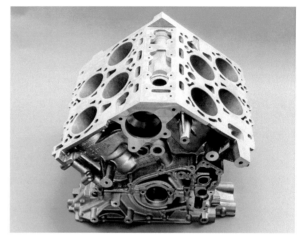

아우디용으로 V6와 V8을 갖고 있음에도 불구하고 VW은 구태여 복잡하고 무거운 W배치 구조(협각 V×2)를 고집하고 있다. 통상적인 V와 비교해 작게 만들 수 있다는 것 말고는 특별한 기술적 이점이 없어 보이는데, 이 정도면 의지에 가까워 보인다.

부가티

메르세데스 벤츠

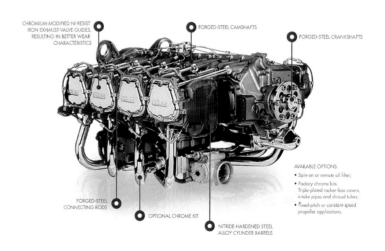

직렬의 예

위 : 크랭크핀의 위상은 90°이다. 직렬 4기통처럼 모든 피스톤이 동시에 속도 제로가 되는 일은 없으므로 진동특성은 뛰어나다. 세계대전 전에 부가티의 대명사는 직렬 8기통으로, 롤러 베어링을 사용한 조립식 크랭크축이 특징이었다.

아래 : 1950년대의 F1 머신 W196(2.5ℓ)과 레이싱카 300SLR(3.0ℓ)에 사용된, 직렬 4기통×2의 혈통을 가진 직렬 8기통. 데스모드로믹(Des-modromic) 밸브 제어와 연료 분사, 알루미늄 블록 같이 당시의 최신 기술이 투입되었다.

↑ 수평대향형의 예 : 라이코밍

자동차용 플랫8을 포르쉐의 8기통(박서&180° V) 말고는 볼 수 없지만, 항공기용 엔진으로는 인기 있는 존재이다. 기체 중심에 프로펠러축이 있는 항공기에서는 탑재성이라는 자동차용 수평대향형 특유의 결점이 걸림돌이 되지 않는다.

10 CYLINDER
[10기통]

패키징으로부터 탄생한 타협의 산물

V10은 8기통과 12기통에 끼여 존재감이 약하기는 하지만 V8을 쓰기에는 성능이 부족해서, V12를 쓰기에는 너무 크다고 할 때 사용된다. 21세기 초의 F1에서는 공력 차원에서 채택된 르노 V10이 맹위를 떨쳤다. 뛰어난 패키지 측면 때문에 많이 사용하는 V10의 이상적 뱅크 각도는 72°이지만, 높은 무게중심을 꺼려서 90° 이상으로 설정하는 경우가 대부분이라는 점은 흥미롭다. 필연성이 적은 배치 구조인 만큼 다운사이징이 진행 중인 현시점에서는 정리될 운명에 있다.

V8에 2기통을 추가한 픽업용 트럭 엔진이 원류. 90° 뱅크 특유의 거친 진동을 당시 크라이슬러 산하에 있던 람보르기니 기술진이 개량했다. 애초에는 7.9ℓ였던 배기량이 8.4ℓ까지 확대되었다.

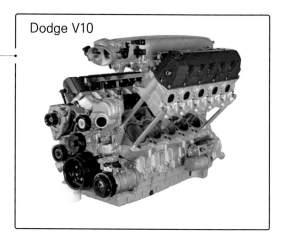
Dodge V10

Daimler M279

예전부터 지금까지 변함없는 위용을 자랑하는「神이 만든 엔진」

진동적으로 가장 세련된 직렬 6기통 형식 두 개를 이은「신이 만든 엔진(ⓒ하야시 요시마사)」. 만들어진 유래 때문에「더블 식스(Double Six)」라고도 한다. 고회전·고출력이라고 하는 왕복엔진의 근본적인 목적을 가장 충실하게 실현할 수 있는 배기 구조로서, 레이싱 엔진부터 항공기용까지 수많은 엔진이 제작되었다. 구조적으로 크고 복잡할 뿐만 아니라 비싸서 현재의 시류에서는 벗어나 있지만, 고급스러움과 고성능의 상징인 데다가 엔진 설계자의 꿈을 바탕으로 존속해 나갈 것으로 보인다.

직렬 6기통 M137에서 유래한 SOHC·흡기2, 배기1의 3밸브 V12인 M275를 대신해 2012년에 등장한 DOHC·V12. 처음부터 트윈 터보가 준비되었다. 내경 82.6mm×행정 93mm인 6.0ℓ에서 1000Nm의 토크를 발휘.

12 CYLINDER
[12기통]

페라리 박서

1970년대에 F1 세계를 대표하던 12기통. 그 이미지를 살리기 위해 365BB부터 F512M까지의 로드 카에도 사용되었다.「박서9(Boxer)」라는 이름을 붙이기는 했지만 실제로는 대항 실린더에 크랭크 핀을 같이 쓰는 180°V이다.

아우디 W12 실린더 블록

사진에서 보듯이 지그재그형으로 배치된 협각 V6 두 개를 뱅크로 확대한 구조. 너무 크고 길어지기 쉬운 V12에 비해 소형화를 도모할 수 있다. 터보로 과급한 환경 대응형 신형 엔진이 이미 발표된 바 있다.

라이프(Life) W12

W3 엔진(실제로는 마스터 커넥팅 로드를 가진 방사형)을 토대로 시험 제작한 W18을 전 페라리 엔진 기술자가 원(原)설계로 삼아 실용화하기 위해 제작한 F1 엔진. 실전에 투입되기는 했지만 낮은 성능과 자금 부족으로 인해 1년만에 자취를 감추었다.

네이피어 라이언 W12 (Napier Lion W12)

제2차 세계대전 전의 변칙 배치 구조 엔진으로는 가장 성공적인 사례. 슈나이더 트로피를 2번 차지했다. 그 후 네이피어사(社)는 X형이나 H형, 대항 피스톤 16기통 등 하늘의 귀신으로 불렸던 엔진 개발에 매진하게 된다.

실린더수	배열	실린더 협각	크랭크핀 위상	2차진동	우력(짝힘)	점화간격	비고
10기통	직렬	—	36°	○	○	36°	만(Man) 2행정 디젤
	V	68°	—	○	△	—	포르쉐 카레라 GT △지만 ×라고 해도 무방
	↓	72°	72°	○	△	72°	△지만 ×라고 해도 무방
	↓	90°	72°(핀옵셋18°)	○	△	72°	르노 RS22 △지만 ×라고 해도 무방
	↓	110°	72°		△		Renault RS22 △だが心は×にしたい
12기통	직렬	—	60°	◎	◎	60°	언급사항 없음. 직렬6과 마찬가지로 자연의 밸런서를 내장.
	V	60°	60°	○	○	60°	
	↓	65°	60°	○	○		페라리 F140
	↓	180°	360°	○	○		
	수평대향	180°	180°	○	○	60°	
	W	15°+72°		○	○		VW WR12(V6×2-4뱅크)
	↓	60°+60°		○	○		네이피어 라이언, 라이프 F1(인라인4×3-3뱅크)

OVER **16**
CYLINDER
[16기통 이상]

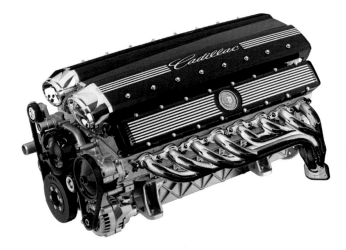

캐딜락 V16

1930년대를 풍미했던 45° 뱅크의 V16. 7.4 ℓ ser452와 7.1 ℓ ser900이 있었다. 언뜻 V8×2로 보이는 구조는 사실 직렬 8기통×2로서, 이것을 5베어링으로 지지하던 엉뚱함은 ser90에서 9베어링으로 개선되었다.

괴짜들이 만든 꿈의 엔진

두 번의 세계대전 사이, 다기통 엔진의 최고봉은 V16이었다. 크로스 플레인 크랭크축을 고안해 V8에 적용했던 미국에서 V8 2개를 연결한 V16이 부의 상징으로 각광을 받은 것이다. 초기 캐딜락의 아이콘은 그야말로 V16이었다. 숙성된 배치 구조의 엔진을 이중으로 설치함으로써 비교적 쉽게 다기통·고출력화를 도모할 수 있다는 아이디어는 V16 이외에도 많이 볼 수 있다. 다만 그렇지 않아도 복잡한 다기통 엔진을 더 복잡하고 크게 한 것이기 때문에 성공한 사례는 드물다.

치제타(Cizeta) V16

V8을 바탕으로 모노블록으로 해서 직렬로 연결한 다음, 그 중간에 기어를 배치해 출력을 끌어낸다. 초 다기통 엔진의 약점인 크랭크축 강성을 커버하기 위한 교묘한 설계이다.

포르쉐 H16

플랫 V12 터보로 유럽 카 레이스를 석권한 포르쉐가 북미의 캔암 시리즈에 진출하기 위해 제작한 수평대향 16기통. 섀시를 크게 변경해야 했기 때문에 실전에 투입되지는 않았다.

부가티 W16

세상이 다 아는 1000ps & 400km/h를 발휘하는 베이롱의 심장. 제조원인 VW이 전문으로 하는 협각 V엔진의 최종 발전형으로서, V4→W8→W16이라는 계보를 거쳐왔다.

네이피어 델틱 (Napier Deltic) 16

융카스에 의해 실용화된 대향 피스톤 2행정 디젤을 삼각형으로 배치한 3크랭크, 이것을 다시 4열로 배치한 엔진이다. 기상천외한 발상에도 불구하고 실용화되었다.

플랫(Flat) V24

레이서 항공기·마키 M.C.72에 탑재된 엔진. V12를 직렬로 배치하고 슈퍼차저를 사용해 경이적인 3000ps의 출력을 발휘했다.

부가티 U16

부가티의 직렬 8기통을 병렬로 연결한 2크랭크 엔진. 라이선스를 미육군항공대가 사들인 다음, 「킹 부가티(King Bugatti)」라고 해서 듀센버그사가 제조할 계획도 있었다.

타트라(Tatra) W18

제2차 세계대전 중에 제작된 전차용 22 ℓ 6기통 3뱅크의 W18 디젤 엔진. 하지만 이미 독일에서는 똑같은 배기량으로 배 이상의 출력을 발휘하는 V12 가솔린 엔진이 실용화되었다.

네이피어 사브레 (Napier Sabre) H24

제2차 세계대전 당시의 왕복 엔진으로는 가장 고출력, 180° V12를 위아래로 배치한 다음, 중간 기어로 출력을 합성해 끌어낸다. 흡배기는 슬리브 밸브.

실린더수	배열x	실린더 협각	크랭크 위상	二次振動	偶力	点火間隔	備考
14기통	직렬	—	25.71	○	○	24.71	와츠실라 RT-플렉스 96C(2행정 디젤)
	V	?	?	△	×	?	만(Man) 4행정 디젤
	성형	51.43	51.43	○	○	51.43	7레이디얼 실린더×2
16기통	V	45°	90°(싱글 플레인)	○	○	45°	
	↓	90°	180°(더블 플레인)	○	○	45°	치제타 V16
	↓	180°	360°	○	○	45°	포르쉐 917
	W	15°+90°		○	○	45°	VW W16
	U	—		○			부가티 (2 크랭크축)
	H	180°	360°	○	○	45°	BRM(180° V8×2)
18기통	V	?	?	○	○		알코(Alco) 디젤
	W			○	○		인라인 6×3(싱글 크랭크축)
	성형	40	40°	○	○	40°	9레이디얼 실린더×2
20기통	V	?		○	○		
24기통	V	60°	60°	○	○		V12×2
	X	60°+120°		○	○		롤스로이스 벌처(Vulture)(V12×2-싱글 크랭크축)
	H	180°	180°	○	○		네이피어 사브레(박서12×2-2크랭크축)
28기통	성형	51.43°	51.43°	○	○		프랫&휘트니 R-4360(레이디얼7×4)
36기통	성형	40°	40°	○	○		라이코밍 XR-7755(레이디얼9×4)

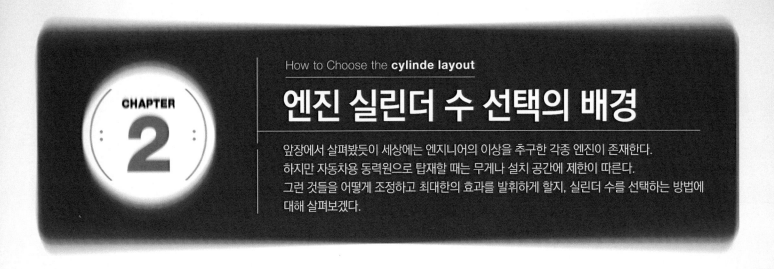

CHAPTER 2

엔진 실린더 수 선택의 배경

앞장에서 살펴봤듯이 세상에는 엔지니어의 이상을 추구한 각종 엔진이 존재한다.
하지만 자동차용 동력원으로 탑재할 때는 무게나 설치 공간에 제한이 따른다.
그런 것들을 어떻게 조정하고 최대한의 효과를 발휘하게 할지, 실린더 수를 선택하는 방법에
대해 살펴보겠다.

▶ V8에서 직렬 4기통+모터로의 전환

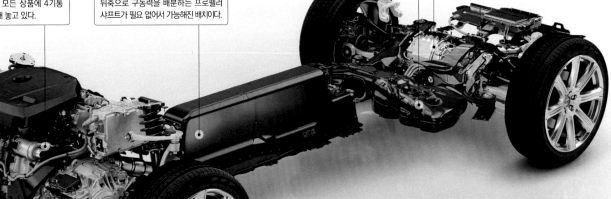

신개발 2.0ℓ 터보는 최고출력 239kW(320ps), 최대토크 400Nm. 볼보는 모든 상품에 4기통 엔진을 설정해 놓고 있다.

전동모터를 위한 리튬이온 2차전지는 센터 터널에 들어간다. AWD 모델이라도 뒤축으로 구동력을 배분하는 프로펠러 샤프트가 필요 없어서 가능해진 배치이다.

연료탱크 용량은 통상적인 엔진 차량의 70ℓ에서 50ℓ로 축소된다. 대신에 비게 된 공간을 모터와 그 주변기기에 이용했다.

뒤축만 구동하는 전동모터는 최고출력 65kW(80ps), 최대토크 240Nm. 4기통 엔진과 합산하면 최고출력 300kW(410ps), 최대토크 640Nm이 된다.

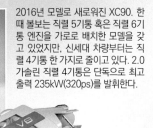

2016년 모델로 새로워진 XC90. 한때 볼보는 직렬 5기통 혹은 직렬 6기통 엔진을 가로로 배치한 모델을 갖고 있었지만, 신세대 차량부터는 직렬 4기통 한 가지로 줄이고 있다. 2.0 가솔린 직렬 4기통은 단독으로 최고출력 235kW(320ps)를 발휘한다.

실린더 수를 「줄이는」 것만이 선택지는 아니다.

에너지 전환과
실린더 수를 늘리려는 연구

지금 전 세계는 엔진의 실린더 수와 총배기량의 감축이라고 하는 다운사이징이 유행하고 있다.
하지만 실제로는 이 틀을 벗어난 엔진 전환 방법도 있다.

본문 : 마키노 시게오(Shigeo MAKINO) 그림 : 아우디/볼보 카즈

종래 모델은 직렬 5기통 터보, 직렬 6기통 트윈 터보 외에 야마하 발동기에 개발을 의뢰한 4.4ℓ V8 엔진을 가로로 배치했었다. XC90까지 직렬 4기통을 장착한 배경은 신형 엔진의 개발·제조 비용을 양산 대수로 분산시킨다는 의도도 있다.

시장에서는 기통수가 많으면 고급스럽다고 받아들이고 있다. 6기통보다는 8기통이, 8기통보다는 12기통이 고급스럽다고. 이것은 상당히 뿌리 깊은 소비자심리이다. 그런 한편으로 세계 각지에서 연비(CO₂배출) 규제가 날로 심해지고 있다. 특히 CAFE(기업별 평균연비)가 적용되고 있는 EU와 미국에서는 종래의 대배기량 엔진을 장착했던 모델을 상품 라인업에 남겨두기 위해서 엔진 기통수를 줄이는 기통수 감축과 배기량을 줄이는 다운사이징이 진행되고 있다.

물론 그냥 단순히 기통수와 배기량만 줄이게 되면 출력·토크도 같이 떨어지기 때문에, 흡기량을 늘리는 「과급」을 통해 1번 연소 때마다 사용할 수 있는 산소량을 늘리고 그 산소량에 맞는 양의 연료를 사용하는 식의 방법을 조합하고 있다. 이것이 과급 다운사이징으로서, 배기량이 아니라 「흡기량」으로 출력·토크를 보완하는 방법이다.

또 한가지, 엔진의 기통수가 줄어들고 배기량이 줄어듦으로써 부족해지는 출력·토크를 전동모터로 보충하는 복합 동력화, 즉 하이브리드(잡종이라는 의미) 파워트레인이라는 선택지도 있다. 일정 속도로 달릴 때는 그다지 큰 힘이 필요하지 않다. 큰 토크가 필요할 때는 출발할 때와 중간 가속할 때이고, 큰 출력이 필요한 것은 주행속도 영역이 높을 때이다. 그렇다면 이 상황만 전동모터로 보충하면 된다는 개념이다.

나아가 더 발전하게 되면 완전한 전동화가 기다린다. 종래에는 EV(전기자동차)라고 했을 때 작고 가벼운 시내 주행용이 대부분이었다면, 지금은 「주행성능」을 앞세운 고성능 EV도 속속 등장하고 있다.

한편 이런 연비 절약이라는 흐름과는 별도로 상품력을 다투는 고급차 세계에서는 기통수를 늘리는 사례도 있다. VW(폭스바겐) 그룹은 아우디 브랜드의 최고급 세단 「A8 롱」에 6.0ℓ W12형 엔진을 설정했다. 경쟁회사들이 V12를 탑재하는 가운데, VW 그룹은 직렬 6기통×2가 아니라 2개의 협각 V6 엔진(VR6)을 V형태로 배치하는 식으로 W12기통을 만들었다. 원래 A8은 엔진을 세로로 배치하는 FF형식이 바탕이라 프런트 오버행에 세로로 배치하는 다기통 엔진으로 W배치를 고려했었다. 현재는 벤틀리 등도 이 W12 엔진을 과급해서 사용한다. 엔진 전체 길이를 억제해 12기통으로 만든 사례로 VW그룹에서 직렬 4기통×3열로 만든 것도 있다.

과급 다운사이징이 정착하기 전까지는 소형 해치백에는 직렬 4기통을, 중형 세단에는 직렬 6기통을, 고급차에는 직렬 6기통 또는 V8을, 극히 한정적인 고급차와 스포츠카에 V12를 장착하는 흐름이 오랫동안 계속되어왔다. 또 V8을 보유한 자동차 회사에서는 거기서 2기통을 덜어내고 V6로도 활용했다. 혹은 직렬 4기통에 1기통을 넣어 직렬 5기통을 만들 때도 있었다. 현재도 실린더를 배치하는 형식으로는 직렬 또는 V가 일반적으로, 연비 절약이나 차별화가 요구되는 오늘날에도 실린더 배치를 특이하게 하는 엔진은 극히 일부에 한정되어 있다.

V8에서 W12로 진행

좌측의 적색 실린더 열과 우측의 녹색 실린더 열은 각각 뱅크 각도가 좁은 V6를 나타낸다. 이것을 72° 뱅크의 W12로 만든 것이다. 4.0ℓ 이상의 배기량이 필요한 고급차를 위한 선택으로서, 아래 사진처럼 A8L은 호화로운 리무진이다. 판매 대수는 적지만 이 클래스에서는 12기통이라는 숫자에 의미가 있다.

V10에서 「0기통」인 모터로

미드십 카 R8에는 최고출력 340kW(462ps), 최대토크 920Nm이라는 강력한 전동 모터가 탑재된다. 통상적인 사양의 5.2ℓ V10 엔진은 404kW(550ps)의 고출력을 발휘하지만, 최대토크는 540Nm이라 이 모터를 통해 이트론(e-tron)은 강렬한 가속을 얻었다. 전기구동차량의 한 가지 방향이 「내연기관에서는 얻을 수 없는 고성능」이라는 것은 사실이다.

엔진은「벽에 붙여서 낮게」

예전에 직렬 6기통이 주류였던 FR차량은 현재 V6 또는 직렬 4기통 엔진으로 거의 바뀌었다.
크랭크 축부터 변속기, 추진 축까지가 일직선으로 바뀐 배치 구조는
엔진 길이와의 싸움에서 나온 결과이다.

메르세데스 벤츠
C클래스 2013~

1

앞유리 하단, 파이어 월(엔진룸과 실내를 격리하는 방화벽=프런트 벌크 헤드라고도 한다) 상단의 견고한 부분에 보행자의 머리가 부딪치지 않도록 개량한다.

2

직렬 4기통 엔진의 앞 끝은 앞차축 중심보다 후방에 있다. 엔진 높이는 되도록 낮게 위치해 있다.

3

보행자 및 자전거 운전자와의 충돌을 배려한 전방 그릴 ~보닛 후드 형상

4

엔진의 크랭크축 센터는 뒤차축의 디퍼렌셜 기어와 거의 높이가 같다. 엔진 전체 높이와의 관계 속에서 커넥팅로드 길이를 어떻게 설정할까.

구형 C클래스(위)와 현행 C클래스(아래)의 옆모습을 비교하면 B필러 앞쪽에 대한 비율이 상당히 달라졌다. 어느 의미에서 이것이 현재의 직렬 4기통을 중심으로 하는 FR 차량의 비율로서, 이제는 직렬 6기통 탑재는 배려하지 않고 있다.

이 M274형 2.0ℓ 직렬 4기통은 가로배치 FF용으로 개발된 이후에 세로배치 사양까지 나왔다. 터보과급을 통해 최고출력 155kW(210ps), 최대토크 350Nm을 발휘하며, C클래스와 E클래스에 탑재된다. 덧붙이자면 예전의 E클래스는 2.3ℓ 직렬 4기통 판매비율이 높았다.

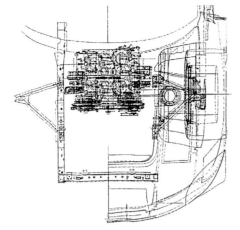
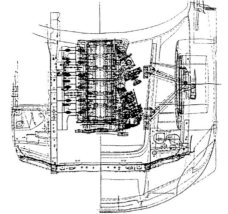

직렬 6기통과 V6의 엔진 길이

이 도면은 닛산 것이다. 직렬 6기통 세로배치 FR 레이스 사양차량에 V6를 탑재해 이 정도까지 엔진 길이를 단축할 수 있었다는 것이다. 전방 서스펜션의 A암 안으로 스티어링 랙이 완전히 들어간다. 이것이 시판 차량이라면 비어 있는 엔진 앞쪽 공간을 충돌할 때의 크러셔블 존(완충 영역)으로 사용할 수 있다. 엔진 길이가 짧다는 장점을 다양하게 활용할 수 있다. 과급기술의 발전으로 인해 무과급 엔진으로서의 출발 토크는 「과급압을 얻을 수 있을 때까지의 회전속도」정도만 커버할 수 있으면 되는 것이다.

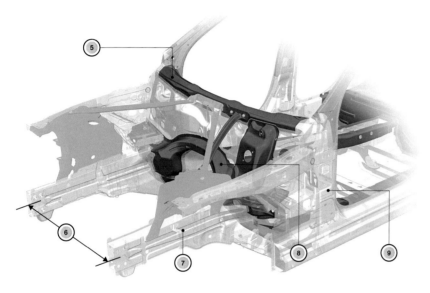

5

벌크 헤드 상단, 스커틀(Scuttle) 부분에는 강도가 있는 견고한 강재를 댄다. 이 C클래스에서는 열간성형의 초고장력 강(鋼)을 사용한다.

6

좌우 전방 사이드 멤버의 거리(Span)는 사용하는 엔진 폭에 의해 좌우된다.

7

좌우 대칭으로 배치되는 전방 사이드 멤버는 앞쪽이 충돌할 때 가장 많이 충격을 흡수하는 역할을 한다. 전폭과 스팬의 관계는 각각의 회사마다 대처가 다르다.

8

전면충돌을 할 때 엔진이 밀려서 실내로 들어오지 않도록 터널 앞쪽은 튼튼하게 보강한다.

9

차량중심에서 벗어나 비스듬한 방향으로 전면충돌을 할 때는 최종적으로 엔진룸 전체 무게의 몇 분의 1 정도를 A필러와 그 주변이 소화한다. 엔진은 「가벼운」 것보다 더 좋은 것은 없다.

메르세데스 벤츠 C클래스에는 고출력 V6를 얹는 사양(위)도 있지만, 직렬 4기통 탑재모델(아래)과 엔진 구역의 설계는 공통이다. V6 차량은 엔진 앞의 크러셔블 존이 약간 줄어들기는 하지만 그 이상으로 어려운 것은 열 대책이다.

차량 앞부분에 엔진을 세로로 배치하는 FR(Front Engine·Rear Drive)은 지금 V6 또는 직렬 4기통 엔진이 주류이다. 예전에는 직렬 6기통이나 V8을 장착했었지만, 지금은 엔진 길이를 줄이는 방향이 완전히 정착했나. 가장 큰 이유는 충돌 인전기준의 강회 때문이다. 차체 정면과 똑바로 부딪치는 정면(Full Wrap)충돌뿐이었던 시절에는 좌우 2개의 전방 사이드 멤버가 균등하게 충돌 하중을 분담할 수 있었기 때문에 엔진 길이가 다소 길더라도 엔진의 실내 침입을 특별히 고려할 필요가 없었다.

그런데 도로에서 맞은편 차량과 비스듬하게 충돌하는 사고가 발생했을 때는 사상자가 많아지면서, 이것을 재현한 옵셋(Offset)충돌이 안전기준으로 반영되었다. 차체 앞부분의 운전석 쪽(센터라인 쪽) 40%를 고정벽에 부딪치게 하는 시험을 전면 6대 4 옵셋충돌 시험이라고 하는데, 이 상태에서는 한쪽 전방 사이드 멤버가 모든 충돌 하중을 받아낼 필요가 있다. 이때 엔진이 길다면 엔진이 실내로 침입할 우려가 있어서 충돌

시의 탑승객 생존공간이 줄어들게 된다. 그에 대한 대책으로 각 자동차회사는 직렬 6기통을 V6로 바꾸는 개발에 착수했다. 하지만 진동이 매우 작은 완전 균형의 직렬 6기통을 V6로 바꾸게 되면 상품력 유지를 위해서라도 진동에 대한 대책이 필수가 된다. 심지어 직렬 4기통으로 바꾸게 되면 문제가 더 크다. 이런 필요성 때문에 V6와 직렬 4기통에 대한 진동대책이 세워졌다. 근래에는 연비 절약 측면에서 엔진 기통수와 배기량을 줄이고 있는데, 90년대 중반 이후에 전 세계적으로 충돌 안전기준이 강화되면서부터이다.

그런 가운데 BMW는 90년대 말에도 직렬 6기통을 탑재한 모델을 유지했었다. 그 때문에 전방 사이드 멤버가 흡수할 수 있는 에너지양을 확보할 필요성이 있었으므로, 벌크 헤드 쪽에 가까울수록 강판 단면적을 늘리는 방법을 개발하게 된 것이다.

C/D세그먼트에서도 「V6 불필요」로 전환

차량 전체길이에서 차지하는 엔진룸 길이의 비율은 소형 FF일수록 낮아져서 엔진에 허용되는 안쪽 길이가 350mm 정도이다.
과급 다운사이징이 정착할 곳은 D세그먼트에서도 직렬 4기통 가로배치라는 선택지일까.

본문 : 마키노 시게오(Shigeo MAKINO) 그림 : 아우디/볼보 카즈

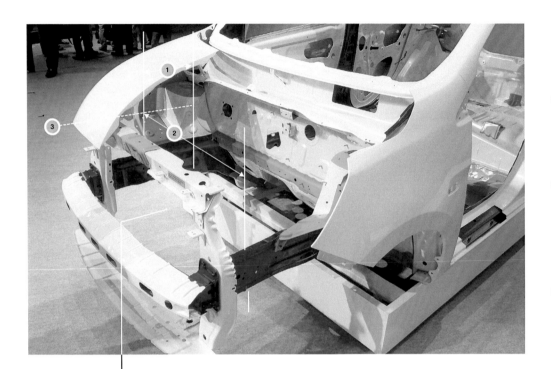

미쓰비시 3A90형은 999cc의 직렬 3기통. 같은 블록을 사용하는 3A92는 내경은 75mm로 똑같지만 행정을 늘려서 1192cc를 확보. 내경 65mm 전후의 경자동차용 660cc와 비교해 냉각손실이 적고 토크에 여유가 있다. 그렇다면 600cc가 2기통으로 바뀔 가능성은?

직렬 3기통 가로배치의 선택

1

미라지 엔진은 벌크 헤드 쪽에 붙여서 이 위치에 장착한다. 그 안쪽에는 브레이크 부스터가 위치하고 앞쪽에는 초박형 라디에이터가 설치된다. 흡배기 계통까지 포함해 안쪽 길이는 350mm 정도이다.

2

좌우 전방 사이드 멤버 사이 간격은 직렬 4기통 가로배치를 상정하지 않았을 정도로 좁다. 바깥쪽으로는 서스펜션과 타이어가 위치한다. 앞쪽으로 충돌했을 때는 전방 사이드 멤버에서 실내 쪽으로 충격을 분산시켜야 하므로 이제 엔진을 탑재할 공간의 결정은 「엔진이 우선」이 아니다.

3

엔진의 탑재 높이는 보조장치까지 포함해 이 선보다 낮다. 보닛 후드 앞쪽은 보행자 보호 규정 때문에 낮추지 못해서 엔진 위 공간이 이전보다 넓어졌다.

수평대향 엔진의 어려움

후지중공은 1966년의 스바루 1000부터 수평대향 엔진의 FF를 발매했다. 하지만 이후에는 엔진 배기량의 확대, 4밸브화 나아가서는 장행정화라는 설계변경을 거치면서 엔진 폭은 점점 확대되고 탑재위치도 조금씩 높아졌다. 이 측면 투시도를 보면 배치 구조에 대해 고심한 흔적을 엿볼 수 있다.

1980년대 전반의 세로배치 FF는…

후지중공과 마찬가지로 엔진을 전방 오버행에 세로로 배치해 FF 배치 구조를 유지해 온 회사가 아우디이다. 이 사진은 1980년 중반의 「아우디 80」 직렬 4기통 모델로서, DOHC 직렬 5기통 사양은 라디에이터 등을 옮겨서야 엔진에 빈틈없이 넣었을 뿐만 아니라 보닛 높이에 맞추기 위해 비스듬하게 탑재했다. 이후에도 아우디는 스티어링 계통의 배치 등 엔진룸 내의 배치 구조에 고심하게 되는데, 최종적으로 도달한 것이 W형 12기통이라는 점은 매우 흥미롭다.

서브 프레임과 보디 골격의 관계

엔진룸을 정사각형 또는 정사각형에 가까운 형태로 만드는 것이 최근 추세이다. 전방 사이드 멤버는 벌크 헤드를 거쳐 운전석 바닥 밑으로 지나갈 때까지 직선형상을 유지하고, 엔진룸 안에서는 서브 프레임의 종관재(縱貫材)와 함께 2층 구조의 충돌 멤버를 형성한다. 그러면 이 정사각형 중심에 파워 패키지를 넣는 것이다. 특히 디젤차량의 배출가스 후처리 장치처럼 부피가 큰 것을 넣어야 할 필요성 때문에 엔진룸 형상을 단순하게 만드는 것이 유행이다. 우측 위 사진은 마쓰다의 생산라인으로, 이처럼 엔진 등을 결합한 모듈을 밑에서 합체시키는 방식이 일반적이다.

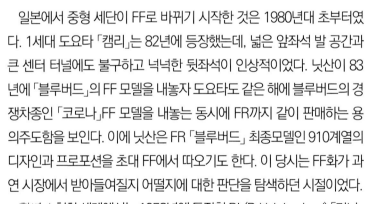

일본에서 중형 세단이 FF로 바뀌기 시작한 것은 1980년대 초부터였다. 1세대 도요타 「캠리」는 82년에 등장했는데, 넓은 앞좌석 발 공간과 큰 센터 터널에도 불구하고 넉넉한 뒷좌석이 인상적이었다. 닛산이 83년에 「블루버드」의 FF 모델을 내놓자 도요타도 같은 해에 블루버드의 경쟁차종인 「코로나」FF 모델을 내놓는 동시에 FR까지 같이 판매하는 용의주도함을 보인다. 이에 닛산은 FR 「블루버드」 최종모델인 910계열의 디자인과 프로포션을 초대 FF에서 따오기도 한다. 이 당시는 FF화가 과연 시장에서 받아들여질지 어떨지에 대한 판단을 탐색하던 시절이었다.

한편 소형차 세계에서는 1958년에 등장한 BL(British Leyland) 「미니」가 내세운 실내공간 확보형 FF가 다양하게 발전하다가 65년에 푸조가 첫 FF차 「204」를 발매하게 되고, 74년에는 VW(폭스바겐)이 1세대 「골프」를 FF로 투입하게 된다. 일본에서는 유럽보다 약간 늦긴 했지만 78년에 미쓰비시가 「미라지」를, 82년에 닛산이 「마치」의 FF모델을 각각 투입한다.

BL 「미니」는 가로배치 4기통 엔진에 따른 작은 엔진룸이 가져오는 공간적 효율이 특징이었다. 돌이켜보면 소형 해치백의 역사는 「보닛 후드가 짧아지는」 역사였다는 사실을 깨닫게 해준다. 엔진을 가로로 놓고 변속기와 직렬로 배치하는 파워 패키지는 공장에서의 차량 조립 라인에도

변혁을 가져온다. 드디어 앞바퀴, 스티어링 계통, 파워 패키지를 서브 프레임에 얹어 차량 아래 또는 앞에서 합체시키는 방법이 만들어진 것이다. 가령 유리로 둘러쌓인 곳이 세단이든 SUV이든지 간에 서브 프레임에 얹힌 모듈은 똑같아서, 이것이 융통성 있는 혼류생산 라인을 가져온 것이다.

현재는 예전의 「코로나」 클래스보다도 위 단계인 D세그먼트도 FF 모델들이 다수를 차지하고 있다. 그리고 여기에 탑재하는 엔진은 직렬 5기통과 V6에서 직렬 4기통으로 바뀌고 있다. 머지않아 D세그먼트에서 V6는 사라질 것으로 예측된다. FF화로 차체설계가 바뀌고, 파워 패키지의 모듈화로 생산라인이 바뀌고, 실린더 배열의 집약으로 「과감히 개발비용을 들인 양산 엔진」이 가능해진다. 이런 흐름이다. 게다가 전면충돌기준 강화나 보행자 보호 규정도입에도 불구하고 FF차의 엔진룸은 점점 작아지고 있다. 앞으로 엔진 복사열 저감과 엔진룸 내 공기역학의 개선, 심지어는 전원의 48V화 같은 과제가 밀려들면 4기통에서 3기통, 3기통에서 2기통으로 기통수 감축이 더 빨라질지도 모른다. 또 한때는 「내경을 한 종류로 줄이고 그 대신에 꼼꼼하게 연소를 분석하는」 연구가 유행이었지만 계측·분석기술의 발전이 내경의 자유도를 높이고 있다. 차세대 기통수 감축 엔진을 크게 주목해 봐야 할 것이다.

「홀수」 실린더도 나쁘지 않다.

일본에서 3기통은 경자동차와 소형자동차(1,000cc)에 많이 사용하는 엔진이라는 인상이 강하지만,
조금 억지를 부리자면 3+2=5이고 3×2=6이기도 하다.
일반적으로는 그다지 바람직하지 않은 3기통 홀수 실린더를 중심으로 엔진을 들여다보겠다.

본문 : 마키노 시게오   그림 : BMW/구마가이 도시나오

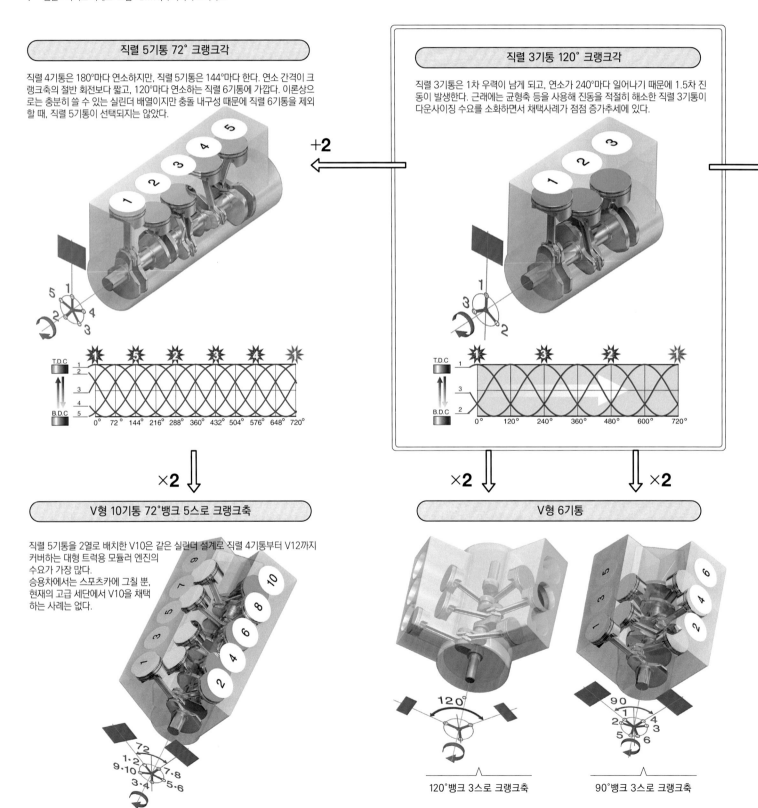

직렬 5기통 72° 크랭크각

직렬 4기통은 180°마다 연소하지만, 직렬 5기통은 144°마다 한다. 연소 간격이 크랭크축의 절반 회전보다 짧고, 120°마다 연소하는 직렬 6기통에 가깝다. 이론상으로는 충분히 쓸 수 있는 실린더 배열이지만 충돌 내구성 때문에 직렬 6기통을 제외할 때, 직렬 5기통이 선택되지는 않았다.

+2

직렬 3기통 120° 크랭크각

직렬 3기통은 1차 우력이 남게 되고, 연소가 240°마다 일어나기 때문에 1.5차 진동이 발생한다. 근래에는 균형축 등을 사용해 진동을 적절히 해소한 직렬 3기통이 다운사이징 수요를 소화하면서 채택사례가 점점 증가추세에 있다.

×2

V형 10기통 72°뱅크 5스로 크랭크축

직렬 5기통을 2열로 배치한 V10은 같은 실린더 설계로 직렬 4기통부터 V12까지 커버하는 대형 트럭용 모듈러 엔진의 수요가 가장 많다.
승용차에서는 스포츠카에 그칠 뿐, 현재의 고급 세단에서 V10을 채택하는 사례는 없다.

×2   ×2

V형 6기통

120°뱅크 3스로 크랭크축   90°뱅크 3스로 크랭크축

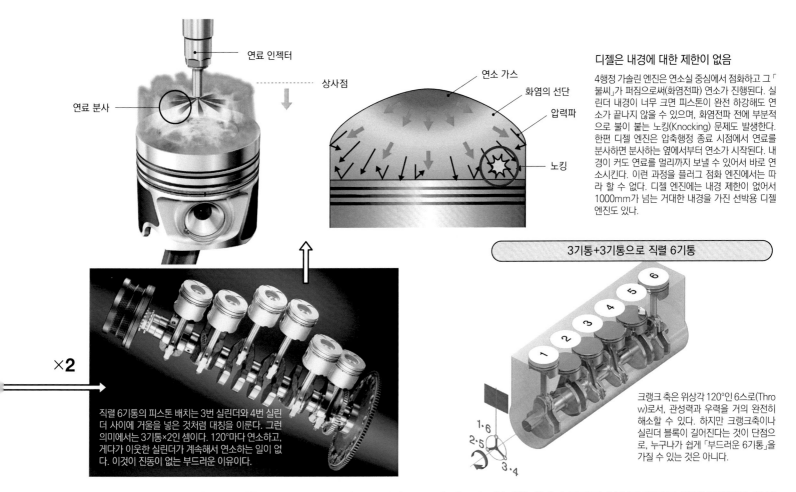

연료 인젝터

상사점

연료 분사

연소 가스

화염의 선단

압력파

노킹

디젤은 내경에 대한 제한이 없음

4행정 가솔린 엔진은 연소실 중심에서 점화하고 그「불씨」가 퍼짐으로써(화염전파) 연소가 진행된다. 실린더 내경이 너무 크면 피스톤이 완전 하강해도 연소가 끝나지 않을 수 있으며, 화염전파 전에 부분적으로 불이 붙는 노킹(Knocking) 문제도 발생한다. 한편 디젤 엔진은 압축행정 종료 시점에서 연료를 분사하면 분사하는 옆에서부터 연소가 시작된다. 내경이 커도 연료를 멀리까지 보낼 수 있어서 바로 연소시킨다. 이런 과정을 플러그 점화 엔진에서는 따라 할 수 없다. 디젤 엔진에는 내경 제한이 없어서 1000mm가 넘는 거대한 내경을 가진 선박용 디젤 엔진도 있다.

×2

직렬 6기통의 피스톤 배치는 3번 실린더와 4번 실린더 사이에 거울을 넣은 것처럼 대칭을 이룬다. 그런 의미에서는 3기통×2인 셈이다. 120°마다 연소하고, 게다가 이웃한 실린더가 계속해서 연소하는 일이 없다. 이것이 진동이 없는 부드러운 이유이다.

3기통+3기통으로 직렬 6기통

크랭크 축은 위상각 120°인 6스로(Throw)로서, 관성력과 우력을 거의 완전히 해소할 수 있다. 하지만 크랭크축이나 실린더 블록이 길어진다는 것이 단점으로, 누구나가 쉽게「부드러운 6기통」을 가질 수 있는 것은 아니다.

왜 각 자동차 회사는 4기통을 선택했을까. 예전에 존재했던 소배기량 2기통 엔진은 거의 전부 자취를 감추었다. 한때는 경자동차에도 4기통 660cc를 장착하기도 했다. 360cc~550cc 시절에는 2기통이 대세였기 때문에 미쓰비시 자동차는 1974년에 양산을 시작한 2G21형 2기통 359cc 엔진에 사일런트 샤프트를 처음으로 사용하기도 했지만, 세상은 기통수가 하나라도 많은 쪽으로 흘러갔다. 레스 실린더(기통 수 감축)가 각광을 받으면서 1.2ℓ급 3기통이나 900cc급 2기통이 기반을 구축한 것은 근래 들어서이다. 예전에는 2기통과 3기통이 패밀리카의 보통화된 엔진(배기량은 현재와 상당히 차이가 있지만)이었다. 지금 일어나고 있는 현상은 일부분 재유행이라 할 수 있다.

그렇기는 하지만 3기통이 다시 유행하는 이유도 알 수 있다. 화염전파로 연소가 이루어지는 플러그 점화 가솔린 엔진은 실린더 용적에 대해 연소실 내부 표면적이 증가하면 냉각손실도 커진다. 전 세계에 실린더낭 400~500cc 엔진이 많은 이유는 냉각손실 등을 포함해 경험적으로나 이론이 합치된 결과일 것이다. 거기에 기통수가 줄어들면 부품수도 줄어들어서 엔진이 가벼워지므로 1.2ℓ 같은 경우, 종래의 4기통보다 3기통 쪽이 합리적이라고 생각하는 엔진 설계자가 많아졌을 것이다.

실제로 근래의 직렬 3기통은 잘 만들어지고 있다. 왠지 모르게 세상에는 홀수 기통 엔진을 꺼리는 경향이 있는 것 같지만「환경적으로 뛰어나다」는 이유가 알려지면서부터는 3기통도 시민권을 획득하게 되었다. 앞 페이지에 대표적인 3기통 엔진을 예로 들었다. 3기통을 중심에 두고 엔진 세계를 바라본 상관 그림이다. 120° 간격의 3스로(3위상)에서 크랭크 축이 240° 회전할 때마다 등간격 연소를 하므로 직렬 3기통은 관성 질량이 균형을 이룬다. 1차 우력이 남기는 하지만, 방진·제진을 개선한 잘 만들어진 3기통 엔진은 3기통이라는 사실을 잊게 할 정도로 부드럽게 회전한다.

자동차 엔진에서 가장 기통수가 많은 홀수 기통 엔진은 5기통이다. 72° 간격의 5스로 크랭크 축으로 144° 회전할 때마다 등간격 연소를 한다. 아우디와 볼보는 5기통이 주류의 한쪽을 차지했던 시절이 있었고, 혼다도 5기통을 갖고 있었다. 2차 진동이 남기는 하지만 관성력이 거의 균형을 이루기 때문에 직렬 6기통보다도 약간 시끄러울 정도로 차분하다. 다만 직렬 5기통을 선택한 이유는「물리적으로 직렬 6기통은 장착하기 어려운」현실적 문제 때문이었다. 아우디는 전반 오버행에 엔진을 세로로 배치하기 때문에 엔진 길이가 규제를 받았고, 볼보는 가로배치 FF로 전환한 새로운「850」시리즈에 장착할 V6 엔진이 없었다. 직렬 6기통은 장착할 수 없을 만큼 물리적으로 너무 길어서 직렬 5기통을 선택한 것이다. 「3×2」「4+1」또는「6-1」로 타협을 보았다. 한편 다임러 벤츠(당시)의 직렬 5기통 디젤은 E클래스와 S클래스에 세로로 배치했었는데, 이것은 엔진 길이의 문제 때문이 아니라 같은 연소실 설계의 직렬 4기통과 직렬 6기통 사이에「배기량 차이」를 마련하기 위한 직렬 5기통이었다. 모듈러 엔진으로서의 활용도를 발휘한 것에 불과하다.

직렬 3기통은 주류의 일각을 차지하고 있다. 그러나 직렬 5기통의 미래는 약간 불투명하다. 직렬 6기통 대용은 V6와 직렬 4기통이 맡을 것이다. 그런 느낌이다.

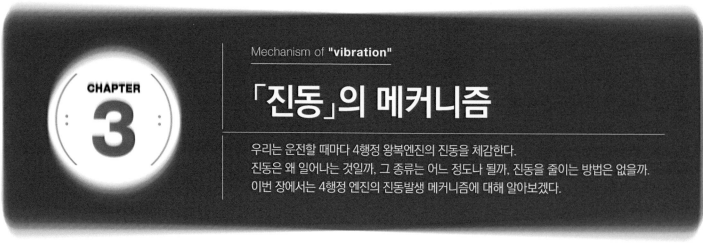

CHAPTER 3

「진동」의 메커니즘

우리는 운전할 때마다 4행정 왕복엔진의 진동을 체감한다.
진동은 왜 일어나는 것일까, 그 종류는 어느 정도나 될까, 진동을 줄이는 방법은 없을까.
이번 장에서는 4행정 엔진의 진동발생 메커니즘에 대해 알아보겠다.

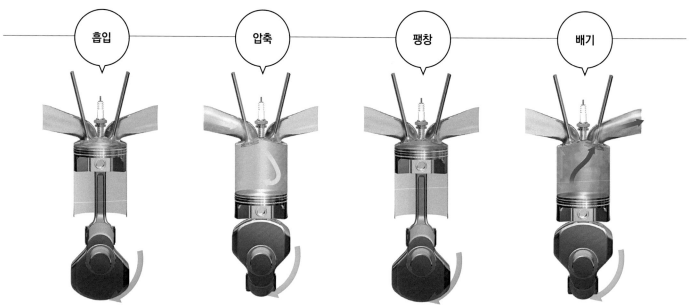

| 흡입 | 압축 | 팽창 | 배기 |

앞 단계의 연소가 끝나고 연소를 마친 「타고 남은 찌꺼기」가 배출되면 피스톤이 내려가기 시작하고 다음 작업을 위한 「새로운 공기」가 흡입된다. 피스톤이 내려가면서 공간이 서서히 넓어지면 그곳으로 새로운 공기가 빨려 들어온다.

피스톤이 하사점까지 이동했을 때는 실린더 내에 새로운 공기가 가득 차 있게 된다. 흡입행정 시작부터 보면 크랭크 축은 정확히 180° 회전하게 된다. 이때부터 피스톤이 다시 상승해 압축이 시작된다.

압축행정 마지막에 점화 플러그에서 불꽃이 튀어 착화되면서 연소가 시작된다. 새로운 공기에 연료를 섞은 「작동 가스」는 점화 플러그 주변부터 점점 연소하기 시작하고, 그 팽창압력이 피스톤을 다시 밀어 내린다.

피스톤이 하사점에 도달할 때까지는 연소 압력도 낮아지고, 연소가 끝난 타고 남은 찌꺼기를 밖으로 밀어내는 배기가 시작된다. 피스톤은 이때부터 상승해 크랭크 축이 180° 회전할 때까지 배기가 계속된다. 이로써 4행정은 종료된다.

▶ MECHANISM : 01

직선운동 → 회전운동의 변환은 진동의 근본

본문 : 마키노 시게오   그림 : 구마가이 도시나오/만자와 고토미/혼다

먼저 4행정 가솔린 엔진의 작동에 대해 복습해 보겠다. 이런 형식의 엔진은 이름 그대로 「흡입」「압축」「팽창」「배기」 4행정이 1세트이다. 이 한 세트가 크랭크 축이 2회전(360°×2)하는 720° 내에서 이루어진다. 압축과 팽창 사이에 플러그 점화를 통한 연소가 시작된다. 공기와 연료가 혼합된 작동 가스(혼합기)가 계속해서 연소하게 되고, 연소하는 화염의 선단이 피스톤 방향으로 진행됨으로써(전파) 팽창행정이 성립한다.

이 팽창압력을 받은 피스톤은 다음 페이지의 위 그래프처럼 움직인다. 크랭크 축의 회전이 진행됨에 따라 피스톤은 상하운동을 하게 되고 이 상하운동을 크랭크 축이 회전운동으로 바꾼다. 피스톤 상하운동의 원천은 작동 가스의 연소 압력으로서, 이 연소 압력은 바로 커넥팅로드를 거쳐 크랭크축에 가해진다. 피스톤이 상사점(TDC)에서 아래로 내려갈 때 피스톤 위쪽은 항상 연소 압력을 받으면서 커넥팅로드를 아래쪽으로 밀어 내린다. 그리고 끝까지 밀어서 피스톤이 하사점(BDC)까지 도달했을 때 팽창행정은 끝난다.

이 피스톤의 상하왕복운동과 크랭크 축의 회전이 엔진의 진동을 일

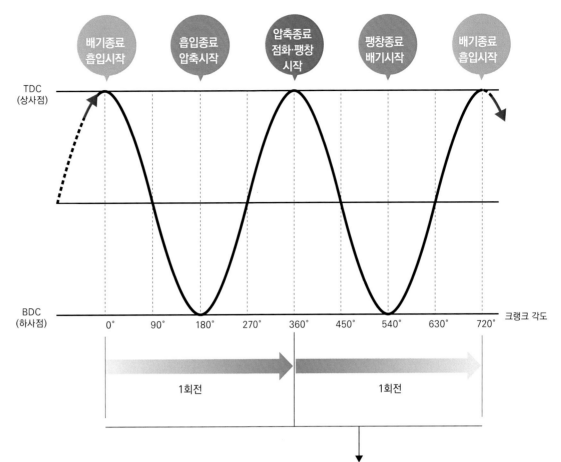

엔진 내의 「작동」과 피스톤 위치

그래프의 「파도」같은 곡선은 크랭크 축의 회전과 함께 상하로 움직이는 피스톤 위치를 나타낸다. 직선이 아니라 곡선이라는 사실에 주목해 주기 바란다. 그것은 피스톤이 상승해서 TDC에 근접할 때는 피스톤의 상승속도가 서서히 늦어진다는 사실을 나타내는 것이다. 마찬가지로 피스톤이 BDC에 근접할 때도 피스톤의 하강속도는 서서히 느려진다. 그리고 TDC와 BDC에서는 한순간이지만 피스톤이 정지하게 된다. 크랭크 축은 일정한 속도로 회전하더라도 피스톤의 상하운동 속도는 항상 변화하는 것이다.

1기통 엔진이라고 했을 때는…

혼다 오토바이에 탑재되고 있는 1기통 엔진. 공랭식이기 때문에 실린더 블록 주위로 핀(주름)이 나 있다. 여러 가지 요소를 생략하고 단순화하면, 이 엔진의 회전으로 피스톤은 상단의 그래프처럼 위아래로 움직인다. 크랭크 핀이 궤적으로 투영하며 여현파(cosθ)가 된다.

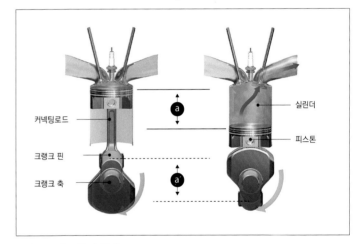

행정과 크랭크 축의 관계

엔진의 행정은 실린더 내에서는 위 그림의 a와 같고, 크랭크 축 쪽에서는 크랭크 축 중심에서 크랭크 핀 중심까지의 거리의 2배, 즉 크랭크 축이 180° 회전했을 때의 크랭크 핀이 이동한 직선 거리(아래쪽 a)를 가리킨다.

으킨다. 그 이유는 다음 페이지 이후의 하야시 요시마사씨의 해설을 봐주기 바란다. 또 피스톤 엔진 자체의 기본적인 기계적 구조도 진동을 만드는 원인으로 작용한다.

크랭크 축의 회전중심에서 먼 위치에 크랭크 핀이 있고 거기에 커넥팅로드가 체결되어 있다. 크랭크핀은 크랭크 축의 회전중심에서 편심되어 있어서 지구 주위를 달이 돌 듯이 크랭크 핀은 원주 상을 회전한다. 커넥팅로드 또 다른 한쪽은 피스톤 핀을 매개로 피스톤과 연결되어 있다. 각각의 연결 부분에는 극히 미세한 「틈새(유격, 간격)」가 있

다. 피스톤과 그것을 내장하고 있는 실린더 사이에도 약간의 틈새가 있다. 틈새로 엔진 윤활유(오일)가 들어가 막을 만듦으로써 금속끼리 직접 접촉하지 않도록 하는데, 이 유막이 얇아지면 엔진이 눌러붙기 때문에 틈새는 필수이다. 하지만 그와 동시에 이런 틈새가 미세한 진동을 만드는 원인이기도 하다. 단 1기통이라도 부드럽게 작동시키기 위해서는 뛰어난 정밀도가 요구된다. 그런 실린더가 몇 개나 연결되므로 당연히 진동을 일으키는 요소도 증가하는 것이다.

「엔진 진동을 계산할 수는 있습니다. 매우 까다롭긴 하지만요…」

▶ MECHANISM : 02

하야시 요시마사 특별강의

대체「진동」이라는 것은 무엇일까.
이에 대해 알아보기 위해 하야시 요시마사씨에게 강의를 요청했다.
닛산에서 V12 레이싱 엔진 등의 설계·개발을 담당했으며,
그 후에는 도카이대학 교수로 재직했었던 하야시씨로부터 진동에 대해 들어보았다.

본문&인물사진 : 마키노 시게오 그림 : 하야시 요시마사

본지의 의뢰를 받고「엔진 진동 말입니까. 정확하게 이해하기는 어려운 상대입니다」라는 하야시씨. 그 뉘앙스는「수식과 현상론만으로 이해할 수는 있지만 실제로 엔진을 설계·시작해보면 모르는 것들이 많이 나타난다」는 뜻이다.

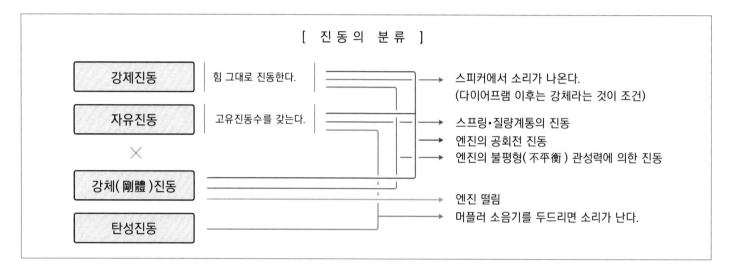

[진 동 의 분 류]

강제진동	힘 그대로 진동한다.	→ 스피커에서 소리가 나온다. (다이어프램 이후는 강체라는 것이 조건)
자유진동	고유진동수를 갖는다.	→ 스프링·질량계통의 진동 → 엔진의 공회전 진동 → 엔진의 불평형(不平衡) 관성력에 의한 진동
×		
강체(剛體)진동		→ 엔진 떨림
탄성진동		→ 머플러 소음기를 두드리면 소리가 난다.

먼저 진동이란 무엇인가부터 말하자면, 위 분류표에서 보듯이 4가지로 분류할 수 있다. 엔진은 탄성진동과는 전혀 관계가 없지만, 다른 3가지와는 관계가 있다.

이어서 다음 페이지의 계산식이다. 이 계산식은 그냥 한번 보고 지나가는 정도로 충분하다. 파고들자면 어렵기 때문이다. 요는 크랭크 축이 회전하면 그 회전중심에서 떨어진 위치에 커넥팅로드가 연결된 중심이 있어서 커넥팅로드는 오른쪽에서 왼쪽으로 항상 춤을 추는 것이다. 연소압력을 받은 피스톤이 바로 아래로 향하는 힘을 흔들거리는 커넥팅로드가 받아내기 때문에 거기에 횡방향의 힘(측력)이 발생한다.

어느 정도의 측력이 발생하느냐는 다음 페이지의 그림에서 보듯이「r」(크랭크 축 중심에서 크랭크 핀 중심까지의 거리)과「ℓ」(커넥팅로드 길이=피스톤 핀 중심과 크랭크 핀 중심의 거리)의 비율, 즉「커넥팅로드 길이와 행정의 비율」이 영향을 미친다. 이 값을 7.5정도로 맞추면, 즉「ℓ」이「r」의 7.5배 정도이면 측력을 거의 무시할 수 있지만, 보통 자동차 엔진은 잘해야 4정도이기 때문에 측력에서 자유로울 수가 없다.

물체가 운동할 때는 관성력이 작용한다. 예를 들면 자동차가 커브를 돌 때는 무언가가 끈으로 묶어서 당기는 것도 아닌데 선회하는 바깥쪽으로 쏠리게 된다. 자동차가 스스로 관성력을 발휘하는 것이다. 이와 마찬가지로 피스톤의 상하운동이나 크랭크축 주위를 도는 크랭크 핀(커넥팅로드의 크랭크축 쪽)도 관성력을 발휘한다. 관성력은 외부의 힘(外力)이다.

위 분류표에「엔진의 불평형 관성력에 의한 진동」이라고 밝혔지만, 이것을「외력」이라고 생각하는 것이 이해하기 쉬울 것이다. 외부로부터의 힘으로 자신이 움직인다는 뜻이다. 엔진의 경우는 그 외력이 연소를 가리킨다. 불평형이란「균형을 이루지 않은 상태」이다.

엔진의 진동은 복잡하다. 공회전 진동 같은 경우는, 위 진동표에 나와 있는「강제진동」「자유진동」「강체진동」이 뒤섞인 상태로 나타난다. 연소에 의한 힘은 강제진동으로서, 이것은 불평형 관성력이 불러오는 진동이다. 또 연소로 일어나는 진동은 엔진 블록이라는 강체를 진동시키기 때문에 강체진동이기도 하다. 나아가 엔진 블록을 지지하는 엔진 마운트에는 마운팅 러버(고무)를 사용하기 때문에 부드러운 고무가 부르르 떠는 자유진동이 발생한다. 이 고무가 너무 부드러우면 엔진 떨림이 일어나고 이것은 엔진 전체가 쿨럭쿨럭하고 움직이는 현상으로 나타나기 때문에 강체진동이다.

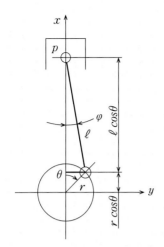

p의 위치를 x라고 하면

$$x = r\cos\theta + \ell\cos\varphi \quad\cdots\quad (1)$$

한편 $\quad r\sin\theta + \ell\sin\varphi \quad\cdots\cdots\cdots\quad (2)$

$$\sin^2\varphi + \cos^2\varphi = 1 \quad\cdots\cdots\quad (3)$$

φ를 소거

(3)에서 $\cos\varphi = \sqrt{1 - \sin^2\varphi}$

$$= \sqrt{1 - \frac{r^2}{\ell^2}\sin^2\theta}$$

$\rho = \dfrac{r}{\ell}$로 바꾸면 (커넥팅로드 길이, 행정 비율의 역수)

(1)의 $x = r\cos\theta + \ell\sqrt{1 - \rho^2\sin^2\theta}$

$x = r\cos\theta$ 분이라면 원운동을 옆에서 본 사인파이지만 $+\ell\sqrt{1 - \rho^2\sin^2\theta}$ 여분의 $\ell\sqrt{1 - \rho^2\sin^2\theta}$ 이 추가된다. 여기가 까다로운 대목이다!

$\sqrt{}$ 안을 전개해 $r\cos\theta$에 대입하고 x를 다시 쓰면

$$x = r\cos\theta + \ell + \sum_{n=0}^{\infty} A_{2n}\cos 2n\theta \quad\cdots\cdots\cdots\cdots\cdots\cdots\quad (4) \quad (\text{n은 } 0,1,2,3\cdots)$$

$$A_0 = -\frac{1}{4}\rho - \frac{3}{64}\rho^3 - \frac{3}{256}\rho^5 - \cdots\cdots$$

$$A_2 = \frac{1}{4}\rho + \frac{3}{64}\rho^3 - \frac{3}{512}\rho^5 + \cdots\cdots$$

$$A_4 = \qquad -\frac{3}{64}\rho^3 - \frac{3}{256}\rho^5 - \cdots\cdots$$

여기서 $\dfrac{r}{\ell}$이 무한대라면 $\rho \to 0$

$x = r\cos\theta + \ell$ 가 되어 사인파가 된다.

$\dfrac{r}{\ell}$을 3.4 이상으로 설계하면 $\rho^3 = 0.025$ 이하가 된다.

ρ^3 이하를 생략하면

(4) 식은

$$x = r\left[\cos\theta + \frac{1}{\rho} - \frac{\rho}{4}(1 - \cos^2\theta)\right] \quad\cdots\cdots\cdots\cdots\quad (5)$$

가 된다. 여기서 $\theta = \omega t$ 이기 때문에 $\dfrac{d\theta}{dt} = \omega$, 이것을 대입한 다음 미분해서 ρ의 속도를 구하면,

$$\dot{x} = -r\omega\left(\sin\theta + \frac{\rho}{2}\sin 2\theta\right) \quad\cdots\cdots\cdots\cdots\quad (5')$$

한 번 더 미분해서 가속도를 구하면

$$\ddot{x} = -r\omega^2(\cos\theta + \rho\cos 2\theta) \quad\cdots\cdots\cdots\cdots\cdots\cdots\quad (5'')$$

여기에 왕복질량 $W\rho$ (피스톤+핀+커넥팅로드의 1/3~1/2)를 곱하면 왕복관성력 $X\rho$가 된다.

$$X\rho = -W\rho \cdot \ddot{x}$$

$$= W\rho \cdot r\omega^2\;(\underset{\uparrow}{\cos\theta} + \underset{\uparrow}{\rho\cos 2\theta}) \qquad [\text{N(뉴턴)}]$$

$$\qquad\qquad\quad 1\text{차} \qquad 2\text{차}$$

고차(高次) 진동이 발생하는 이유

왼쪽 수식이 나타내는 것은 실린더 하나일 때의 이야기이다. 크랭크 핀에 180°(=π)의 위상이 있다면 그 실린더의 관성력은 θ를 대신에 θ-180°를 넣으면 된다. 120°씩 3스로인 V6 엔진이라면 θ 대신에 θ±120°를 넣어서 모두 더하면 된다. 가속도×질량은 힘으로서, 피스톤이 상하운동할 때의 1차진동이 당연히 크기는 하지만, 2차진동도 상당한 파괴력을 갖고 있다. 그 2배인 4차진동까지 가면 영향은 줄어든다. (하야시씨의 설명)

⊙ 단기통만 보더라도 실제로는 부조화가…

이 장 처음에서 소개한 4행정 엔진의 피스톤 위치와 크랭크 축의 회전 관계를 한 번 더 자세히 살펴보겠다. 사실은 엔진 회전 중에는 커넥팅로드가 비스듬하게 기울어서 피스톤 위치가 미묘하게 어긋난다. 이 어긋남이 2차 이상의 고주파를 만드는 원인이다. 즉 커넥팅로드가 긴(커넥팅로드·행정 비율이 큰) 엔진이 고주파를 만드는 원인이 작다는 의미이다.

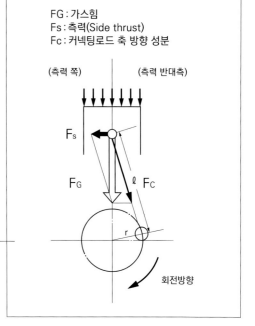

FG : 가스힘
Fs : 측력(Side thrust)
Fc : 커넥팅로드 축 방향 성분

연소 가스압력에 의해 피스톤이 상사점에서 하사점 방향으로 내려갈 때는 이런 힘이 작용한다. 가스압력은 중력방향으로 가해지지만 커넥팅로드가 점점 비스듬해지면서(요동한다) 측력(횡방향의 힘)이 생긴다. 커넥팅로드를 길게 하면 커넥팅로드 축 방향의 힘 성분과 가스압력 방향과의 차이가 줄어들기 때문에 측력도 감소한다.

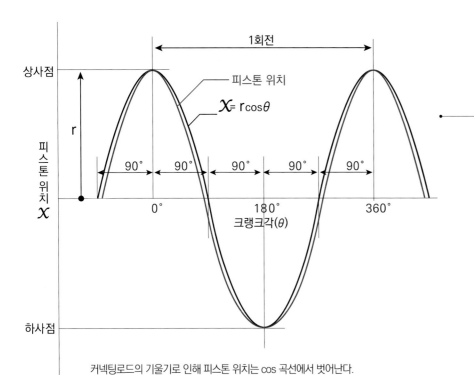

커넥팅로드의 기울기로 인해 피스톤 위치는 cos 곡선에서 벗어난다.
주) 이 차이가 2차 이상의 고주파를 만드는 원인.

$X = r\cos\theta$

커넥팅로드가 비스듬하게 기울어지면 피스톤도 흔들린다. 피스톤 측면의 스커트 부분을 코팅하는 등 다양한 연구를 하는 배경에는 이 부분이 실린더 내벽과 접촉함으로써 기계적 저항을 일으킨다는 사실이 있다.

$X = r\cos\theta$ (1차성분일 때만)

커넥팅로드의 기울기로 인해 →‖← 만큼 빨라지거나 느려진다.

지금부터는 크랭크 축의 회전과 피스톤의 위치가 실제로는 어떻게 되는지를 살펴보겠다. 앞 페이지의 그래프는 단순히 4행정 엔진의 동작을 나타냈을 뿐이지만 이 페이지의 그래프는 피스톤에 가해지는 측력의 영향을 가미한 것이다. 검은 선은 여현파($\cos\theta$ =정현파 $\sin\theta$ 의 위상지연)으로서, 크랭크축 중심에서 크랭크 핀 중심까지의 거리「r」이 그리는 궤적이다. 빨간 선은 측력을 받은 피스톤이 미세하게 머리가 흔들리는 움직임을 동반하면서 위아래로 움직일 때의 궤적이다.

기통수를 늘리면 엔진 전체의 진동은 어떻게 될까. 직렬 4기통의 경우는 크랭크 축이 2회전하는 동안 4번 연소를 하므로 1실린더일 때와 비교해 1차진동이 조밀해진다. 커넥팅로드가 기울면서 발생하는 2차진동은 정확하게 겹친다.

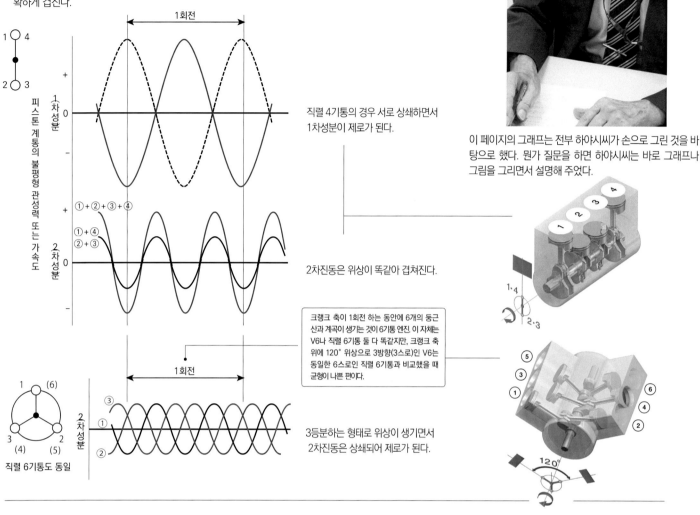

직렬 4기통의 경우 서로 상쇄하면서 1차성분이 제로가 된다.

이 페이지의 그래프는 전부 하야시씨가 손으로 그린 것을 바탕으로 했다. 뭔가 질문을 하면 하야시씨는 바로 그래프나 그림을 그리면서 설명해 주었다.

2차진동은 위상이 똑같아 겹쳐진다.

크랭크 축이 1회전 하는 동안에 6개의 둥근 산과 계곡이 생기는 것이 6기통 엔진. 이 자체는 V6나 직렬 6기통 둘 다 똑같지만, 크랭크 축 위에 120° 위상으로 3방향(3스로)인 V6는 동일한 6스로인 직렬 6기통과 비교했을 때 균형이 나쁜 편이다.

3등분하는 형태로 위상이 생기면서 2차진동은 상쇄되어 제로가 된다.

피스톤이 상승할 때는 원래 크랭크 각이 90° 앞섰을 때의 「있어야 할 위치」보다 약간 지체가 발생한다. 상사점을 향하면서 이 지체는 해소되다가 상사점에서 완전히 없어진다. 여기서 다시 하사점을 향해 피스톤이 내려갈 때는 반대로 빨라진다. 이 빠름은 하사점에서 없어진다. 이 「지체」와 「빠름」의 원인이 커넥팅로드의 기울기, 즉 앞 페이지 상단 그림에서 나타낸 「Fc」로 인해 발생하는 측력 「Fs」때문인 것이다(피스톤이 상승할 때는 측력이 「당겨끄는 힘」을 만들고, 하강할 때는 「당기는 힘」이 된다고 생각하면 된다=필자주). 측력의 발생은 이 그림처럼 간단한 벡터로 설명할 수 있다.

앞 페이지 아래쪽 그림은 위쪽 그래프의 보충설명 차원에서 그렸다. 크랭크 축의 회전각도로 180°가 2번, 즉 크랭크 축이 360°(1회전) 돌 때마다 발생하는 피스톤 위치의 「지체」와 「빠름」이다. 이것이 실린더에 대해 가로방향의 진동으로 작용한다. 크랭크 축이 1회전할 때 피스톤은 1회 왕복한다. 이것이 세로방향의 진동이다. 무거운 것이 쿵쿵거리면서 위아래로 움직이므로 관성력에 의한 기계적 진동이 발생한다. 크랭크 축은 1회 회전으로 「왕복」하는 1진폭이므로 이것을 1차진동이라 한다.

한편 가로방향 진동은 「지체」「빠름」이 크랭크 축 180°(반회전)마다 발생하기 때문에 1회전하는 동안 진동은 2번 일어난다. 1회전에 1번의 진동이 기본으로, 이것을 1차진동이라고 하고 1회전에 2번 발생하는 진동을 2차진동이라고 한다. 단순히 그렇다는 것이다. 기본에 대해 몇 배인지만 나타내는 것이다. 180°= π 이므로 2π =360°이다.

위 그래프는 직렬 4기통과 120° 뱅크인 V형 6기통에서 똑같은 상황을 나타낸 것이다. 직렬 4기통은 2기통씩 한 쌍을 이루면서 위아래로 움직이기 때문에 거기서 서로 1차진동을 해소한다. 반면에 2차진동은 1/4번 실린더와 2/3번 실린더가 서로 겹치면서 증폭된다. V6에서는 1차진동을 해소하지 못하지만 2차진동은 해소된다. 실제 상황에서는 이렇게 단순하지 않지만, 원칙적으로 보면 이렇다는 것이다. 이상이 엔진의 1차, 2차 진동발생 메커니즘이다.

(글에 대한 책임은 필자)

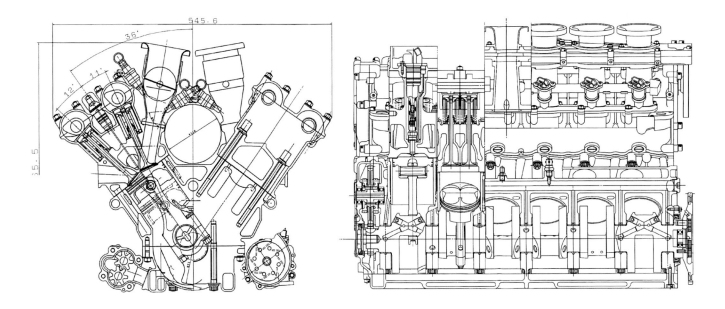

하야시 요시마사씨가 닛산 시절에 설계했던 V12 레이싱 엔진은 뱅크각이 70°로 좁은 편이다.
그룹C 카에 탑재할 계획이었기 때문에 엔진 폭에는 제한이 없다.
그래서 연료 인젝터 배치와 정비성을 약간 희생하더라도 매끄럽게 회전하는 고속회전형 엔진을 만드는데 주력했다고 한다. 이 일러스트는 당시의 구상도이다.

V12는 진동 우등생
▶ MECHANISM : 03 | # 하지만 현실적이지는 않다.

하야시 요시마사씨는 닛산에서 V12와 V8 레이싱 엔진을 설계했던 경험이 있다.
그 경험에 입각해 일상적인 기통수 감축 엔진의 진동 저감에 관해 물어보았다.

본문&사진 : 마키노 시게오

진동에 관해 조금 더 생각해 보자. 다음 페이지 하단 박스는 엔진의 진동에 대해 간략하게 정리한 것이다. 앞 페이지에서 설명한 것은 「차수(次數) 성분」분이다. 크랭크 축이 1회전 하는 동안 진동은 몇 번 일어나는지에 관한 것이다. 진동이 2번이라면 2차라고 설명했다. 1차는 애초부터 기계설계에서 유래하는 진동으로, 이것이 가장 큰(신경 쓰이는) 진동이다. 2차는 180° 회전할 때마다 1번이다(75p 가운데 그래프 참조). 1차보다 작기는 하지만 영향은 상당히 크다. 다른 것도 있다. 2차의 2배나 되는 4차 진동이다. 이것은 앞 페이지 그래프에는 나타나 있지 않지만, 90° 회전할 때마다 1번 발생한다. 360° 회전에서 4회이므로 4차라고 하는데, 그다지 영향은 크지 않다.

그럼 1차 진동이 제일 작은 엔진은 뭘까. 바로 직렬 6기통이다. 레이싱 엔진은 직렬 6기통이 최선이다. V12는 직렬 6기통을 2열로 배치한 엔진으로, 우력이 발생하기는 하지만 좌우 뱅크의 편차가 상당히 작아서 2회전할 때마다 12번 이루어지는 짧은 연소 간격이 이것을 보완해 주기 때문에(예를 들면 3.0ℓ로 직렬 6기통을 만들면 1기통당 500cc, V12라면 250cc가 되어 관성질량과 작용·반작용은 V12가 유리=필자주) V12는 부드럽게 회전한다. 진동면에서는 상당한 우등생이다. 그러나 V12는 실용적이라고 할 수 없다. 아주 평범한 패밀리카에 얹을 수 있는 엔진은 V6가 상한이다. V6는 진동면에서 여러 단점도 갖고 있지만 엔진 기술자들은 거기에 도전하고 있다.

먼저 엔진 설계자는 진동을 어느 정도로 계산해 낸다. 그때 푸리에함수 전개라는 방법을 이용하는데, 이것은 주기성이 있는 진동 같은 경우에는 복잡한 파형이라도 단순한 $\sin\theta$와 $\cos\theta$의 합으로 나타낼 수 있다. 이 계산은 진동 저감에 도움이 된다. 단순한 파형으로 전개할 수 있으면 그 주기와 주파수로부터 발생원을 특정할 수 있어서 대책을 세울 수 있기 때문이다. 힘, 질량, 가속도도 진동에 크게 관여한다. 피스톤의 왕복 직선운동이 일으키는 1차진동은 피스톤·커넥팅 로드의 질량, 어느 정도 연소압력을 받느냐 하는 힘, 그로 인해 피스톤이 어떤 가속을 하는지 같은 점이다. 덧붙이자면 질량과 가속도를 곱한 것이 「관성력」이다.

그리고 작용·반작용이다. 어느 물체에 힘을 주면 반드시 반대 방향으로 힘이 작용한다는 것이다. 로켓이 날아가는 이유도 뒤쪽으로 가스를 분사하고(작용) 그 반작용이 발생하면서 앞으로 나아가는 것이다. 피스톤이 위아래로 움직이고, 크랭크 축이 회전하는 모든 현상에 반작용이 있는 것이다.

한편 진동을 낮추기 위한 방법으로 「방진(防振)」, 「제진(制振)」, 「지지기능」이 있다. 방진이란 진동이 전달되지 않도록 하는 것이다. 원래 진동의 절반, 5분의 1이 되는 효과 등을 얻을 수 있는 것이 방진이다. 제진은 어느 일정 이상의 진동이 일어나지 않도록 하는 것이다. 말하자면 스토퍼(Stopper)이다. 지지기능은 약간 설명이 필요하다.

러버 마운트(고무)를 사용한 엔진 마운트를 떠올리기 바란다. 엔진 마운트는 운전자의 페달 조작으로 인해 엔진이 「흔들리는」 것을 막아주는데, 예를 들면 알루미늄 제품의 거치대와 러버 마운트 같은 경우, 아무 일도 하지 않는 정적인 상태에서도 엔진 무게로 인해 러버 마운트는 변형된다. 엔진 무게로 짓눌려 폴리머 분자 사이가 수축하면서 고무가 딱딱해지기 때문에 스프

링 정수가 높아진다. 방진기능이 떨어지는 원인이다. 이것을 「직류분(直流分)」이라고 한다.

또 어떤 개념으로 진동을 억제하느냐면, 다이내믹 댐퍼나 마찰(비스커스=점성) 댐퍼, 매스 댐퍼 3가지를 사용하는 방법이 있다. 다이내믹 댐퍼는 발생하는 진동과 반대되는 위상의 진동을 만들어 상쇄시키는 것이다. 기계적 또는 전기적 수단이 있지만, 고유진동수를 갖는다. 마찰 댐퍼는 저항의 「속도」를 이용한다. 속도의존형인 것이다. 매스 댐퍼는 「추」를 얹어 진동계를 바꾸는 것이다. 무거운 것일수록 진동이 잘 안 일어나는데, 이것은 질량의존형이다.

방진·제진을 거론할 때는 「mv」와 「ma」가

관계한다. 「mv」는 질량×속도이다. 씨름선수끼리 모래 위에서 격렬하게 부딪히는 정도의 「충격력」으로, 「역적(力積)」이라고 한다. 엔진에서 말하면 토크이다. 그리고 「mv」는 그 「ma」를 시간으로 나눈 것이다. 이 「V」는 속도이므로, 이것을 시간으로 나누어 가속도로 해서 질량을 곱하면 「힘」이 된다. 여기에 가진력(加振力)이라는 요소가 가미되면서 우리가 체험하는 다양한 엔진 진동이 되는 것이다.

구체적으로 어떤 방진·제진대책이 있는가에 대해서는 다음 기회로 넘겨 두겠다.

(글에 대한 책임·필자)

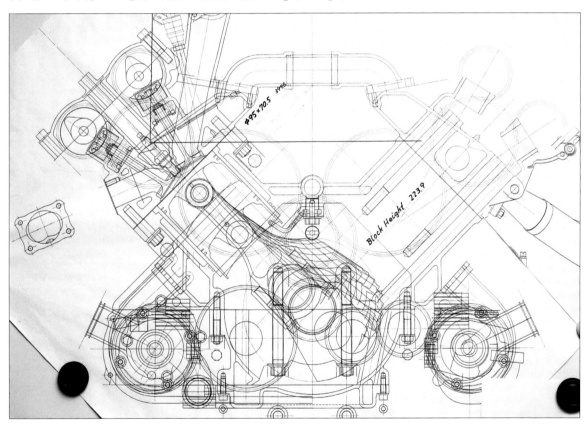

90° 뱅크인 V8에는 V12와 다른 선택이 존재

이 일러스트도 하야시씨가 설계한 V8 레이싱 엔진이다. 이것을 그룹C 카의 미드십에 장착했다. 대부분의 V8은 90° 뱅크각이지만, 흡배기 시스템의 배치에 무리가 없고 정비성도 뛰어나다는 장점이 있다. 이 도면은 실제 크기(1/1)이다.

[엔진 진동과 맞서기 위한 요소]

① 차수성분 ············· ➤ 1회전하는 동안 몇 번 진동하는가.
② 푸리에전개 ············· ➤ 모든 진동은 단순한 sin과 cos의 합으로 나타낼 수 있다.
③ 진동 주기와 주파수 ······· ➤ 어떤 주기에서 어떤 주파수의 파형이 반복되는가.
④ 힘과 질량과 가속도 ········ ➤ 힘(F)은 질량(m)과 가속도(a)의 곱
⑤ 방진·제진·지지기능 ······· ➤ 진동이 전달되지 않도록 할지, 어느 정도로 낮출지.
⑥ 작용과 반작용 ·········· ➤ 어느 방향으로 힘이 가해지면 반드시 반발력이 존재한다.
⑦ 댐퍼의 종류 ··········· ➤ 속도의존인지, 질량의존인지.
⑧ mv와 ma ············· ➤ mv는 역적이고 충격, ma는 힘
⑨ 가진력 ·············· ➤ 어디가 진동의 근원인가.

하야시 요시마사

1938년 도쿄 출생. 62년에 닛산에 입사해 르망 24시간 레이스나 세계 스포츠 프로토타입 선수권 등에 참가하는 그룹C 카용 엔진을 만들었다. 전 도카이대학 공학부 교수.

진동과 맞서는 메커니즘

엔진 진동의 불쾌한 부분을 조금이라도 없애기 위한 연구는
어떤 의미에서 영원한 과제이기도 하다.
진동의 저감은 「체감」상 효과뿐만 아니라 운전성능에도 큰 효과를 가져온다.

본문 : 마키노 시게오   그림 : BMW / 시트로엥 / GM / 마쯔다 / 볼보카즈 / 마키노 시게오

CHAPTER
4

엔진 블록

지금은 디젤 엔진도 알루미늄 블록으로 바뀌었다. 승용차로만 한정하자면 주철 블록은 소수파로 밀렸다. 우측의 V6 엔진은 미국 GM에서 만든 것으로, 가장 수요가 많은 V6 가운데 하나이다. 연소를 통해 발생한 에너지를 피스톤의 직선운동이 받은 다음 그것을 회전운동으로 바꾸는 것이 왕복 엔진이므로, 그 기능을 전부 소화하는 엔진 블록이야말로 중요한 요소이다. 정밀도 편차를 최소화하고 가격을 낮추는 동시에 설계한 대로 엔진 블록을 양산한다. 결코 간단한 일이 아니다.

위 사진은 흔히 말하는 「허리 위」부분의 블록으로, 크랭크축의 축 중심에서 위아래로 분리되는 구조이다. 좌측이 아랫면이고 우측이 윗면. 다음 페이지는 실린더 헤드로서, 좌측이 캠 샤프트를 탑재하는 면이고, 우측이 연소실 쪽이다. 이것도 같은 블록의 각도 차이이다. 정통적이고 익숙한 설계임을 느끼게 한다.

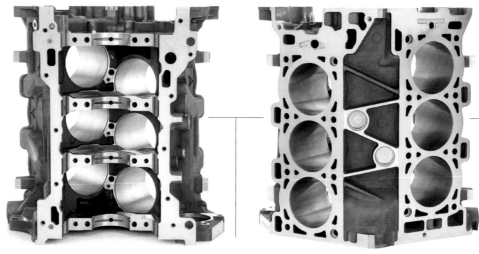

정적 강성과 동적 강성

계속 정적으로
작용하는 힘

(정적 변형)

주기적으로 바뀌는 힘

(동적 변형)

엔진 블록은 항상 이런 변형 요인에 노출된다. 블록이 변형되면 크랭크축 회전에 영향을 미친다. 실린더 내경이 변형되면 동작 가스 누설이나 피스톤의 스커프(Scuff) 등이 발생한다. 그래서 블록은 튼튼한 것이 좋다. 반면에 엔진 무게는 가벼워야 최선이다. 여러 요소가 공존하는 부품이다.

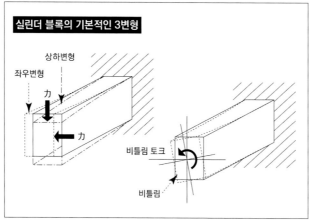

실린더 블록의 기본적인 3변형

상하변형

좌우변형

力

力

비틀림 토크

비틀림

엔진에 허용된 주어진 공간 안에, 그 자동차에 가장 적합한 성능과 가격의 엔진을 얹는다. 자동차 회사가 상품으로서 자동차를 만들 때 이것은 철칙이다. 엔진룸 용적은 점점 작아지면서 다른 기능에 할당되고 연비(CO_2) 규제 때문에 배기량은 줄어들고 있지만, 고객이 원하는 동력성능은 확보해야 한다. 엔진 기통수는 이런 여러 가지 요소를 고려해 결정한다. 거기에는 어쩔 수 없는 선택과 그 이상은 더 어쩔 수 없는 영역이 존재한다.

예를 들면, 왜 일본의 경자동차는 2기통을 선택하지 않을까. 「진동을 제거할 수 없기」 때문일까. 그렇지 않으면 3기통 생산에 투입한 설비투자를 아직 다 회수하지 못해서일까. 다른 경쟁사가 움직여야 경영진의 생각이 바뀔지는 모르겠지만, 어딘가가 솔선해서 움직이

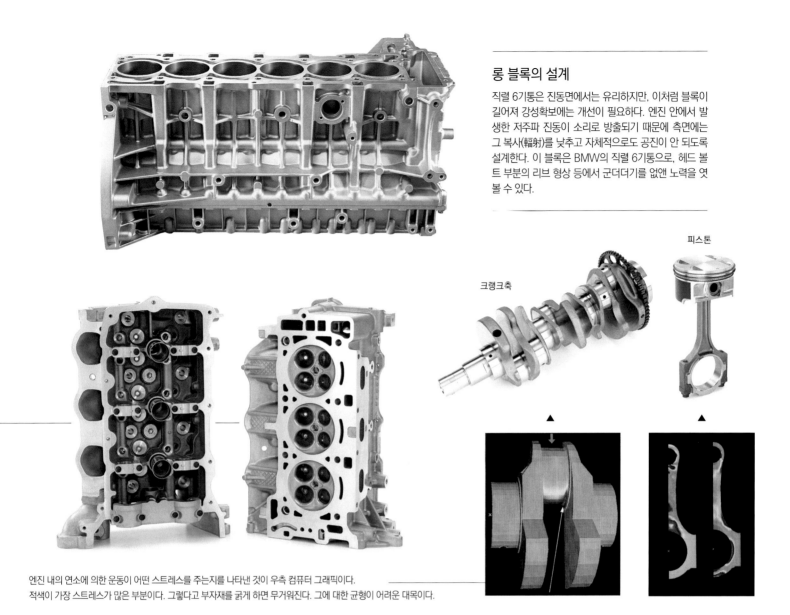

롱 블록의 설계

직렬 6기통은 진동면에서는 유리하지만, 이처럼 블록이 길어져 강성확보에는 개선이 필요하다. 엔진 안에서 발생한 저주파 진동이 소리로 방출되기 때문에 측면에는 그 복사(輻射)를 낮추고 자체적으로도 공진이 안 되도록 설계한다. 이 블록은 BMW의 직렬 6기통으로, 헤드 볼트 부분의 리브 형상 등에서 군더더기를 없앤 노력을 엿볼 수 있다.

크랭크축

피스톤

엔진 내의 연소에 의한 운동이 어떤 스트레스를 주는지를 나타낸 것이 우측 컴퓨터 그래픽이다.
적색이 가장 스트레스가 많은 부분이다. 그렇다고 부자재를 굵게 하면 무거워진다. 그에 대한 균형이 어려운 대목이다.

지 않으면 아무 일도 시작되지 않는다. 「2기통에는 그다지 장점이 없다」는 목소리도 있다. 경영진은 「시장에서 거부되면 회사의 존속까지 좌우될 것」이라고도 한다. 2기통을 둘러싼 시장은 교착상태이다. 망설이는 사이에 피아트는 내경 80.5mm의 2기통 트윈에어를 내놓았다.

냉각손실에 한정해서 말하자면, 내경 65mm 전후인 현재의 3기통 600cc보다 70mm대 내경을 사용할 수 있는 2기통 쪽이 절대적으로 유리하다. 과감히 내경과 행정의 관계를 재검토할 의사가 있다면 2기통은 기회가 될 수 있다. 한 가지 문제는 세제도 얽혀 있는 경자동차라는 규격의 향방이다. 혜택이 많은 현재 상태는 유지하고 싶으므로 무턱대고 행동하기가 쉽지 않다는 점이다. 이것도 2기통으로 전환하기 어려운 이유로 여겨진다.

한편, 다기통화의 정점인 12기통은 중국이 국산화하고 있다. 인민일보에 「국산 V12, 점화에 성공」이라는 기사가 실린 것은 2008년 2월 24일이었다. 이 시판용 제품을 얹은 「홍기 L5」가 11년에 양산되기 시작해, 예전에 있었던 「항일전 승리 70주년 기념식」에서는 시진핑 국가주석이 특별사양의 L5를 타고 열병식에 나서기도 했다. CA12GV라고 하는 형식의 중국 제일자동차(第一汽車) 제품의 V12는 설계에 어디가 관여했느냐는 별개로 국내 설계이다. 또 인도의 민족계 자동차 회사도 직접 만든 V12를 가질 때가 다가올 것이다.

그런 한편으로 자동차 보급 선진지역인 유럽에서는 과급 다운사이징 파도가 확산 중이다. EU(유럽연합)의 자동차 CO_2 배출규제는 강화 일변도에다가, CAFE(기업별 배출 평균) 규제로 인해 엔진 배기량 감축은 필수이다. 미국도 CAFE 규제는 엄격해지고 있지만 그렇다고 대배기량차에 대한 경계감은 없다. 과급 다운사이징 차보다 V6를 탑재한 차량이 더 많이 팔리기도 한다. 일본은 세계적으로도 드문 모드연비 지상주의의 시장으로서, 특산품은 하이브리드 자동차. 하지만 소배기량으로 가는 흐름이 유럽만큼은 아니다.

이번 특집의 마지막으로 엔진 진동 저감 기술을 살펴보았다. 거기에는 다양한 연구가 있고, 난제에 도전할 수 있는 기업적 토양이나 기술도 갖춰져 있다는 사실을 말해두고 싶다. 엔진 진동 분야에서도 몇 가지 불가능했던 것이 극복이 가능해진 것이다.

□ 엔진 마운트

엔진 내부에서는 피스톤이 위아래로 움직이면서 크랭크 축을 회전시킨다. 이 운동 에너지는 상당히 큰 편이어서, 예를 들면 엔진 가로배치 FF에서 가속 페달을 밟으면 엔진이 앞으로 4~5cm는 쉽게 움직인다. 이 움직임을 엔진 마운트로 잡아줌으로써 진동을 줄이는 동시에, 차량 움직임에 엔진의「흔들림」이 악영향을 끼치지 않도록 하고 있다. 우측 일러스트는 가로배치 FF용 엔진 마운트의 정석인 펜듈럼(진자) 방식 마운트이다. 엔진 좌우를 상부에서 잡아주고, 하부의 암(적색 부품)으로 앞뒤 요동을 억제하는 방식이다. 변속기와 엔진 블록이 일직선으로 위치하기 때문에 좌우의 위쪽 마운트는 형상과 높이가 다르다. 엔진 마운트가 어떻게 완성되느냐에 따라 탑승자가 체감하는 진동·소음은 상당히 차이가 난다.

왼쪽 사진 3장은 볼보 XC60의 펜듈럼 마운트. 완강하고 튼튼한 마운트와 토크 로드로 위쪽을 잡아주고, 아래쪽도 두 군데에서 지지한다. 고무 자체가 매우 부드러운 것을 보면 스프링 정수를 높이지 않겠다는 의도를 엿볼 수 있다. 그만큼 기계 부분을 튼튼하게 만들어 엔진을「흔들면서 요동궤적을 제어하는」방법이다. 운전 감각에도 좋은 영향을 미친다.

매스 댐퍼 □

마찰 댐퍼는 속도의존형, 매스 댐퍼는 질량의존형이다. 크랭크 축의 회전진동에는 크랭크의 설계 자체나 소재, 제조방법, 피스톤과의 관계(핀·옵셋), 커넥팅 로드 행정 비율 등 다양한 요건이 얽혀 있다. 각각의 요건마다 대책을 세우지만, 질량을 약간만 치우치게 하거나 질량 균형을 바꾸는 식으로 진동에서 벗어나는 방법도 있다. 왼쪽은 마쯔다의 MZR 엔진으로, 현재도 포드가 이 설계를 사용한다. 원래 2.5ℓ 까지 예상하고 설계한 블록이 있는데, 차단하지 못하는 진동을 매스 댐퍼로 소화하는 사례이다.

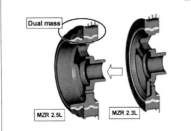

크랭크 풀리에는 2개의 매스를 겹치게 해서 장착한다. 이를 통해 엔진 회전속도 2000~5000rpm이라는 넓은 범위에서 크랭크 계통의 진동을 억제한다. 2.5ℓ 를 만드는 데는 필수였다.

기통수가 줄어서 엔진 진동이 증가한다. 그러나 진동을 차단하지 못한다. 그 때문에 변속기에도 진동대책이 요구된다. 이 아이신 AW제품의 AT는 토크 컨버터 앞에 클러치 댐퍼를 장착하고 있다. 순수한 매스 댐퍼는 아니지만, 최근에는 이런 스프링을 이중으로 장착하는 것도 있다.

□ 밸런서 샤프트(balancer shaft)

엔진 진동을 억제하는 수단으로 오래전부터 사용해왔던 방법이 밸런서 샤프트이다. 1차진동은 크랭크 축 회전속도와 같은 주파수이지만 2차는 그 2배, 4차부터는 다시 2배… 이런 식으로 고차 진동으로 올라갈수록 주파수가 높아진다. 하지만 에너지양은 작아진다. 소리·진동으로써 가장 영향이 큰 1차진동은 엔진의 기계적 설계 자체에서 유래하는 것이 많아서, 이것을 제거하기 위해 크랭크 축과 등속으로 회전하는 「추」가 등장했다. 밸런서 샤프트의 기본개념은 20세기 초에 영국인 프레드릭 란체스터에 의해 확립되었지만, 자동차에서 그 효과를 실용화한 사례는 1974년의 미쓰비시 자동차 이후이다. 샤프트 개수, 길이, 무게의 균형, 에너지 절약 실린더화라는 파도가 이 기술을 다시 조명하고 있다.

위 사진은 1.9ℓ 직렬 4기통(M43형) 엔진에 장착된 밸런서 샤프트. 회전력은 2/3번 실린더 사이에 있는 기어에서 크랭크축으로부터 받는다. 왼쪽은 도요타 V6용으로, 이것도 장착 위치는 BMW와 비슷하다. 2개의 축은 서로 반대 방향으로 회전한다.

르노, PSA, 볼보가 공동으로 개발한 90° 뱅크의 V6는 각 회사가 다양하게 발전시켰지만, 시트로엥은 이것을 6S로화한 상태에서 한쪽 뱅크의 캠 샤프트 위치에 밸런서 샤프트를 집어넣었다. 매우 독특한 설계이다.

오른쪽 그림은 2개의 밸런서를 높이에 차이를 두고 배치한 미쓰비시의 사일런트 샤프트. 이 특허는 크라이슬러, 포르쉐, 볼보 등이 사용권을 얻어서 사용했다. 위 그림은 볼보의 2.3ℓ 직렬 4기통(B234F)에서 사용한 사례. 완전 똑같은 구조이다.

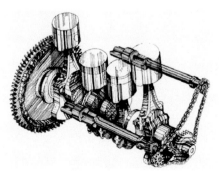

도요타의 최신 디젤 엔진 「GD형」은 터프한 픽업부터 SUV까지 다양한 모델에 탑재되기 때문에 많은 변형 모델이 설정되어 있다. 이 사진은 밸런서 샤프트를 오일팬 안에 장착한 「랜드크루저 브랜드」용이다.

승차감은 과학이다

NVH series 2

승차감. 매우 애매한 개념이다. 저속 영역에서 달리는 일이 많은 사람,
발진 정지 빈도가 높은 사람, 고속 영역의 안정성을 요구하는 사람
많은 수의 승차를 존중하는 사람, 결코 충격을 주어서는 안 되는 운전을 의무화하고 있는 사람—
드라이버, 승객 각각의 입장에서 필요하고 이상적인 승차감은 다르다
천차만별 요구 속에서, 그렇다면 엔지니어는 목표를 어떻게 정해 자동차를 만들고 있을까.
평균을 노리는 최대 공약수인가, 핀 포인트의 스위트 스폿인가. 승차감을 키워드로 최신 개발 사례를 소개하겠다.

INTRODUCTION

승차감은 모든 진동의 조합이다.

승차감을 흔히 NVH=Noise, Vibration, Harshness라는 말로 표현한다.
그러나 바꿔서 말하면, NVH는 각각이 하나의 「진동」이며, 승차감은 다양한 종류의 진동이 조합된 것이라고 볼 수 있다.
자동차를 운전할 때나 동승했을 때, 사람이 느끼는 진동이란 어떤 것일까.

본문 : 마키노 시게오

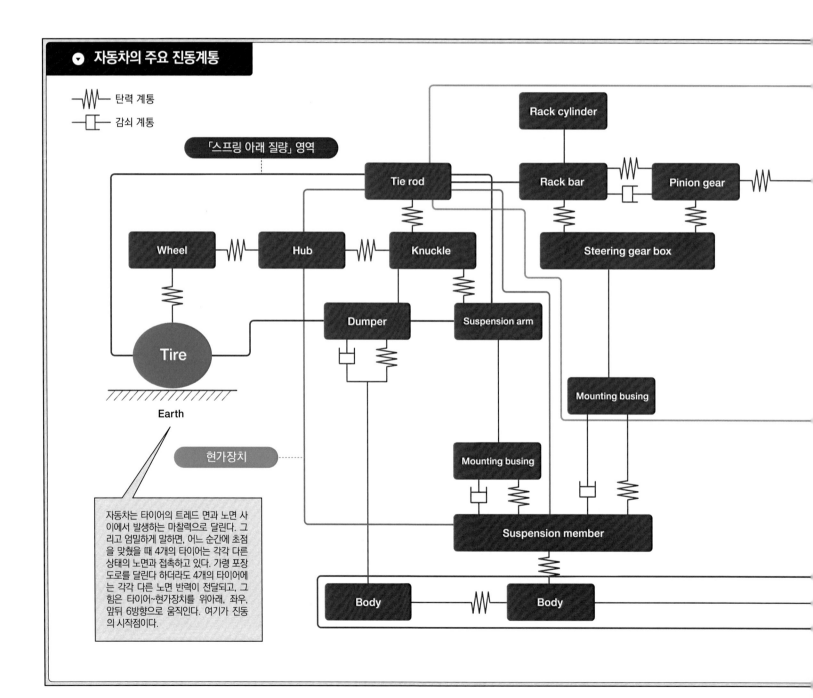

자동차의 주요 진동계통

⎍⋀⋀⋀⎍ 탄력 계통
⎍⊓⊔⎍ 감쇠 계통

「스프링 아래 질량」 영역

Rack cylinder

Tie rod

Rack bar

Pinion gear

Wheel

Hub

Knuckle

Steering gear box

Dumper

Suspension arm

Tire

Earth

Mounting busing

현가장치

Mounting busing

자동차는 타이어의 트레드 면과 노면 사이에서 발생하는 마찰력으로 달린다. 그리고 엄밀하게 말하면, 어느 순간에 초점을 맞췄을 때 4개의 타이어는 각각 다른 상태의 노면과 접촉하고 있다. 가령 포장 도로를 달린다 하더라도 4개의 타이어에는 각각 다른 노면 반력이 전달되고, 그 힘은 타이어~현가장치를 위아래, 좌우, 앞뒤 6방향으로 움직인다. 여기가 진동의 시작점이다.

Suspension member

Body

Body

노면과 접촉하는 타이어에서 운전자·탑승객까지는 모두 탄력·감쇠(댐핑) 체계로 연결되어 있다. 자동차의 승차감을 거론할 때는 이 사실이 가장 우선시되어야 한다. 모든 탄력·감쇠 체계가 서로 보완하고 협력하면서 승차감을 연출하기 때문이다. 그래서 어떤 부분도 소홀히 할 수 없다.

승차감은 「딱딱하다」「부드럽다」라거나 「묵직하다」「가볍다」는 식으로, 받아들이는 사람에 따라 개인 차이가 있는 표현만으로는 정리되지 않는다. 노면에서 타이어가 받는 진동이나 엔진 진동이 어떻게 차체로 전달되는지. 어

떤 경로를 통해 귀에 들리는 불쾌한 소리가 되는지. 시트와 접촉하고 있는 탑승객이 최종적으로 어떤 진동을 느끼는지. 자동차를 구성하는 다양한 탄력·감쇠 체계 속에서 진동이 어떻게 억제되고 또는 왜 증폭되며, 그 결과로 인간이 어떻게 느끼는지. 이런 여러 현상에 눈을 돌릴 필요가 있다. 이때 세세한 것에만 집착해서도 안 되지만 그렇다고 세세한 점을 무시하지 않고 자동차로서의 균형을 더 높은 차원으로 높여가기 위한 시행착오가 필수이다. 댐퍼(쇽 업소버)만이 승차감에 직결된 것도 아니고, 서스펜션 설계만이 승차감을 결정하는 기계적 요소

도 아니다. 승차감은 자동차 전체에서 연출되는 느낌이다. 동시에 승차감은 타는 사람의 경험치나 기호, 몸 상태와 심리상태에 따라서도 좌우된다. 그래서 어렵다. 만인에게 공통되는 「좋은 승차감」의 기준은 아마 존재하지 않을 것이다. 하지만 불특정 다수인 남녀노소가 조종하는 이동수단으로서 일반적인 시판 차량이 갖추어야 하는, 주행 안전을 위협하지 않는 「승차감」의 기본 규칙은 존재할 것이다. 깊이가 있는 주제인 만큼 한 가지라도 더 많은 시점에서 고찰해볼 계획이다.

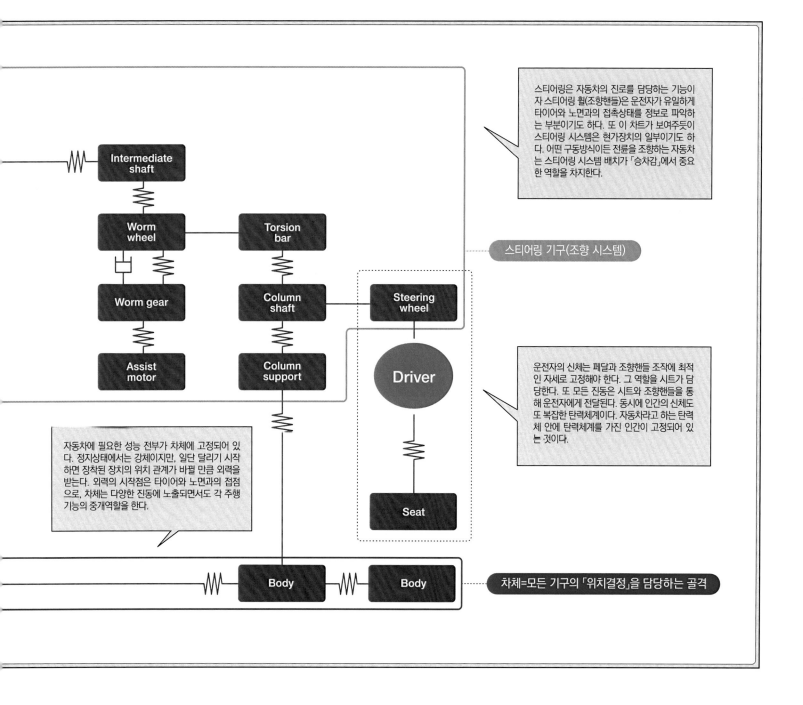

스티어링은 자동차의 진로를 담당하는 기능이자 스티어링 휠(조향핸들)은 운전자가 유일하게 타이어와 노면과의 접촉상태를 정보로 파악하는 부분이기도 하다. 또 이 차트가 보여주듯이 스티어링 시스템은 현가장치의 일부이기도 하다. 어떤 구동방식이든 전륜을 조향하는 자동차는 스티어링 시스템 배치가 「승차감」에서 중요한 역할을 차지한다.

스티어링 기구(조향 시스템)

운전자의 신체는 페달과 조향핸들 조작에 최적인 자세로 고정해야 한다. 그 역할을 시트가 담당한다. 또 모든 진동은 시트와 조향핸들을 통해 운전자에게 전달된다. 동시에 인간의 신체도 또 복잡한 탄력체계이다. 자동차라고 하는 탄력체 안에 탄력체계를 가진 인간이 고정되어 있는 것이다.

자동차에 필요한 성능 전부가 차체에 고정되어 있다. 정지상태에서는 강체이지만, 일단 달리기 시작하면 장착된 장치의 위치 관계가 바뀔 만큼 외력을 받는다. 외력의 시작점은 타이어와 노면과의 접점으로, 차체는 다양한 진동에 노출되면서도 각 주행 기능의 중개역할을 한다.

차체=모든 기구의 「위치결정」을 담당하는 골격

CHAPTER

1

[Spring system for passenger]

탑승객의 몸을 받쳐주는 탄력 체계

시트가 바뀌면 모든 것이 바뀐다.

쾌적한 시트란 단순히 「부드럽다」「가볍다」「조절기능이 많다」고만 해서 다가 아니다.
차체가 주행 중에 전후·상하·좌우로 움직이는 와중에 인체와 접촉하는 최종 탄력계로서의 중요한 역할을 맡고 있다.

본문 : 마키노 시게오 사진 : 마쓰다 / 르노 / 마키노 시게오
특별감사 : 고고하라 지로 박사

🔴 구니마사 히사오의 관찰

구니마사씨의 분석능력은 다양한 현상을 주범·공범·무관계와 같은 식으로 순식간에 분석한다. "지금 달리고 있는 길에서 타이어와 노면 사이에 이런 일이 일어나고 있고, 그 영향으로 자동차가 이렇게 된다"는 식이다. 2회 미분한 것 같은 데이터가 순식간에 나온다. 그래서 전 세계의 수많은 자동차 시트를 체험하고는 그것을 「공중에 매달린 느낌」이라는 기준으로 몇 단계로 분류할 수 있다. 그렇다고 감각으로만 분석하는 것은 아니다. 댐퍼와 시트의 공통사항을 알고 있어야 가능한 분류이다.

구니마사씨와 시승을 함께 하면 마지막에 반드시 물어보는 감상이 있다. 「이동 거리가 짧게 느껴졌는지 어떤지」이다. 300km를 달렸는데도 100km 정도밖에 안 달린 느낌의 자동차는 피로감이 적든가 전혀 피곤함을 느끼지 않는다. 좋은 자동차이다. 반대로 100km밖에 달리지 않았는데 상당히 장거리를 달린 것처럼 피곤함을 주는 자동차도 있다. 「두 번 다시 타고 싶지 않다」고 느끼는 것은 그런 자동차이다.

피로 정도라고 해도 될 것이다. "쾅"하고 정수리를 때리는 듯한 충격을 받은 횟수. 갑자기 차체가 흔들려서 불쾌하게 느껴진 횟수. 직진할 때 미세한 조향 수정이 생각대로 안 되어 당황한 횟수. 시트나 바닥, 루프 등이 부르르 떠는 진동이나 실내의 웅웅 거리는 소리가 거슬렸던 횟수. 이들 합계가 적은 자동차는 육체적으로

나 정신적으로도 피로감이 적다. 예전에 구니마사씨가 「이 차 괜찮네!」하고 평가했던 차는 극히 평범한 FF 세단이었거나, 후륜이 강체 현가장치인 미국 차 또는 경트럭 등 형식은 다양했지만, 공통적이었던 것은 이동거리·운전시간이 「짧게 느껴졌다」는 점이다.

왜 피곤한 자동차와 피곤하지 않는 자동차가 있는 것일까. 그 분기점은 어디인가. 구니마사씨는 시트 영향이 크다고 지적한다.

다음 페이지의 그림은 앞 페이지에 게재한 「자동차의 탄력·감쇠 체계」의 실체만 정리한 것이다. 이 그림을 보면서 구니마사씨와 시트에 대해 의견을 나누었다.

「가령 이 그림의 자동차의 앞축 하중이 800kg이었다고 가정해 보죠. 앞바퀴 한쪽만 도로의 홈에 빠졌을 때 400kg분의 질량이 아

주 짧은 시간에 댐퍼의 피스톤을 움직이게 됩니다. 더구나 속도가 빠르면 400kg으로 끝나지 않습니다. 발밑에서 400k이나 되는 질량이 위아래로 움직인다고 생각하면 상당한 일이죠」

구니마사씨는 현가장치 튜닝에서는 달인의 영역에 도달한 분이다. 많은 모델을 다뤄왔다. 세팅 포인트 가운데 한 가지가 앞서 언급한 「피곤하지 않은 자동차」라고 한다. 그러기 위해서 중요한 것은 「무엇보다 차체」라고 한다.

「자동차의 차체는 강체가 아니라 작은 탄력·감쇠 체계의 집합체라서 『굽히고』『비틀리는』 힘을 항상 받습니다. 바퀴 한 개만 노면의 돌출물 위를 지나갈 때는 쏙하고 휘죠. 그 요동으로 부르르 하고 떨리고 비틀리면서 되돌아옵니다. 되돌아올 때 댐퍼를 심하게 흔들죠. 차체 강성이 낮으면 이 『되돌리는』 요동이 커져서 댐퍼가

노면에서 운전자까지의 탄력 체계 이미지

앞 페이지의 탄력·감쇠 체계 차트를 합쳐서 보는 것이 좋다.
자동차는 탑승객까지 포함해 모든 것이 진동계이다. 이 그림은 르노가 초대 클레오스를 개발했을 때의 것이다.
과연 프랑스답다고나 할까.

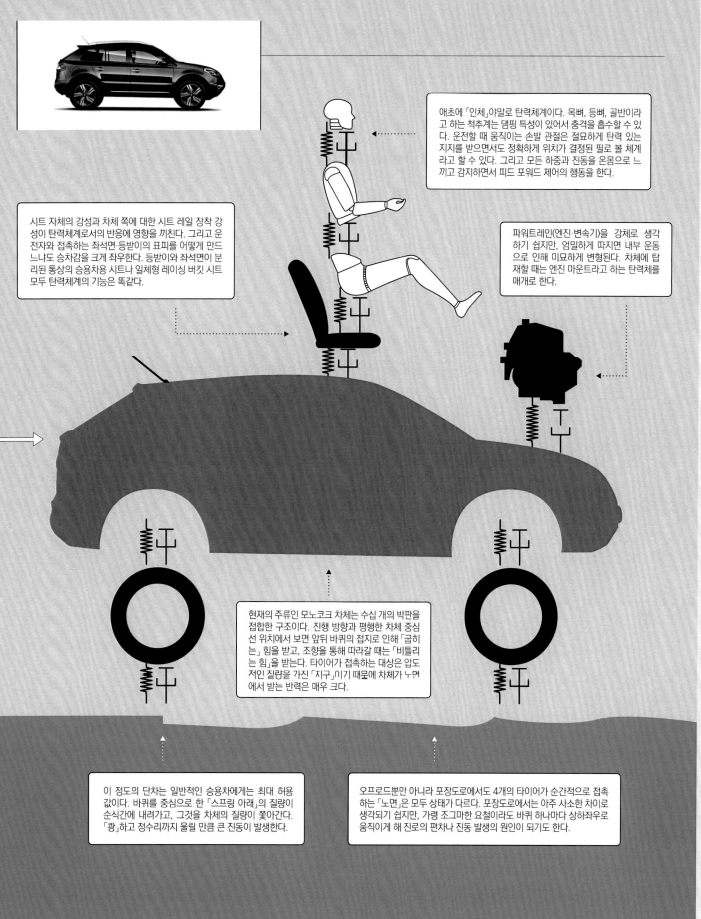

애초에 「인체」야말로 탄력체계이다. 목뼈, 등뼈, 골반이라고 하는 척추계는 댐핑 특성이 있어서 충격을 흡수할 수 있다. 운전할 때 움직이는 손발 관절은 절묘하게 탄력 있는 지지를 받으면서도 정확하게 위치가 결정된 필로 볼 체계라고 할 수 있다. 그리고 모든 하중과 진동을 온몸으로 느끼고 감지하면서 피드 포워드 제어의 행동을 한다.

시트 자체의 강성과 차체 쪽에 대한 시트 레일 장착 강성이 탄력체계로서의 반응에 영향을 끼친다. 그리고 운전자와 접촉하는 좌석면·등받이의 표피를 어떻게 만드느냐도 승차감을 크게 좌우한다. 등받이와 좌석면이 분리된 통상의 승용차용 시트나 일체형 레이싱 버킷 시트 모두 탄력체계의 기능은 똑같다.

파워트레인(엔진·변속기)을 강체로 생각하기 쉽지만, 엄밀하게 따지면 내부 운동으로 인해 미묘하게 변형된다. 차체에 탑재할 때는 엔진 마운트라고 하는 탄력체를 매개로 한다.

현재의 주류인 모노코크 차체는 수십 개의 박판을 접합한 구조이다. 진행 방향과 평행한 차체 중심선 위치에서 보면 앞뒤 바퀴의 접지로 인해 「굽히는」 힘을 받고, 조향을 통해 따라갈 때는 「비틀리는 힘」을 받는다. 타이어가 접촉하는 대상은 압도적인 질량을 가진 「지구」이기 때문에 차체가 누면에서 받는 반력은 매우 크다.

이 정도의 단차는 일반적인 승용차에게는 최대 허용값이다. 바퀴를 중심으로 한 「스프링 아래」의 질량이 순식간에 내려가고, 그것을 차체의 질량이 쫓아간다. 「쾅」하고 정수리까지 울릴 만큼 큰 진동이 발생한다.

오프로드뿐만 아니라 포장도로에서도 4개의 타이어가 순간적으로 접촉하는 「노면」은 모두 상태가 다르다. 포장도로에서는 아주 사소한 차이로 생각되기 쉽지만, 가령 조그마한 요철이라도 바퀴 하나마다 상하좌우로 움직이게 해 진로의 편차나 진동 발생의 원인이 되기도 한다.

딱딱하게 느껴지는 겁니다」

구니마사씨와의 시승 경로에는 도로에 최대 15cm 정도, 길이 약 70cm의 구멍이 파인 곳이 있다. 시속 40km로 통과하면 정수리까지 울릴 만큼 「쾅!」하고 진동이 나는 차가 있다. 진동 후에 여진이 더 따라오는 자동차도 있다. 반면에 한 번만 「쿵」하고 흔들린 다음에는 바로 평소대로 돌아오는 차도 있다.

「바퀴 한쪽이 순식간에 구멍에 떨어지면 댐퍼와 스프링은 바로 늘어나죠. 그러면 늘어난 댐퍼가 깔끔하게 구멍의 충격을 흡수하고 바로 원래대로 돌아옵니다. 차체는 그 댐퍼의 작동을 온전히 받아주고요. 그런 자동차는 대체로 어떤 도로를 달리더라도 승차감에 대해서는 불만을 갖지 않게 되는 겁니다」

확실히 그럴 것 같다.

「구멍에 떨어지는 건 바퀴 한 개지만, 그 영향은 나머지 바퀴까지 미칩니다. 나머지 바퀴의 하중이 바뀌는 것이죠. 하지만 차체가 단단히 잡아주면 바퀴가 움직이는 정도로 끝납니다. 바꿔 말하면 댐퍼가 똑바로 늘어났다 줄어들 수 있는 현가장치와 차체면 된다는 것이죠」

그럼 시트는? 차체 다음으로 아니, 차체만큼 중요한 부품이 시트가 아닐까? 탑승객은 모두 시트를 매개로 자동차와 그 건너에 있는 노면과 접촉한다.

「물론이죠!」

구니마사씨에게 이상적인 시트란?

「한마디로 표현하면 반발력입니다. 스트로크 감이라고 해도 되죠. 댐퍼와 마찬가지입니다」

「시트 좌석면과 등받이 강도는 자동차 회사마다 규정이 있습니다. 아마도 그 이유는 탑승객이 항상 충격에 수동적인 입장이기 때문이라고 생각합니다」

시트 완성도가 좋으면 댐퍼 세팅도 하기가 쉽고, 댐퍼 내부의 밸브나 오일 차이도 잘 알 수 있다고 구니마사씨는 말한다.

「개인적으로 좋은 시트의 기준으로 보는 점은 공중에 매달린 느낌이라고 할까요. 시트에 앉아 체중 때문에 좌석면이 눌려도, 또다시 체중을 가하면 더 눌릴 수 있어야 하죠. 동시에 신체를 위로 들어 올리는 반발력도 갖고 있어야 합니다. 몸이 시트 쿠션의 중간 위치에 떠 있는 정도의 느낌, 그래서 매달리는 느낌이라 하는 겁니다」

이해가 된다. 댐퍼의 중간 위치와 똑같다.

르노 메간 신형의 앞좌석 모습. 등받이와 좌석면에 들어가 있는 바늘 땀은 인체의 근육 움직임을 방해하지 않는다. 치수는 넉넉하다. 무작정 옆구리와 허벅지 쪽을 조이는 듯한 불쾌감도 없다. 일본 차 시트는 아직도 개량할 여지가 있다고 느껴진다.

↓ 시트의 면압과 홀드성의 관계

마쓰다가 연구했던 시트 좌석면의 면압(面壓) 분포와 차량 움직임의 관계. 코너링할 때나 제동할 때 면압 변화가 적은 시트를 연구하고 있다. 인상적인 것은 한 유럽 시트 메이커에서 들은 「좋은 시트를 시험 제작했으면 데이터는 나중에 파악하면 된다」는 말이다. 데이터가 중요하기는 하지만 데이터에 손발을 묶여서는 역효과가 난다.

높음
체압
낮음

등받이
좌석면

척추 전체가 횡방향으로 이동
몸이 시트에서 떨어진다.
중심 이동이 크다.

RH 좋은 시트 LH   RH 나쁜 시트 LH

「그렇습니다. 노면에서 올라오는 충격을 받았을 때는 몸이 조금 뜨게 되죠. 하지만 시트와 몸의 밀착은 유지됩니다. 좌석면의 하중이 완전히 빠지는 것이 아니라 탑승객의 체중은 받는 겁니다. 반대로 노면의 구멍에 자동차가 빠질 때는 지금 수축하는 쿠션이 더 줄어들어 인체로 가는 충격을 흡수해 주죠. 그러나 절대로 바닥까지는 안 갑니다. 그런 시트가 공중에 매달린 시트인 것이죠」 *Sky hook이론

아주 흥미로운 표현이다. 구니마사씨가 이 결론에 도달할 수 있었던 것은 오랫동안 현가장치를 튜닝해 오면서 터득한 경험 때문이라고 한다.

「댐퍼를 튜닝하는 과정에서 『이 사양이면 딱 맞겠다』고 생각한 특성의 댐퍼가 전혀 맞지 않는다든가, 내가 그렸던 거동과 차이가 났던 경험이 종종 있었죠. 자세히 관찰해보면 내가 그렸던 움직임에는 가까웠지만, 자동차와의 매칭이나 타는 맛이 좋지 않은 겁니다. 왜일까 하고 많은 생각을 하게 되었죠」

구니마사씨는 시트 위에서 몸이 당겨지는 거동을 할 때, 댐퍼와 시트의 리듬이 전혀 맞지 않는다는 것을 깨닫는다. 댐퍼의 신장 쪽 감쇠를

낮춰도 시트가 민감해서 감쇠력이 남아돈다는 느낌을 지울 수 없다.

「그래서 댐퍼를 튜닝하면서 승차감을 결정할 때는 좌석면의 강도를 보게 되었죠. 시트와 신체 사이, 엉덩이 아래로 손을 넣어 보면 잘 알 수 있습니다. 자신의 체중을 받은 시트 좌석면이 어떻게 바뀌는지, 어떤 때 하중이 빠지는지, 현가장치 세팅에서는 시트와 댐퍼의 감쇠감을 매칭하는 것이 아주 중요하죠」

생각해 보면 시트는 댐퍼와 비슷한 감쇠 체계이다. 댐퍼나 차량 무게에 의해 초기 하중이 정

해지고 그 위치에서 신장·수축을 한다. 탑승객 체중을 받는 시트도 초기 하중 위치에서 정확히 위아래로 움직여야 한다. 구니마사씨가 그렇게 생각한 것이 납득이 간다.

「예를 들어 댐퍼의 신장 쪽이 강해서 시트에 앉아 있을 때 지면 방향으로 몸이 당겨가는 듯한 움직임이 나타나면, 순식간에 시트가 받는 하중은 제로가 됩니다. 노면이 어떤 상태라도 시트 위에서의 면 압력은 별로 바뀌지 않는 것이죠. 접촉면적이 약간 증가할 뿐. 그런 시트 같은 경우는 댐퍼 세팅도 잘 됩니다. 이상하죠?」

구니마사씨가 말하고 싶은 점은 「0」이나 「1」만 나오는 시트는 안 된다는 것이다. 예를 들면 착석해서 체중을 맡기면 0.5가 되어야 하고, 그리고나서 아래는 0.2, 위는 0.8 정도의 폭을 가지면서 자유롭게 이동하는 좌석면이어야 한다는 것이다. 「맞습니다. 비선형 비율을 가진 스프링인 셈이죠. 넓은 면적으로 탑승객의 체중을 받아내고 자동차 움직임에 따른 하중변동은 적지만, 또 탄력성은 있어야 합니다. 바닥에 닿아서도 안 되고요. 댐퍼입니다, 하는 일은」

그렇다면 레이싱 버킷 시트의 좋은 점은 어떻게 설명하면 좋을까?

「FRP라고 하는 딱딱한 수지 제품이기는 하지만 짧은 시간에 충격을 흡수하기 때문이죠. 쿠션은 없지만, 엉덩이 근육이 댐퍼 역할을 해주는 셈입니다. G 최고점이 크기는 하지만 감쇠도 잘 된다, 그런 느낌 아닐까요」

엉덩이로 느낀다고 하면 시트의 장착 강성도 그렇다. 시트 벨트가 단단히 잡아주지 않는 것처럼 느낄 때는 엉덩이가 뜨는 듯한 감촉 있다.

「시트가 단단히 차체에 묶여 있으면 시트는 차체와 같이 흔들립니다. 엉덩이에서 느끼는 것은 2Hz 정도의 저주파부터 20Hz 이상의 고주파까지 대역폭이 넓은 편입니다. 스프링 아래의 2Hz는 위 20Hz와 같다고 자주 말하는데, 그 10배의 차이를 탑승객은 시트를 매개로 느끼는 것이죠. 시트 자체에는 많은 진동이 없으므로, 만약 진동을 느낀다면 원인은 시트 장착이나 바닥입니다. 또 인간의 신체도 자동차 차체처럼 복잡한 탄력·감쇠 체계의 집합체입니다. 발톱부터 머리 꼭대기까지 하나로 되어 있는 것이 아니라는 말이죠. 인체 안에 탄력·감쇠 체계가 갖춰져 있어서 무의식적으로 적절하게 조정하고 있는 겁니다. 그래서 시트가 아무래도 불쾌하다고 생각된다면, 그 시트는 인간이 갖고 있는 자연스러운 리듬이 아니라는 것이죠」

부드러운 것이 가장 어렵다고 이야기되는 자동차 부품의 세계. 언뜻 강체로 차체도 사실은 탄력·감쇠 체계이다. 이 대목이 자동차의 깊이를 말해주는 것이 아닐까.

⊙ 「앉는 것」이 인체에 끼치는 부담

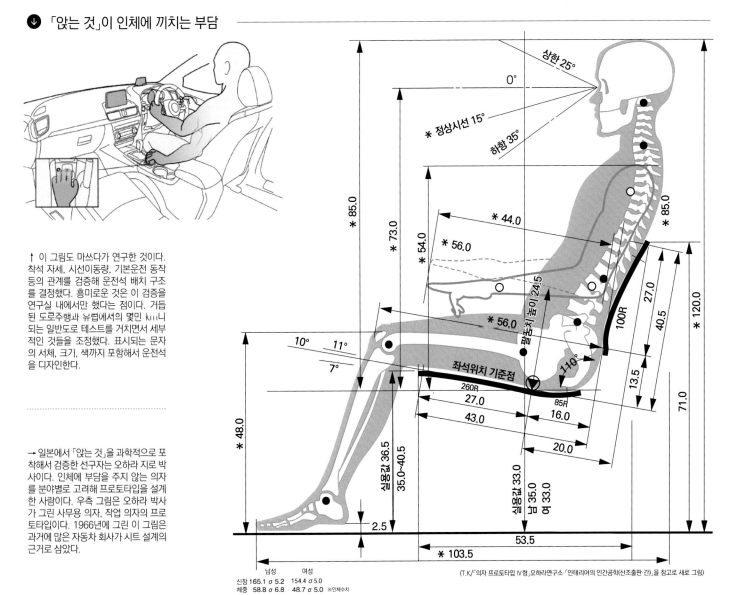

↑ 이 그림도 마쓰다가 연구한 것이다. 착석 자세, 시선이동량, 기본운전 동작 등의 관계를 검증해 운전석 배치 구조를 결정했다. 흥미로운 것은 이 검증을 연구실 내에서만 했다는 점이다. 거듭된 도로주행과 뉴렙에서의 몇밀 km니 되는 일반도로 테스트를 거치면서 세부적인 것들을 조정했다. 표시되는 문자의 서체, 크기, 색까지 포함해서 운전석을 디자인한다.

→ 일본에서 「앉는 것」을 과학적으로 포착해서 검증한 선구자는 오하라 지로 박사이다. 인체에 부담을 주지 않는 의자를 분야별로 고려해 프로토타입을 설계한 사람이다. 우측 그림은 오하라 박사가 그린 사무용 의자, 작업 의자의 프로토타입이다. 1966년에 그린 이 그림은 과거에 많은 자동차 회사가 시트 설계의 근거로 삼았다.

상한 25°
0°
* 정상시선 15°
하향 35°
* 85.0
* 73.0
* 54.0
* 44.0
* 56.0
* 85.0
팔굽치 높이 24.5
27.0
100R
40.5
* 120.0
* 56.0
13.5
110°
* 48.0
10° 11°
7°
좌석위치 기준점
260R
27.0
43.0
85R
16.0
20.0
71.0
좌용값 33.0
남 35.0
여 33.0
53.5
* 103.5
실용값 36.5
35.0~40.5
2.5

남성　　여성
신장 165.1 σ 5.2　154.4 σ 5.0
체중 58.8 σ 6.8　48.7 σ 5.0　※인체수치

(T.K)「의자 프로토타입 IV형」오하라연구소·「인테리어의 인간공학(산조출판·간)」을 참고로 새로 그림)

CHAPTER 2

차량기술과 쾌적성

실체 파악이 어려운 사상을 구현하기 위해

자동차라는 집합물을 최종적으로 최적화해 승차감을 결정하는 것은 자동차 회사의 업무이다.
엔지니어는 다양한 고기능 부품을 조합해 그것들의 장점을 살리면서도, 서로의 상태를 융합해 최대한의 효과를 끌어
내기 위해서 경험을 살리고 지혜를 짜낸다.
당연히 플랫폼부터 쇄신하는 것이 이상적이다. 그 일을 수행하면서 개발한 최신 사례를 쫓아가 보겠다.

인마(人馬) 일체란 무엇일까.

CASE 01 — 마쓰다 스카이액티브 섀시가 지향하는 것

엔진과 변속기로 구성되는 파워트레인에 머물지 않고 그것을 최대한으로 활용하기 위한 차체, 그리고 섀시까지 전체를 한꺼번에 쇄신한 마쓰다.
각각의 파트가 서로 보완하면서 최대의 성능을 발휘하도록 설계되어 있다. 하지만 마쓰다는 완성품을 완료품으로 보지 않는다.
시장에 투입하고 나서 시장과 사용자의 요구를 파악하고 개선해 나가기 위해서이다.

본문 : 미우라 유지(MFi) 사진&그림 : 마쓰다 / MFi

승차감. 이것이 뭐냐고 구체적으로 말하기는 어렵다. 예전 도요타 크라운이나 세드릭을 타 봤던 사람이라면 요즘 자동차는 SUV조차 딱딱하다고 느낄 것이고, 스프링을 낮춰 차고를 내린 실비아나 RX-7으로 산길이나 서킷을 다녀본 사람이라면 기성 자동차는 흔들거려서 재미가 없다고 느낄 것이다. 이렇게 말하는 편집부 스태프들조차 타보고 느끼는 승차감은 각인각색이다. 「조금 더 부드러운 편이…」「아니, 좀 더 딱딱해도 좋은데…」 등의 편집부 내부적인 실랑이는 일상다반사이다.

마쓰다 CX-3의 데뷔 직후 사양에 시승했을 때 SUV치고는 딱딱한 승차감이라고 느꼈다고, 인상 소감을 그대로 마쓰다 개발진에게 말했더니 「그 점을 노렸건 겁니다」라는 대답이 돌아왔다. 서로가 동의하는 것은 아니다. 우리는 더 부드러워야 한다고 생각하는 것이다. 그 때 약간 석연치 않은 생각이 들었는데, 그 후 그 CX-3가 마이너 체인지되고 나서 다시 시승했을 때는 상당히 놀라웠다. 지붕이 항상 흔들린다는 인상의 승차감이 거의 달라진 것이 아닌가. 전에 우리와 마쓰다 사이에서 엇갈렸던, 실

제 차량을 매개로 한 승차감에 대한 견해가 불과 반년 만에 일치하게 된 것이다. 그뿐만이 아니다. 역시나 아텐자의 마이너 체인지 모델에서도 승차감이 초기모델과 달리 상당히 개선되었다고 느꼈다. 메이커가 같은 자동차의 승차감을 개선했다는 것은 그들도 승차감의 정의에 대해 동요했다는 뜻이 아닌가. 하지만 제품화할 때는 확고한 지표나 방법론이 있을 것이라는 생각에, 우리는 「승차감」이라는 조금은 막연한 사상의 정체를 파악하기 위해 연휴 전 가랑비가 내리는 날에 히로시마로 향했다.

진동 제로는 이상이 아니다.

마쓰다 본사에서 우리의 취재에 응해준 분들은 6명의 정예 섀시 개발진. 각각 전문분야에서 승차감 향상을 위한 방법을 담당할 것으로 생각한 우리는, 기선을 제압하기 위해서 스카이액티브(SKYACTIV) 섀시의 슬로건인 「인마(人馬)일체」의 해석부터 물어보았다.

「『인마일체』에는 승차감도 포함되어 있습니다. 운전자는 자동차에서 전달되는 소리나 진동, 마찰 같은 정보를 느끼면서 다양한 판단을 통해 운전하게 되죠. 거기서 중요한 것은 필요한 정보는 정확하게 전달되어야 하지만, 불필요한 정보는 전달되지 않아야 한다는 겁니다. 정보 가운데 승차감에 직접 영향을 주는 것은 진동이겠지만, 진동을 모두 배제하게 되면 운전자는 아마도 무섭게 느껴져서 운전하지 못할지도 모릅니다. 그래서 불쾌한 진동만 선별해서 없애고 그렇지 않은 진동은 운전에 필요한 정보로 남겨두는 작업이, 쾌적하게 운전할 수 있는 자동차를 개발하는 과정에서 필요한 것이죠」

그럼 필요한 진동과 불필요한 진동을 판별하는 핵심은 어디에 있을까.

「인간에게는 진동을 감지하는 센서가 갖춰져 있는데, 한 군데만 있는 것이 아니라 내장이든 반고리관이든지 간에 몇 군데가 있어서 각각의 민감한 주파수대나 시간적인 내성(耐性)이 있는 것으로 알려져 있습니다. 먼저 그것을 파악하지 않으면 시작이 안 됩니다. 또 진동은 섀시뿐만 아니라 파워트레인에서도 발생하기 때문에 승차감을 향상하기 위해서는 전체를 조망하면서 개발해 나가지 않으면 안 됩니다. 거기에는 설계적 요소도 있고 실험적 요소도 포함됩니다. 차종별 개발팀뿐만 아니라 마쓰다 전체에서 정보를 정밀심사하고 공유할 필요가 있습니다」

자동차 운전의 생리학과 진동과의 관계에 대해서는 마쓰다뿐만 아니라 모든 자동차 회사나 철도회사 등도 연구하는 분야이므로 아주 특별한 것은 아니라고 한다. 하지만 그것을 개발에 관여하는 모든 사람이 공유한다는 것은 별로 들어본 적이 없다. 「인마일체」 개념은 외부뿐만 아니라 내부에까지 관통되고 있다는 사실을 새삼 알 수 있었다.

항상 최신 기술을 반영한다.

앞서 얘기한 CX-3의 개량 모델은 데뷔 이후 불과 1년 이내에 나왔다. 업계의 통상적인 마이너 체인지 시기보다 빠른 움직임이다. 이렇게까지 신속하게 개량한 데는 어떤 이유가 있을 것이다. 애초부터 스카이액티브 섀시는 마쓰다 차량 전체의 일괄 기획이어서 사전에 차종별 차체와 파워트레인, 서스펜션 같은 기본 요건은 정해져 있다. 따라서 외부에서 볼 때는 세세한 개량을 위한 손길이 효과를 발휘하기

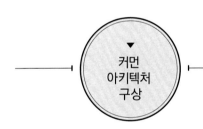

커먼 아키텍처 구상

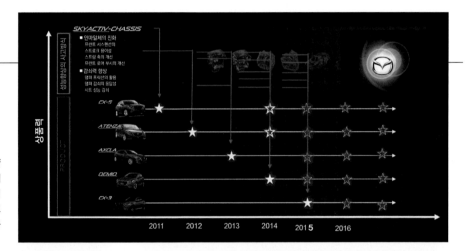

스카이액티브 섀시 개량의 변천

2011년 데뷔의 CX-5에서 시작된 마쓰다 차의 개발과정. 개량 시점에서 얻는 기술 노하우를 신형 차뿐만 아니라 기존 차종에도 적용하고 있다. 마이너 체인지라고 하는 일종의 기존노선이 아니라 「좋은 것은 바로 채택」하겠다는 방침이다. 개별 차종, 요소가 아니라 마쓰다 차 전체적으로 인식하고 있기 때문에 적용할 수 있는 방법이다.

운전자에 대한 정보제공의 취사선택

운전자는 시각 정보뿐만 아니라 소리나 진동을 통해서도 정보를 얻어 다음 동작으로 이행하기 위한 판단 자료로 삼는다. 하지만 그런 다양한 정보가 정리되지 않고 한꺼번에 전해지면 판단을 잘 못 내리는 원인이 되기도 한다. 중요한 것은 필요한 정보와 불필요한 정보를 구분해서 제공하는 것으로, 불쾌한 진동 등은 배제해야 한다.

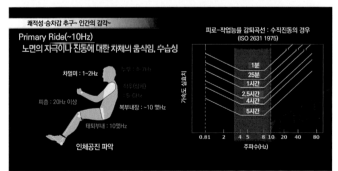

진동과 인간의 생리 관계

좌측은 승차감의 변수인 진동이 인간의 어떤 부위에서 느껴지는가를 주파수대별로 분류한 그림. 비교적 낮은 주파수가 다양한 부위에서 진동으로 감지되고 있다. 우측은 진동이 얼마만큼의 가속도와 시간이 걸리면 피로가 누적되는지를 나타낸 지표. 강한 충격에서는 인간은 1분도 버티지 못한다.

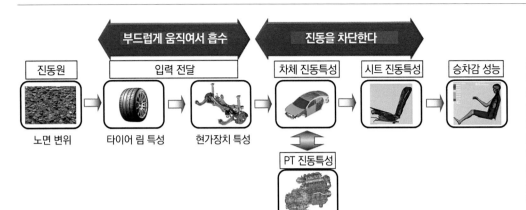

그림1   진동과 소음의 입력과 전달

부드럽게 움직여서 흡수   **진동을 차단한다**

진동원 → 입력 전달 → 차체 진동특성 → 시트 진동특성 → 승차감 성능

노면 변위   타이어 림 특성   현가장치 특성   PT 진동특성

진동의 발생 지점인 노면에서 최종도착 지점인 시트와 탑승객까지 진동이 어떻게 전달되고 어디서 차단되는지를 나타낸 흐름도. 타이어나 현가장치 같은 스프링 아래 부분은 부드럽게 움직이게 하고 그보다 상부에서는 차단하는 분별이 필요하다. 엔진이나 변속기도 진동원으로 인식하며, 소음 또한 진동 가운데 중요한 요소로 인식하고 있다는 것을 알 수 있다.

힘들 것으로 생각하기 쉽다.

「스카이액티브 섀시는 CX-5부터 시작해서 아텐자, 악셀라, 데미오로 진화해 왔죠. 그러는 동안에 사용자 의견이나 우리의 실차 테스트를 통해 승차감이라고 하는 관점만도 여러 가지 과제가 생겼습니다. 거기서 CX-5에서 발견한 해법을 아텐자에 적용하고, 아텐자 때의 방법을 악셀라에 이식하는 식으로, 당시 시점에서의 최적인 해법을 최신차종에 신속하게 반영하고 있습니다. 솔직히 말씀드리면 구형 차를 타시는 분들한테는 죄송한 부분도 있지만, 그렇다고 주저하지 않고 최신 기술을 제공하는 것이 옳다고 생각합니다」

구체적인 개선된 부분은 다음과 같다.

■ 아텐자가 등장했을 때 / 앞바퀴가 상하 진동하기 쉽도록 스프링을 개선

■ 악셀라가 등장했을 때 / 앞바퀴 로어 암 부시의 적정화·시트 개선

■ 아텐자 개량&CX-3가 등장했을 때 / 댐퍼의 감쇠특성 개선·로어 암 부시의 개선·앞바퀴 스트럿 하중의 중량 적정화

특히 승차감 측면에서 효과를 발휘한 것이 댐퍼의 개선이다. 아주 미묘한 움직임의 응답성을 높이기 위해 마찰 손실 영역은 줄여 피스톤 지름을 넓혔으며, 응답성을 올리기 위한 장치를 추가하는 등 다양한 방법이 동원되었다. 이것들은 「댐퍼의 감쇠력을 필요 이상으로 올리지 않는 것」으로 요약할 수 있다고 한다. 미묘한 스트로크로 감쇠력이 너무 높으면 움직임이 부드럽지 않아 버티는 느낌이나 거친 느낌을 받기 때문이다. 조정방식 댐퍼의 감쇠력을 높이면 승차감이 점점 딱딱해져서 종국에는 하체가 움직이지 않게 된다. 특히 신장 쪽을 높여주면 차이로 인해 하체가 수축된 상태가 되어서, 지면에 눌러 붙은 듯한 거동을 보인다. 이것은 극단적인 예이지만, 댐퍼의 감쇠력을 과도하게 높이면 노면에 대한 타이어의 추종성이 나빠져서 하체가 부드럽게 움직이지 않게 된다. 작금의 승용차가 20년 전보다 승차감이 딱딱하게 느껴지는 것은, 대개 스프링 정수에 대해 특히 피스톤 속도가 떨어지는 영역에서의 높은 감쇠력을 떠올려 볼 수 있다. CX-3는 그런 경향을 개선한 것으로서, 그야말로 마쓰다의 목적대로 효과가 나타났다고 느껴졌다.

탄력에서 시작되는 진동과 승차감의 미로

댐퍼 이야기가 계기가 되어 6명의 설명은 개념론에 이어 섀시에 대한 요소기술로 나아간다.

먼저 차량 자세의 기본을 담당하는 스프링에 대해서.

스프링은 차체에 장착했을 때(1G일 때) 바퀴와 차체 사이에 위치하면서 차체를 떠받치는 역할이 먼저 있다(120p~를 참조). 그런 다음 차체가 움직이기 시작하면 노면의 요철이나 관성에 따른 차체의 경사에 의해 위아래로 진동을 시작한다. 차량 개발과정에서 스프링 사양을 결정할 때는 가장 먼저 스프링의 고유진동수를 무차원화(운동에 따른 물리현상을 kg

타이어와 휠은 승차감을 직접 좌우한다. 그럴기는 해도 타이어가 모든 진동을 흡수하지는 못하기 때문에 서스펜션부터 위쪽으로 얼마나 부드럽게 진동의 각을 완화해서 전달하느냐가 관건이다. 타이어 지름이나 폭, 편평률뿐만 아니라 휠의 중량까지 적절히 균형 잡아야 한다.

차량개발본부 조종 안정성능 개발부
조종 안정성능 개발그룹
어시스턴트 매니저

도요시마 요시타다

아텐자, CX-5, 악셀라의 실험을 담당

프로의 눈

마쓰다가 생각하는 승차감은 「인마일체」로 집약됩니다.
승차감만 생각한다고 해서
좋은 승차감이 되지는 않습니다.

이나 m같은 단위에 의존하지 않는 변수로 바꾸는 것)해서 스프링 정수의 수치 폭, 그들이 말하는 「영역(zone)」을 결정한다. 폭이라는 마진을 두는 것은 롤 강성(정상 롤 비율일 때)으로 대표되는 조종 안정성을 위한 수치와 승차감을 만족시키기 위한 수치가 상반될 때가 있기 때문이다. 스카이액티브 섀시 이전에는 그런 폭을 찾아내기 위해 다양한 사양의 스프링을 시작(詩作)하고 장착하기를 반복했다. 하지만 현재는 종합적인 노하우가 축적되어서 차종이 다르더라도 어느 일정한 폭 안으로 예상대로 들어오게 되면서, 개발이 진행돼도 그다지 그 폭을 움직이지 않게 되었다고 한다.

「그렇게 해서 현가장치에 사용하는 『코일 스프링』의 사양이 결정되는 것이죠. 그런데 스프링이라고 하는 물체는 코일 스프링뿐만 아니라, 말하자면 차체 전체가 탄력체계로서의 스프링적 요소가 있습니다. 타이어부터 시트까지 말이죠. 특히 어려운 것이 고무의 탄력입니다」

드디어 화제가 핵심방향으로 향한 것 같다.

고무 부시의 공과 죄

고무 탄력체 특히 부시와 관련된 이야기로 들어가기 전에, 현가장치의 구조 전체를 살펴보겠다. 스프링이나 댐퍼 같은 부분은 명백하게 움직이는(진동하는) 것을 이해할 수 있지만, 현가장치의 골격이라고 할만한 암·링크는 금속제품이다. 금속은 고무와 비교하면 확실한 강체이기는 하지만 그만큼 진동원이기도 하다.

「서스펜션 암이나 링크로 사용되는 금속(스틸)은 강체진동이라고 하는, 상당히 주파수가 높은 고유진동수를 갖고 있습니다. 구체적으로는 몇 100Hz나 되는 영역이죠. 이 대역은 타이어에서 기인하는 도로 소음과 충돌하는 부분인데, 그냥 놔두면 공진을 하므로 어떤 조처가 필요합니다. 강으로 된 암 자체는 코일 스프링과 마찬가지여서 감쇠성능을 갖지 않습니다. 그래서 타이어 쪽이나 차체 쪽과의 연결 부위에 고무 부시를 사용해 감쇠시키는 것이죠. 현가 전체 덩어리에 부시를 게재시킴으로써 고유진동수는 몇 10Hz의 대역까지 떨어집니다. 이 정도의 대역은 완전히 승차감 평가의 대상이 되는 것이죠」

요약하자면 이렇게 된다. 현가장치의 금속 강체가 진동하는 주파수대는 진동 분류로 따지면 「소리」영역에 해당되어(110p~를 참조) 승차감 요소라고 할 수 없다. 그런데 그 고주파 진동을 NVH 전체의 문제로 파악해서 완화해 나가면 이것은 이제 승차감을 좌우하는 문제로 바뀐다는 것이다.

또 고무 부시는 조종 안정성과도 관련이 있다. 일반론적으로 부시는 부드럽게 하는 것이 승차감을 좋게 하는 방향이지만, 암 종류가 흐늘흐늘한 상태는 결코 조종 안정성 측면에서는 환영할 만한 일이 아니다. 승차감을 성능 요소로 간주하지 않는 레이싱 카 같은 경우는 부시를 금속 부시(필로 볼·스페리컬 조인트)를 사용함으로써 암의 기하학적인 움직임을 설계값대로 제어한다. 반면에 이렇게 하면 고주파진동이 직접적으로 실내로 전달되기 때문에 승용차에서는 쉽게 사용하기는 힘들다. 물론 예전에 BMW의 전방 현가장치에 일부 필로 볼을 사용해 확실한 핸들링과 매끄러운 조향을 구현하기

그림2　스카이액티브 차체

충돌 안전성이나 조종 안정성에 기여하는 강도와 강성에만 주목하기 쉽지만, 승차감 측면에서도 차체는 중요한 부분이다. 금속성 차체도 역시나 강체 진동하는 탄력체계이기 때문이다. 진동을 차단하기 위해서는 가능한 한 단단한 편이 바람직하지만, 하체 주변과의 균형을 어떻게 가져가느냐가 실제적인 효과가 있다.

차량개발본부 조종 안정성능 개발부
조종 안정성능 선행기술 개발그룹
어시스턴트 매니저
와타나베 마사야
플랫폼 개발의 조종 안정성을 담당

프로의 눈

승차감이 진동 문제이기는 하지만 진동 제로는 안 됩니다.
공중에 떠 있는 것 같은
자동차는 결코 좋은 차가 아닙니다.

그림3   스카이액티브 섀시

FF차(와 AWD차)의 앞바퀴는 모든 차종이 스트럿 방식이다. 뒷바퀴는 TBA과 멀티링크를 나누어서 사용한다. 일괄 기획에 따라 기본적인 기하학 배치는 미리 정해져 있지만, 스프링이나 댐퍼 거기에 차체와의 연결 부분은 유동적인 요소가 크다. 해마다 개량하는 곳은 주로 이런 부위이지만 실제 인상에 크게 영향을 준다.

도 했다. 또 현재도 현가장치의 일부 부시를 필로 볼로 해서 불필요한 암의 움직임을 제어하려는 방법을 가끔 보이기는 한다. 하지만 마쓰다는 모든 차종의 모든 현가 부시에 고무를 사용한다. 고무가 이율배반적이기는 하지만 설계 방법에 따라서는 배반을 제로까지는 못한다 하더라도 줄이는 방향으로는 할 수 있다는 것이다(98p 참조).

자동차는 수많은 부품의 집합체이다. 따라서 부품과 부품 사이에는 반드시 연결자가 들어간다. 부시가 바로 그런 연결자로서, 승차감과 조종 안정성을 양립하기 위한 핵심이다. 이런 이유로 연결자와 관련된 이야기는 계속된다.

암과 부시 개수의 고민

부시에 관한 질의응답이 진행 중인 가운데 전부터 느꼈던 의문이 다시 떠올랐다. 후륜구동뿐만 아니라 전륜구동의 뒤쪽에도 많이 이용되는 멀티링크 방식의 현가장치이다. 이 현가장치는 가로 방향으로 상하 쌍으로 이루어진 암에 세로 방향의 암을 추가한 방식으로써, 예

를 들면 트레일링 빔 액슬(TBA)의 지지점이 4곳인데 반해 최소한 10곳(각 암이 한 개로 구성된 경우)은 된다. 그만큼 부시 개수도 증가하게 되는 셈인데, 이것이 어떻냐는 것이다.

「차체와 액슬처럼 독립적인 움직임이 있는 기구 사이에는 피치(x축), 롤(y축), 요(z축) 방향의 회전 3자유도와, 각 축을 따라 움직이는 병진 3자유도까지 총 6가지의 자유도가 있습니다. 예를 들어 차체와 액슬을 1개의 가로 방향 암으로만 연결하면 가로 방향의 움직임만 제어되겠죠. 이래서는 현가장치의 정확한 움직임을 확보할 수 없으므로 암을 추가하는 겁니다. 그러면 암의 개수만큼 자유도가 줄어서, 멀티링크처럼 5개의 암을 사용했을 때는 현가장치의 동적인 궤적은 1개가 됩니다」

「우리가 현가장치 형식을 결정할 때 사실 암의 개수는 매우 고민이 됩니다. 움직임 문제뿐만 아니라 암이 늘어나면 그만큼 중량도 늘어나기 때문에 가능하면 암 개수는 줄이고 싶죠. 스트럿 방식이나 TBA 방식은 그런 점에서 암 개수가 적어서 공간효율이나 경량화 관점에서

는 좋은 형식이라 할 수 있습니다. 하지만 특히 가로 방향의 큰 하중에 대해서는 취약한 면이 있어서 기동성을 고려하면 늘려야 한다는 딜레마가 있습니다」

원래 멀티링크는 70년대 당시에 주류였던 세미트레일링 암 방식의 공간효율과 더불어 더블 위시본 방식의 내구 운동하중+얼라인먼트 변화가 적다는 장점을 양립시키려는 목적으로 다임러가 개발한 방식으로서, 각 암을 필로 볼로 연결하면 거의 움직이지 않는 구성이다. 바꿔 말하면 멀티링크는 부시가 있어야만 하는 현가장치 형식인 것이다. 그래서 많은 부시의 움직임을 확실히 제어하지 않으면 온전히 하체가 움직이지 않게 된다. 더구나 그 부시는 중심점(pivot) 역할뿐만 아니라 진동 감쇠까지 담당해야 한다.

「멀티링크뿐만 아니라 부시는 확인해야 할 항목들이 상당히 많아서 개발까지 시간이 많이 소요됩니다. 성형용 금형도 만들어야 하므로 가격 측면까지 포함해서 쉽게 변경하지 못합니다」

덧붙이자면 CX-3를 개량할 때는 부시까지 손을 댈 시간이 없었다고 한다. 승차감은 좋아졌

차량개발본부 조종 안정성능 개발부
조종 안정성능 개발그룹
어시스턴트 매니저

가시와무라 유지
데미오, 악셀라, CX-3의 조종 안정성을 담당

프로의 눈

승차감과 조종 안정성이라는 상반된 요건을
어떤 부위에서 해결할 것인가.
그 기능 배분이 중요하다고 생각합니다.

그림4　앞 현가장치를 움직이기 쉽게 하다(1)

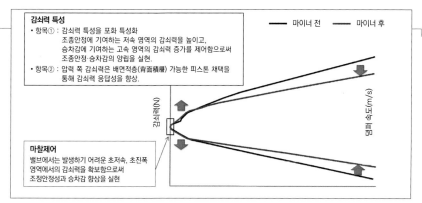

감쇠력 특성
- 항목① : 감쇠력 특성을 포화 특성화
  조종안정에 기여하는 저속 영역의 감쇠력을 높이고,
  승차감에 기여하는 고속 영역의 감쇠력 증가를 제어함으로써
  조종안정·승차감의 양립을 실현.
- 항목② : 압력 쪽 감쇠력은 배면적층(背面積層) 가능한 피스톤 채택을
  통해 감쇠력 응답성을 향상.

마찰제어
밸브에서는 발생하기 어려운 초저속, 초진폭
영역에서의 감쇠력을 확보함으로써
조정안정성과 승차감 향상을 실현

마이너 전　　마이너 후

감쇠력(N)

댐퍼 속도(m/s)

CX-3 개량 때 적용한 댐퍼 감쇠력 특성의 변화. 피스톤 속도가 빨라질수록 감쇠력을 낮추고, 반대로 미세한 스트로크 영역에서는 상승을 빠르게 한다. 주로 마찰손실 영역을 부드럽게 해 댐퍼를 원활하게 움직이게 함으로써 불필요한 감쇠력 발생으로 인한 승차감 악화를 해소. 조종 안정성과의 균형도 개선되었다.

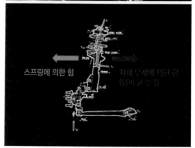

스프링에 의한 힘

자체 무게에 의한 힘

스트럿 특유의 스프링 옵셋 배치. 스프링의 배치 방식 한 가지로 댐퍼의 마찰손실이 크게 바뀐다. 상세한 것은 114p~와 118p~를 참조.

으나 차체로 전달되는 미묘한 진동, 특히 느린 상/하 진동할 때 노면의 돌출물 등과 같은 충격이 들어오면 『비잉~』하는 고주파 대역 진동이 남는다는 사실이 감지되었다. 그것도 부시로 처리할 수 있는 영역으로 보인다. 당연히 다음(어떤 차종일지는 앞서 언급했듯이 미정이지만)에 개량할 때는 손을 보게 될 것이다.

타이어에 가해지는 어려운 문제

자동차에서 고무는 타이어가 대표적이다. 타이어의 문제점은 자동차 회사가 스스로 타이어를 생산하지 않는다는 점이다. 그래서 자동차 회사는 타이어 회사에 「이런이런 타이어를 만들어 달라」고 주문을 한다. 주문을 했다

고 해서 희망하는 타이어대로 정확하게 만들어지지 않는다는 사실은 상상하기 어렵지 않다.

「타이어 말입니까…(쓴웃음). 조종 안정성, 제동, 내구성, 요즘은 특히 연비까지 해서 어쨌든 요구항목이 많죠. 그런 가운데 승차감 측면에서 요구하는 점은 타이어에서 차체로 원활하게 에너지를 전달하는 엔벨로프(Envelope) 특성으로 요약됩니다. 타이어에서만 진동을 흡수하는 것은 아니므로 먼저 각을 둥글게 하는 것(타이어가 휘는 방식의 제어)이 중요합니다」

물론 여기에도 조종 안정성과의 줄다리기는 있다.

「포기가 중요하죠. 바꿔 말하면 『기능배분』을 해야 한다는 겁니다. 조종 안정성과 관련해서는 현가장치 쪽에서 담보할 수 있는 부분도 많으므로 타이어 쪽에서는 승차감과 소음에 더 집중해 달라는 것이죠」

일반적으로 승차감은 직진상태에서 평가받는 경우가 많다. 반대로 조종 안정성은 조향핸들을 틀었을 때의 과도영역에 해당하는 범주이다. 설계단계에서 현가의 위치와 지오메트리가 결정되면 직진 안전영역을 제어할 방법이 거의 없으므로 자연히 타이어 의존성이 높

아진다. 고편평&광폭 타이어는 브랜드 매칭이나 마모에 따라 직진성을 확보할 수 있는 경우가 왕왕 있는데, 승차감도 같은 차원의 문제이다. 직진성과 승차감 문제는 타이어와 쌍으로 묶이는 휠에도 존재한다.

흔히 스프링 아래 질량은 가벼운 편이 좋다는 말들을 많이 하지만 사실 직진성에 관해서는 반대이다. 무거운 휠 쪽이 자이로 효과 때문에 안정되는 것이다. 휠의 움직임이 안정적이면 진동을 소화할 수 있으므로 승차감에도 이바지하는 것은 확실할 것이다.

「실험을 통해 아주 무거운 휠을 장착한 적이 있었습니다. 직진안정성과 관련해서는 타이어를 정확하게 찌그러뜨리기 때문에 좋아진다는 사실이 분명했죠. 그런데 자이로효과는 관성이라서 핸들을 트는 방향으로는 잘 안 움직이는 겁니다. 특히 미세한 조향 영역이 원활하지 않더군요. 이것 또한 상반된 요소라서, 너무 가볍게 해도 또 너무 무겁게 해도 안 되는 겁니다. 절충점을 찾아야 하는…」

이야기를 뇌돌려서 타이어 개발에 대해 조금 더 질문한다. 마쓰다는 타이어 회사 쪽에 어떤 요구를 하고 있을 것이다.

차량개발본부 조종 안정성능 개발부
조종 안정성능 선행기술 개발그룹
어시스턴트 매니저
와타나베 마사야
플랫폼 개발의 조종 안정성을 담당

프로의 눈

승차감의 가장 마지막에 양념을 내는 것은
테스트 드라이버.
우리는 그것을 위해 가장 먼저 균형을 잡는 것이 임무이죠.

그림5   앞 현가장치를 움직이기 쉽게 하다(2)

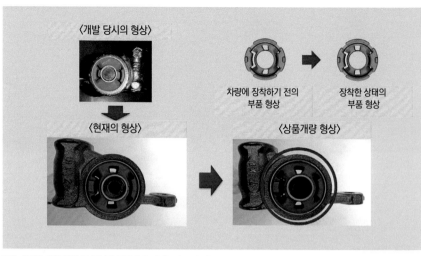

〈개발 당시의 형상〉

차량에 장착하기 전의 부품 형상 → 장착한 상태의 부품 형상

〈현재의 형상〉 〈상품개량 형상〉

좌측 사진은 실제 주행 때 부시가 어떻게 움직이는지를 검증한 동영상의 캡처 화면. 부시는 움직이기 시작하기 전에 항상 한 가운데 있지 않으면 현가장치가 정확하게 움직이지 않는다. 개량형에서는 1G일 때(차체를 지면에 둔 상태) 중심이 일치 되도록 조정했다. 일부 튜닝샵에서 실제로 이렇게 손을 본다.

「개발부문에서의 요구는 모두 수치입니다. 기준이 되는 타이어에 대해 이 차종용으로는 수치를 몇 % 높여 달라는 식이죠. 실험부서에서는 그것을 테스트해 보고 개별 성능 분야를 다루면서 기능향상을 요구합니다. 그 정도 상황에서는 테스트 드라이버의 평가가 포함되기 때문에 아무래도 수치가 아니라 언어화됩니다. 다행히 거래하는 타이어 회사의 마쓰다 담당자가 정해져 있어서 우리가 얘기하는 『마쓰다식 언어』도 이해하고 있죠. 또 우리는 타이어 전문가는 아니더라도 차량 개발 과정에서는 타이어에 대한 노하우가 축적되어 있으므로, 양쪽 의견이나 입장이 어긋나는 일은 적습니다. 다만 현재 조종 안정성과 승차감의 관계에 관한 정량화를 진행하고 있는데, 거기에 타이어가 관여하는 부분이 적지 않은 것은 사실입니다. 그런 만큼 타이어를 이해하기가 어렵다는 것이죠」. 전에 아텐자의 OEM 타이어를 다른 타이어로 교환하면서 고기능을 발휘할 때의 특성이 상당히 바뀐다는 사실을 테스트로 확인한 적이 있다. 바로 타이어에 따라 자동차는 바뀔 수 있다는 사실인데…. 「앞서 『포기』라는 말로도 표현했듯이 우리로서는 일반 고객이 받아들이기 쉬운 것부터 대처하고 있어서, 조종 안정성에 기동성을 중시할지 승차감을 중시할지를 비교하면 아무래도 승차감을 우선하게 됩니다. 그런 점에서는 말씀하신 상황에서의 부족한 부분이 사실이라고 할 수 있겠죠」

승차감의 귀착점 – 시트

진동의 시작점이 타이어라면 입력의 도달점은 시트이다. 시트가 변하면 승차감과 관련된 모든 요소가 바뀐다. 진동의 시작과 달리 승차감을 좌우하는 것은 첫째가 시트이고 마지막이 타이어이다.

「시트에는 다른 부위처럼 승차감과 조종 안정성이라고 하는 배반 관계가 없습니다. 중요한 것은 진동의 감쇠인데, 이것만 제대로 잡아주면 거의 OK입니다」

시트는 자동차 부분 가운데서도 가장 복잡한 구조로 이루어진 부위이다. 그만큼 메이커마다 자신들만의 진한 특색을 나타내는 부분이기도 하지만, 포인트는 우레탄을 어떻게 쓰느냐이다.

「시트의 프레임은 강도 부품이기 때문에 중요합니다. 시트는 마쓰다에서 설계하고 제작은 외주로 하고 있는데, 서플라이어나 차종은 달라도 기본성능은 똑같습니다. 그밖에 S 스프링이나 표피 같은 요소도 있지만, 진동 감쇠를 담당하는 것은 거의 우레탄이죠. 진동이라고 하면 대개는 위아래 방향을 떠올리겠지만, 운전 중에는 횡방향 G를 견딜 수 있는 몸통 지지대가 상당히 중요합니다. 사람은 횡방향 진동에 약하거든요. 그래서 이것도 사실은 우레탄의 몫이죠. 정확하게 말하면 우레탄의 변형 특성을 이용해 몸의 압력을 적절히 분산시키는 겁니다」

차량개발본부 섀시 개발부
서스펜션 개발그룹
어시스턴트 매니저

사쿠라이 기요시
아텐자, CX-5의 서스펜션 설계를 담당

프로의 눈

승차감을 향상하는 방법은 다양하게 있지만, 가장 먼저 생각하는 것은 타이어부터 시트까지 진동 에너지를 어떻게 전달하느냐입니다.

「시트에 요구되는 감쇠란 진동의 수습을 빨리해 전달률을 낮추는 겁니다. 이것이 가능한 것은 우레탄, 즉 스펀지뿐이죠. 최근에는 기성품 우레탄을 사용 외에도 조직 구성을 분자 레벨까지 개량함으로써 스펀지 안에 있는 구멍을 세분화한 것을 개발하기에 이르렀습니다. 그렇게 되면 더 탄력적으로 움직여서 진동을 신속하게 수습할 수 있게 되죠」

우리가 시트에 대해서 언급할 때는 좌석면이 딱딱한지 부드러운지에 대해 문제 삼는 때가 많다. 예전 일본 차의 좌석면은 상당히 푹신푹신한 편이었는데, 벤츠 시트가 피곤하지 않다는 평가가 커지자 무작정 흉내만 내느라 좌석면이 딱딱해졌다는 이야기도 있다.

「일반적으로 좌석면이 딱딱하면 체형에 대한 자유도가 적어지죠. 구체적으로는 허리뼈 위치가 키로 인해 어긋나는 식으로 말이죠. 폭넓은 체형에 맞추기 위해서는 쿠션 양을 많이 해서 허리 위치를 맞출 필요가 있는 겁니다」

시트와 관련해서는 역시나 운전 자세에 관한 화제가 필연적으로 등장했다. 「인마일체」의 골자 가운데 하나인지라 이야기에도 설득력이 있다.

「『마쓰다의 시트는 헤드 레스트가 앞쪽으로 일어나 있다』는 소리를 듣습니다. 기본적으로 등받이가 다른 메이커보다 뒤로 누워 있다는 점까지 포함해 어떤 의미에서는 사실입니다. 헤드 레스트와 등받이에는 상관관계가 있어서 헤드 레스트가 일어나 있으면 등받이는 약간 누워 있게 되죠. 그러면 헤드 레스트의 각도에 정답이 있느냐고 한다면, 쾌적하게 앉으려면 누워 있는 편이 좋고 충돌 안전 관점에서는 일어나 있는 편이 좋습니다. 그 균형을 어디에서 잡을 것인가라는 문제는 영원한 과제라고 할 수 있겠죠」

「조절 장치가 많이 있는 편이 체형에 대한 자유도는 증가하지만, 기준이 되는 시트 위치가 적절하지 않으면 작동하면 작동할수록 신체에 맞지 않게 되는 사태도 발생합니다. 시트는 소재도 중요한 요소이지만, 시트의 기본설계는 쾌적성뿐만 아니라 안전하게 운전하는 것이 중요하죠」

최근 고급 차종에는 반드시라고 해도 될 만큼 가죽 시트를 준비해 놨지만, 모 독일차처럼 가죽이 딱딱해서 엉덩이가 아프다는 평가도 왕왕 있어서 모든 소비자가 다 환영하는 것은 아니라고 말했더니,

「가죽은 직물 소재보다 신축성이 없어서 되도록 얇고 부드러운 가죽을 사용하고 싶기는 합니다. 그런데 그런 소재는 주름이 잘 잡히고 내구성도 떨어집니다. 아주 비싼 고급차라면 『좋은 가죽을 사용했네』하고 끝나겠지만, 우리 같은 서민이 사용하면 『이런 걸 이차에 쓰다니』하고 말하겠죠(웃음). 고객이 원하는 바도 있으니까 좋은 가죽 시트를 만들겠다고 항상 생각하고는 있지만, 좀처럼 쉽지는 않네요」

마지막으로 차체에 관해. 앞서 소개했듯이 차체도 역시 탄력체계를 갖는다. 진동을 없애려고 하면 단단하게 하는 수밖에 없다. 그러려면 플랫폼 전체의 개선이 필요하므로 하루아침에 실현할 수 있는 일은 아니다. 물론 차체도 중요하지만 아직 섀시 차원에서 해결할 수 있는 부분이 많이 있다고 6명 모두 이구동성으로 말한다. 스카이액티브 섀시의 진화는 아직도 발전 중이다.

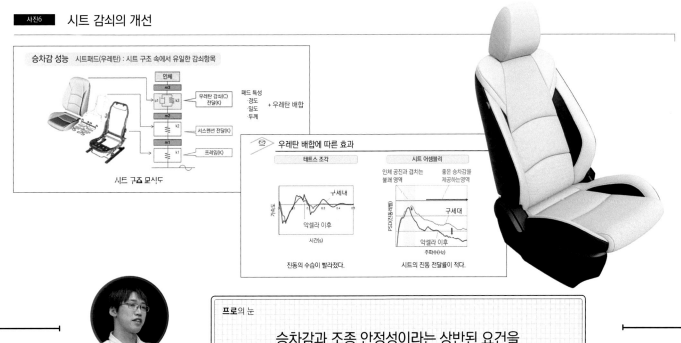

사진6 시트 감쇠의 개선

승차감 성능 　시트패드(우레탄) : 시트 구조 속에서 유일한 감쇠항목

인체
m3
우레탄 감쇠(C) 전달(K)　　패드 특성 경도 밀도 두께　+ 우레탄 배합
m2
서스펜션 전달(K)
m1
프레임(K)

시트 구조 모식도

우레탄 배합에 따른 효과

테스트 조각　　시트 어셈블리

인체 공진과 겹치는 불쾌 영역　좋은 승차감을 제공하는영역

구세내
악셀라 이후
시간(s)

구세대
악셀라 이후
주파수(Hz)

진동의 수습이 빨라졌다.　　시트의 진동 전달률이 적다.

차량개발본부 조종 안정성능 개발부
조종 안정성능 개발그룹
어시스턴트 매니저
가시와무라 유지
데미오, 악셀라, CX-3의 조종 안정성을 담당

프로의 눈

승차감과 조종 안정성이라는 상반된 요건을
어떤 부위에서 해결할 것인가.
그 기능 배분이 중요하다고 생각합니다.

특별한 일품 기술이냐, 아니면 보편 기술이냐

도요타의 차체·섀시의 모듈러 설계전략인 TNGA. 그 제1탄으로 화려하게 등장한 것이 4세대 프리우스이다.
새로운 차체로 엔지니어는 무엇을 만들려고 했을까. 하이브리드 차라는 특별한 자동차에서는 쾌적성을 어떻게 추구했을까.
성능실험, 섀시 설계, 진동소음 개발을 담당하는 각 엔지니어한테서 상세한 것을 들어보았다.

본문 : 사와무라 신타로 그림 : 도요타

신형 프리우스의 개발 방향

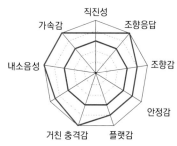

적색 선이 구형, 청색 선이 신형. 도요타에 따르면 「에코 카의 상식을 뒤엎는 운전 재미를 내세워 조종 안정성, 승차감과 운전성능에서 구형보다 대폭적인 성능향상을 보았다」고 한다. 파워트레인의 좋은 의미에서의 하이브리드답지 않았던 점에도 손을 대, 자연스러운 협조회생 브레이크를 포함해서 전방위적으로 평균점이 높아 자동차로 다시 태어났음을 시승에서도 알 수 있었다.

2015년 가을에 발표된 4세대 50계 프리우스. JC08모드에서 40.8km/ℓ를 발휘하는 연비 수치 외에, TNGA(Toyota New Global Architecture)라고 명명한 차량설계를 들고 나왔던 것이 아직도 기억에 새롭다. 그런데 TNGA라는 것은 대부분의 인식과는 달리 플랫폼 자체를 가리키는 것이 아니다. 주행성능이나 디자인의 수준 향상을 지향하는 의지라고 할 수 있다. 즉 기술개발과 생산기술, 조달, 구입처까지 4개 영역의 방법론을 쇄신하고 글로벌 표준적인 범용품을 채택하는 등, 일종의 콘셉트 또는 진군의 깃발 같은 것으로, 도요타의 말을 빌

리자면 자동차 제조의 구조개혁을 말하는 것이다. 그 TNGA를 바탕으로 삼아 탄생한 최초의 제품이 신형 프리우스로서, 차대를 GA-C 플랫폼이라고 한다. 여기서 C란 일반적으로 말하는 C세그먼트를 가리킨다고 해도 무방하다. C세그먼트라는 카테고리는, 유럽에서는 VW 골프를 필두로 하는 2박스 해치백 차가 핵심이다. 도요타는 골프에 대응하는 유럽 전략 C세그먼트 해치백 오리스를 일본에서도 판매하지만, 시장은 작은 편이어서 3박스 세단으로 반세기에 걸쳐 실용 차종 가운데 주축으로 주목받아 온 카롤라 쪽이 존재감이 더 높다고 하겠

다. 그리고 도요타의 C세그먼트는 신(新)MC로 불리는 플랫폼을 사용해 왔다. 신MC 플랫폼은 유럽용 카롤라나 오리스는 물론이고, 전장 4.7m나 되는 SUV 해리어나 유럽 전략 D세그먼트인 아벤시스까지 커버할 수 있을 정도로 수비 범위가 넓다. 선대 30계 프리우스나 화제의 연료전지차 미라이도 신MC였다.

이런 식으로 물리적인 크기나 차량 캐릭터에 대해서도 광범위한 수비 범위를 가진 신MC에 대해 후속 차량으로 탄생한 C플랫폼은 그것을 조금 더 좁힐 것 같다. 취재에 응해준 3명의 개발진 가운데 섀시 설계 영역에서 일하는 아사이 도오루씨는 이렇게 설명해 주었다.

「MC의 M은 미디엄을 말합니다. 즉 중형차까지 커버한다는 뜻이죠. 그 때문에 차종에 따라서는 오버 스펙일 때도 있었죠. 그래서 이번에는 과감히 작은 C 쪽으로만 좁혀서, 나머지는 빼고 작게 최적인 것을 만들려고 했던 겁니다」

조종 안정성을 담당한 동(東)후지연구소 소속의 오바 게이타씨가 보충해 준다.

「작은 차를 만들 때 중량 면에서 아쉬웠던 적도 있어서요」

상정 부하가 적은 쪽으로 좁혀진 것이 새로운 C플랫폼이라고 한다면 이상한 것이 있다. 신MC의 리어 서스펜션은 트레일링 암 중간연결형 토션 빔(이하 TBA)이 기본이고, 오리스 윗급 모델 등 일부 모델에만 더블 위시본을 투입하는 양립적 구도를 채택했었다. 그런데 C플랫폼은 아랫급 차종으로 좁힌다고 하면서 리어 서스펜션은 더블 위시본만 적용했다. TBA 추가는 현재 상태에서 시야에 넣지 않고 있고 더블 위시본만 전제로 설계가 이루어졌다.

그런 상황을 오바씨는 이렇게 설명한다.

「선대 프리우스는 토션 빔이었죠. 이번에는 더블 위시본으로 바꾸었습니다. 우위성은 이번이 가장 크죠. 토션 빔은 앞뒤방향의 임팩트 쇼크가 아무래도 좋지 않은 데가 있어서 그 점을 고치고 싶었습니다. 그리고 핸들링과의 양립을 지향하기에는 한계가 있었습니다. 그래서 형식을 바꾸게 되었던 것이죠」

Toyota Global New Architecture

도요타의 새로운 자동차 제조 전략으로 내세운 것이 TNGA이다. 부품의 신개발이나 시스템 혁신 등은 물론이고, 생산부문의 기존 능력을 최대한 유효하게 활용하는 것까지 포함한, 말하자면 전사적인 혁신이다.

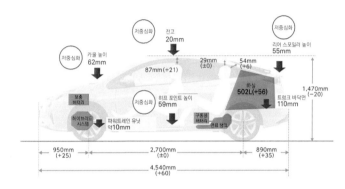

4세대에 실현된 낮은 무게 중심

TNGA가 지향하는 방향성 가운데 하나로 차량의 저중심화(低重心化)를 들 수 있다. 무게 중심을 낮춤으로써 좌우 롤 양을 줄여 안정된 차량 움직임을 확보하겠다는 의도이다. 신형 프리우스는 특히 낮은 엉덩이 위치가 두드러진다.

비틀림 변형이 가능한 빔으로 좌우 트레일링 암을 연결하는 TBA는 좌우 트레일링 암의 앞쪽 끝 2곳에서 차체와 연결된다. 횡강성을 확보해 조종성 수준을 높이려면 체결 부위의 부시를 단단하게 해야 하지만, 그렇게 하면 앞뒤 방향의 외력 변형(compliance)이 부족해 거친 진동을 소화하지 못하면서 승차감이 나빠진다. 한편으로 더블 위시본은 횡방향으로 뻗은 2개의 로어 암과 1개의 어퍼 암으로 좌우방향의 부담을 지탱하고, 앞쪽으로 뻗은 암(스트로크할 때 캠버 변화를 소화하기 때문에 비틀림 변형이 가능하도록 만들어진다)이 앞뒤 방향을 지탱한다. 뒷바퀴의 위치결정을 담당하는 암이 앞뒤와 좌우에서 역할을 분담하기 때문에 변형과 강성이라는 상반된 요건을 양립하기가 쉬워지는 것이다. 이렇게 기구의 업 그레이드를 통해 조종 안정성과 승차감이 높은 차원에서 병립하므로 신형 프리우스는 잠재성을 크게 확대하게 된 것이다. 프리우스는 일정하게 매달 1만 대를 판매하고 있다. 심지어는 신차 효과까지 더해지면서 신형 프리우스 같은 경우는 월간 2만 대까지 올라갔다. 이런 기세는 하이브리드라는 특수한 카테고리를 넘어서 예전의 카롤라처럼 일종의 국민차로 자리 잡으려는 듯이 보인다. 그런 일종의 표준적 모델의 조종성과 소음진동 레벨의 향상은 일본 승용차의 평균 레벨을 높여주는 효과로 이어질 것이다.

하지만 제작자 측에서는 그런 스케일의 의도는 없었던 것 같다. 아사이씨의 말이다.

「표준이 되어야 한다든가 하는 구호는 전혀 없었습니다」

즉 이렇게나 많이 팔려서 거리에 넘쳐나도 도요타 안에서 프리우스는 여전히 특수한 입지의 자동차이다.

「4세대로서 다양한 요소를 향상해 나가는 가운데, 2008년 리먼 쇼크 직후에 도요타 아

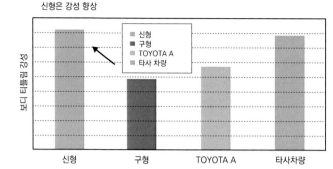

신형은 강성 향상

	신형
	구형
	TOYOTA A
	타사 차량

(세로축) 더 높을수록 강성

신형　구형　TOYOTA A　타사차량

GA-C라고 하는 신세대 플랫폼을 개발. 제로 베이스 설계를 통해 기능향상과 경량화를 양립하는 동시에, 섀시 장착부 강성이나 차체 비틀림 강성 등을 현격히 높였다. 비틀림 강성은 구형 대비 67%가 향상되었다. 이로 인해 조향 응답성이나 감촉의 향상, 진동 저감 등을 실현한다.

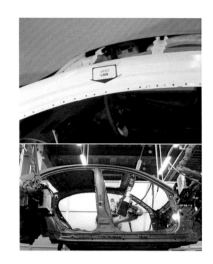

레이저 스크루 웰딩

강판 접합 방식의 주류였던 스폿 용접은 전기저항 용접이기 때문에 접합 부위끼리 너무 가까우면 분류(分流)가 되면서 충분한 성능을 얻지 못한다. 그래서 레이저 용접을 이용해 스폿 타점 사이에 C자를 그리듯이 접합하는 방법이 개발되었다. 한쪽에서만 조사하면 접합할 수 있다는 장점이 있지만, 강판끼리 치수가 정확히 맞아야 한다.

뛰어난 강성을 확보하가 위한 개량

카울 톱의 폐단면 형상을 통한 서스펜션 타워 주변(청색), 후방 서스펜션 타워 지지점을 포함한 후방 필러 주변(청색), 충돌 시 캐빈 강도 확보를 포함한 사이드 아우터 패널(적색) 등, 강성을 확보하기 위해서 환상골격 형상을 채택했다. 앞 좌석 다리 부분의 바닥 패널은 두꺼운 판을 사용해 바닥 면의 진동을 줄였다.

키오 사장의 선언으로 시작된 TNGA와 타이밍이 맞으면서 프리우스가 최초의 대상이 된 것이죠. 다만 다음에 나올 카롤라는 글로벌 스탠다드로 만들 계획입니다」

카롤라는 일본 내수 모델인 E160계는 C가 아니라 비트 등과 같은 B세그먼트용 플랫폼을 사용하는, 일종의 단절이 있었다. 하지만 구미용을 비롯한 수출용 E170계는 후방에 TBA를 이용하는 신MC이다. 그것이 더블 위시본의 새로운 C플랫폼으로 바뀌면 세계적 규모의 평균 레벨 상승으로 이어진다. TNGA를 전 세계적으로 적용할 계획임을 고려하면 도요타가 말하는 구조개혁의 중심은 이쪽일지도 모른다. 설마하는 느낌은 있지만, 내수용 E160계

까지 합류한다면 외로운 내수용 차의 상징까지 단숨에 세계표준에 근접하게 된다. 이것은 경찰청에서 언급된 일부 고속도로에서의 최고속도 120km/h 허용에 대한 대응도 될 수 있다. 다른 회사는 그저 쳐다만 보게 될 것이다.

그런데 신MC에 존재했던 더블 위시본과 이번의 더블 위시본은 별개일까. 이 질문에 오바씨는 「픽업 포인트 설정이나 지오메트리도 다르」고 대답해 주었다. 신MC의 더블 위시본이나 이번의 C플랫폼 모두 엔지니어링을 대략적으로 들여다보면, VW의 MQB 플랫폼과 유사한 형태를 보인다. 벤치 마킹이었냐고 물었더니 「물론입니다」하는 대답이 돌아왔다. 그럼 같은 수준으로 끌어올리겠다는 목표인지

아니면 넘어서겠다는 의지인가를 물어보았다. 그러자 잠깐 뜸을 들이고는 「물론 「넘어서겠다」는 것이 목표입니다」 속내를 잘 드러내지 않는 도요타 기술진의 입에서 이런 강렬한 의지의 답변을 듣는 일은 흔치 않다. 또 그런 의지가 말로만 끝나지 않았다는 것이 신형 프리우스를 시승한 뒤 받은 인상이었다. 이렇게 개발작업과 관련된 사내 상황과 계획을 확인한 상태에서, 본 특집의 주제인 승차감 이야기로 넘어간다. 소음·진동이라는 두 개 단어로 표시하지만, 소음이란 발생원의 운동 에너지가 일으키는 파도 같은 공기의 진동으로서, 사실 양쪽은 같은 카테고리의 물리적 현상이다. 인간의 청각기관은 외이(外耳), 중이(中耳), 내이(内耳)로

나뉜다. 외이와 중이의 경계에 있는 고막이 소리로 인해 떨리게 되고, 그 진동을 고막과 접해 있는 이소골(耳小骨)이 잡아서 내이로 전달한다. 그러면 내이의 유모(有毛)세포라는 신경이 그 기계적 운동을 증폭하면서 전기 신호로 바꾼다. 이렇게 해서 뇌는 공기의 진동을 소리로 확인하는 것이다. 유모세포가 잡아낼 수 있는 진동 주파수의 하한은 20Hz로 알려져 있다. 다만 인간은 100Hz를 밑도는 저주파 진동은 소리로서뿐만 아니라 기계적으로도 인식한다. 그리고 소리로 포착하는 하한은 40Hz 정도가 평균이고 그 이하의 주파수는 기계적 진동으로만 받아들인다. 그것이 딱딱하다든가 부들부들하는, 승차감을 저해하는 감각을 형성한다. 이 저주파 진동의 원천은 노면에서 전해지는 충격이다. 충격은 타이어를 통해서 현가장치를 거쳐 차체로부터 탑승객으로 전달된다. 그래서 차체의 진동특성은 승차감에 있어서 중요한 요소이다. 차체가 떨린다는 것은 차체의 탄성이 바뀌는 것으로서 여기서 중요한 것은 강성(剛性)이다. 강성은 조종 안정성뿐만 아니라 승차감도 좌우한다. 도요타가 신형 프리우스의 강성확보 수단으로 삼은 것은 LSW(Laser Screw Welding)이다. 유럽 차가 선전하는 레이저 용접은 강판 패널들끼리 선으로 연결하는 방식을 말하지만, LSW는 스크류 문자가 말해주듯이 스폿 형태의 점으로 용접하는 방식이다. 그렇다면 기존의 전기저항 스폿 용접이라고 해도 될 것으로 생각하지만, 기존 방식은 이웃한 타점과의 거리가 짧으면 전기가 흘러서 타점 사이를 좁힐 수가 없었다. 점 간격이 넓으면 차체가 응력을 받았을 때 그 부분이 미세하게나마 벌어지게 되고, 그것이 차체 강성을 낮추게 된다. 하지만 전기를 사용하지 않고 레이저로 녹이는 LSW같은 경우는 타점을 좁힐 수 있어서 강성을 높일 수 있다. 신형 프리우스는 모노코크의 기둥이라 할 수 있는 관 형태의 멤버 교차점을 역학적으로 응력이 제대로 받도록 만들었다. 또 해치백 형식이라 후방에는 개구부의 상하좌우를 한 바퀴 원 형태로 지탱하는 멤버를 배치하는 식으로 대비했다. 오바씨의 말이다.

「이론대로 뼈대가 튼튼히 통하게 하면서도 결합까지도 신경을 쓴 거죠」

물체는 형상 상태가 단순할수록 가장 쉽게 진동하는 고유진동수로 떨리다가 거기에 정수배의 배음(倍音)이 올라탄다. 하지만 그것이 복잡할수록 부분적으로 점에서 제각각 떨리는 분할진동이 일어난다. 그런 문란한 진동은 서로의 위상을 간섭하면서 번잡한 진동을 일으킨다. 그래서 차체의 각 구역을 단단히 맞춰서 분할 진동이 일어나지 않도록 하는 것이다.

진동은 파도이기 때문에 산과 계곡이 생긴다.

「좌석은 배 쪽이나 마디 쪽에 앉느냐에 따라 진동 느낌이 달라집니다. 음장공명(音場共鳴)이라고 하는데, 이것은 어떻게 해도 피할 수 없는 현상입니다. 하지만 새로운 플랫폼으로 바뀌고 나서 근본적 특성이 향상되었기 때문에 레벨 자체를 낮출 수 있었죠. 유리 진동도 억제되었구요」

음진동을 담당하는 후쿠나가 고타로씨의 설명에 이어서 오바씨가 계속한다.

「이렇게 되면 흔히들 말하는 탄탄한 차체가 되는 것이죠. 거기에 감쇠 요소도 시야에 넣고 있습니다」

차체를 탄력체계라고 생각하면 완충 기구로 코일과 댐퍼를 조합하듯이 댐핑 기능이 요구되는 것은 당연하다.

「거기에 접착제가 또 효과를 발휘합니다」

후쿠나가씨가 구체적인 적용을 가르쳐 준다.

「벌크 헤드 아랫부분의 변형이 누적되는 곳 등에 사용합니다」

오바씨가 감쇠의 효능에 대해 다시 확인해 준다.

「사용 전후가 완전히 다릅니다. 단단한 느낌이 있죠」

접착제는 21세기에 들어와서 차체 구조에 많이 적용된 기술로서, 그때까지 자동차 회사는 오랫동안 사용해 왔던 용접을 더 선호했다. 요컨대 접착제로 접착하는 방법의 장기적 내구성에 대한 우려가 있었기 때문이다.

‖ 쾌적한 승차감을 위해 ‖

앞 좌석 장착 부분

3세대 프리우스　　　　신형 프리우스

앞 좌석 시트의 체결 강성을 향상했다. 사이드 멤버와 시트 레일 사이에 브래킷을 넣었던 선대와 달리, 직접 연결하는 구조로 바꾸었다. 이를 통해 좌우방향의 강성이 42%나 높아졌다. 또 보디, 섀시의 최적화를 통해 노면 입력을 더욱 저감. 그래프에서 보듯이 시트에서 탑승객에서 전해지는 진동 레벨이 구형보다 전체적으로 낮아졌다.

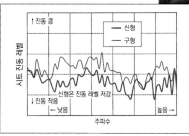

「그건 이미 실험이 끝났습니다. 다만 차체와 생산공장으로 인한 장애가 있기는 합니다. 나라에 따라서는 공정을 못 집어넣는 공장도 있어서요. 일본에서는 괜찮습니다」

하지만 접착제에는 달리 조건도 있을 것이다. 붙이는 면의 정밀도가 높지 않으면 충분한 접합이 안 되기 때문이다. 그런 우려에 대해서는 후쿠나가씨기 설명해 주었다.

「LSW에 필요한 면 부분의 정밀도는 높습니다. 공차가 한 단계 달라졌죠」

저주파의 원인은 화이트 보디뿐만이 아니다. 거기에 접착되는(바꿔 말하면 댐퍼가 떠받치는 형태의) 유리는 가볍지 않은 자체 무게로 떨린다. 아무래도 저주파 진동을 일으킬 요소는 있다. 후쿠나가씨가 설명한다.

「유리가 크게 흔들리는 모드, 그 하단이 흔들리는 모드, 대시가 크게 흔들리는 모드, 모두 200Hz 이하입니다」

에너지 전달 경로에서 바퀴와 차체 사이에 들어가는 현가장치는 어떻게 개선되었을까.

「쇽 업소버의 마찰 손실에 신경을 많이 썼습니다. 뒤쪽은 경사각도 손 봤고요」

이런 방식의 더블 위시본은 트레일링 암이 뒤쪽으로 내려가게 되어서, 돌출적인 충격을 직각으로 받도록 댐퍼를 배치하는 것이 효율적인 작동을 기대할 수 있다. 하지만 신형 프리우스에서는 일부러 장착 위치를 전진시킨 동시에 앞으로 누였다. 주된 이유는 트렁크 쪽을 침범하지 않게 하기 위해서였지만, 신축하면서 각도도 바뀌는 댐퍼와 암이 요동으로 인해 충돌하지 않게 하려는 의도도 있었던 것 같다.

그런데 어떤 능력을 갖춘 하체 시스템이라도 거기에는 조종 안정성과 승차감, 소리 진동과의 타협과 균형이라는 것이 존재한다. 그 절충안을 어떻게 했을까.

「어느 쪽이냐면 승차감이죠」 이렇게 아사이씨가 말하면 오바씨가 보충한다.

「견고하게 만들지 않았습니다. 댐핑을 더 잘 듣게 하면 좀 더 빠릿하게 달릴 수는 있지만, 그렇게까지는 프리우스에게 안 맞는다고 판단

‖ 모든 것을 쇄신한 섀시 ‖

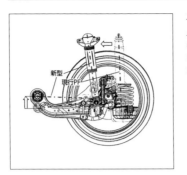

후방 현가의 배치
구형은 TBA, 신형은 멀티 링크로 형식도 다르지만, 신형은 댐퍼 배치가 전방으로 이동해 앞으로 기울어져 있다. 외력 변형(compliance) 확대를 위해 부시 용량을 키움에 따라 타이어의 앞뒤로 가해지는 진동을 낮추기 위해서이다.

트레일링 암과 댐퍼의 배치 각도의 적정화에 따른 진동 저감

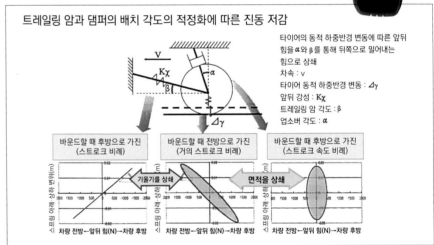

타이어의 동적 하중반경 변동에 따른 앞뒤 힘을 α와 β를 통해 뒤쪽으로 밀어내는 힘으로 상쇄
차속 : v
타이어 동적 하중반경 변동 : $\Delta\gamma$
앞뒤 강성 : $K\chi$
트레일링 암 각도 : β
업소버 각도 : α

바운드할 때 후방으로 가진 (스트로크 비례) 바운드할 때 전방으로 가진 (거의 스트로크 비례) 바운드할 때 후방으로 가진 (스트로크 속도 비례)

한 것이죠」

경로로 말하면 차체와 탑승객 사이에는 시트가 끼어든다. 물론 시트의 진동특성도 중요하다. 시트 골격뿐만 아니라 장착 강성도 소홀히 할 수 없다는 것은 지금은 상식이다. 이에 관해서는 오바씨가 알려주었다.

「시트는 새로운 골격으로 바꿨고, 장착 부위도 지금까지는 크게 보이는 구조였지만 이번에는 바로 체결했습니다」

실내로 들어오는 저주파의 원천은 불규칙한 노면뿐만이 아니다. 엔진 진동도 원인이다. 거기에는 먼저 마운트가 있다. 이전과는 설치 형태를 바꿔서 엔진의 롤 움직임과 분리함으로

써 진동에 대비하기가 쉬워졌다. 벌크헤드의 차음에도 심혈을 기울였다.

「우선 엔진 소음을 주파수별로 나누어서 부밍(booming), 사운드, 중주파, 고주파로 분류했죠. 그리고는 한가운데가 산 형태가 되도록 고주파와 부밍은 최대한 낮추었습니다. 대시 이너 사일런서(Dash Inner Silencer)같은 흡차음재는 생산량이 많을 때는 구멍이 많았습니다. 조립 편이성을 우선시했던 것이죠. 공장과 협력해 그 점을 바꿨습니다」

이렇게 흡차음재는 벌크 헤드 위쪽 테두리까지 막을 만큼 면적이 커졌다. 예전 같으면 목소리가 컸을 생산 쪽이 TNGA라는 깃발 아래서

풍절음의 발생 메커니즘

차량 외부에서 발생한 바람소음이 입력 부위에서 차량 실내로 들어오는 것이 풍절음(風切音)이다. 그 강도는 외형 발생음과 차음성능에 의해 결정된다. 풍동실험을 통해 입력 부위 중에서 전방 문 주변이 가장 큰 영향을 미친다는 것을 파악했다고 한다.

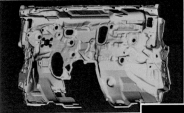

신개발 소음 부자재

왼쪽 그림은 대시 이너용, 아래는 바닥용 소음 부자재. 대시 이너는 중간에 구멍 뚫린 구조의 차음층을 추가함으로써 불필요한 주파수 차단에 성공했다. 바닥 소음 부자재는 재질을 섬유를 사용해 전체 면적에 까는 구조이다.

풍절음 발생 부위와 영향 정도
풍절음에 영향을 주는 것은 전방 문 주변이라는 것이 판명. 구형 도어의 철저한 투과 부위 조사와 대책을 통해 풍절음을 줄였다. 나아가 공기 흡입음을 줄이기 위해 B필러 시작점에 성형부품도 새로 마련했다.

보디 실러의 도포 부위

소리가 실내로 유입되지 않도록 판금재 틈새를 메꾸는 보디 실러 도포 길이도 대폭 확대했다. 청색이 기존 부위. 적색이 추가한 부위로서, 특히 바닥 주변으로 확대한 것을 알 수 있다.

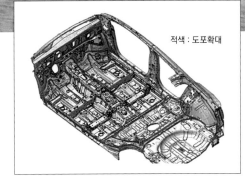

원활히 협조했을 것이다. 앞서 언급한 한 개짜리 대형 플로어 사일런서도 적용하는 모델 전체의 설계 쪽 청원을 반영해 개발되었다. 그것이 가능했던 것은 TNGA식 플랫폼 설계의 뇌물이라고 한다.

「격벽감이라고 말하는데, 탔을 때의 밀폐된 느낌은 신대는 물론이고 캠리나 골프, BMW보다 윗급입니다」

이름이 거론된 캠리는 신MC보다도 윗급인 K플랫폼을 쓰는데, 음 진동에 유리한 정(井)자형 서브 프레임을 갖고 있는데도 이긴 것이다. 소음 진동대책에서는 뒤쪽의 서브 프레임에도 아직 여유가 있다. TBA는 현가 기구가 2곳에서 차체와 직접 연결되는 간소한 구조이지만, 더블 위시본은 서브 프레임을 매개로 차체와 연결된다. 프리우스에서는 이것이 바로 연결되어 있다. 부시를 매개로 진동을 차단하는 기

숨은 손바닥 안에 있는 것이다.

TNGA 개혁을 통해 최초로 세상에 나온 C플랫폼. 이후 SUV 형태의 CHR이 등장하면서 카롤라에도 적용된다. 승차감뿐만 아니라 다른 요건에서도 어떤 자동차가 만들어질지가 기대된다. 그리고 또 도요타 차체가 담당하는 C~D 세그먼트 급의 각 미니밴에 이 차대가 할당될지, 아니면 다른 차대가 태어날지도 흥미롭다.

섀시 부하에 대해 기초능력이 가혹하게 엄격한 미니밴 3종사 노아, 복시, 엑스콰이아는 월간 2만 대 이상이 팔린다. 프리우스와 카롤라

와 더불어 이 차들까지 TNGA의 은혜를 받는다면 도요타 진영의 핵심 차들은 명확하게 레벨 향상을 확보하게 되는 것이다.

성능 실험부
차량 운동성능 개발
차량운동 2그룹장
오바 게이타

MS섀시 설계부
제1섀시 설계실
제3그룹장
아사이 도오루

성능 실험부
진동소음개발
그룹장
후쿠나가 고타로

자동차를 만드는 것이 아니라 "승차감"을 개발한다 - 하지만

현가장치의 움직임을 "생생하게" 본다.

CASE 03 스바루의 「승차감=진동」 평가·분석 방법

「최상의 승차감」을 정의하기는 어렵다. 소리나 진동은 정보이기도 하고 잡음(noise)이기도 하다.
단순히 소리나 진동 레벨을 낮춘다고 해서 인간은 쾌적하게 여길까?
스바루는 가시화 기술에 힘을 쏟고 있다. 그런 속에서 "승차감 개발"은 어떤 모습일까?

본문 : 세라 고타 사진&그림 : 스바루 / MFi

스바루 글로벌 플랫폼

스바루 글로벌 플랫폼(SGP)은 스바루의 신세대 플랫폼으로, 2016년에 생산한 임프레자부터 적용했다. 레거시 등, 스바루의 모든 차종(BRZ 제외)에 적용한다. 「동적 질감」이라는 표현을 사용하기 시작한 것은 현행 레거시부터이지만, 단순한 캐치프레이즈가 아니라 체감할 수 있는 완성도를 보인다고 한다.

풀 비클 모델

가상 성능 실험장

실제 노면 입력→섀시 전달→실내로 전달되는 힘의 흐름을 정확하게 예측

스바루의 새로운 플랫폼 개발과정에서 승차감과 관련된 2가지 기둥은 가상으로 차체의 진동을 예측하는 것과 현가장치를 단독으로 계측해 실제 움직임을 보는 것이다. 전자는 풀 비클 모델을 가상의 노면에서 달리게 해 진동을 예측한다. 「당사의 강점은 군더더기가 작다는 점. CAE 팀이 계측하기 때문에 진행이 빠르다」(후지누키씨)

「승차감」이라고 하면 누구나가 언어가 갖는 의미를 상상할 수 있다. 하지만 「승차감이란 무엇일까」하고 묻는다면 바로 대답하기가 쉽지 않다.

「느낌으로는 너무 간단하지만, 사실은 아주 애매하기 때문입니다」

이렇게 대답하는 사람은 승차감 책임자라고 해도 좋을 만한 후지누키 테츠오씨(후지중공업 주식회사, 스바루 기술본부, 차량개발실험 제1부 부장 겸 스바루 연구실험센터 센터장)이다.

「차량동역학(조종 안정성)이나 승차감 또 NVH 모두 진동 현상관 관련된 분야로서, 구분되지 않고 다 연결되어 있습니다. 고객 입장에서는 한 마디로 승차감이라고 할 수 있죠. 조종 안정성과 승차감, NVH를 구분하는 것은 엔지니어링 측면에 불과하죠. 다루는 현상은 완전히 하나인 겁니다. 후지중공에서는 조종 안정성과 승차감은 한 팀에서 다룹니다. NVH는 다른 팀으로 되어 있구요」

후지누키씨는 대개 조종 안정성과 승차감은 사이가 나쁜 관계이지만, 이 두 가지하고 NVH도 사이가 나쁘다고 하면서 웃어 보인다. 진동 현상을 다룬다는 의미에서는 같은데도 말이다. 아니, 같아서 그런 것일까….

「승차감 측면에서 우리가 반성하는 점은 주파수와 레벨에 대해서입니다. 우리는 쭉 파형을 평가해 왔죠. 최상의 승차감이나 최상의 진동소음이라고도 말하지만, 진동이 없는 것과 소리가 나지 않는 것이 좋은 것이냐 하면 그렇지 않다는 겁니다. 소리도 안 나도 진동이 없는 곳에 갇혔다고 생각해 봅시다. 기분이 이상해질 겁니다. 그런 곳에서 1시간 동안이나 같은 자세로 있으라고 하면 무리겠죠. 레벨이 낮다고 해서 정의는 아닙니다」

그렇다면 정의는 무엇일까. 그것을 밝히지 않으면 자동차 회사로서의 「앞날은 없다」고 후지누키씨는 말한다. 그러면서 「결과는 간단했다」고 말하는 표정에서 해답을 얻었다는 느낌을 엿볼 수 있다. 그것이 무엇인가에 대해서는 직접적인 말로는 알려주지 않는다. 하나부터 열까지 뭐든 물어봐라, 대신 스스로도 생각해 보라는 뜻일 것이다. 힌트는 이렇다.

「승차감을 평가할 때 『튄다』든가 『물렁물렁하다』는 느낌의 축이 있지만, 다른 한편에서는 『접지감』이라든가 『정보』라는 축도 있습니다. 정보는 소스(Source)이죠. 노이즈(Noise)가 뒤섞인 소스를 바탕으로 접지감이나 정보를 판단해도 될까. 애초부터 소스와 노이즈란 무엇일까. 그것을 분리하지 못하는 한, 이런 방법으로 평가하는 것은 너무 난폭하다고 생각합니다」

인간은 들리지 않는 주파수대역을 포함한 음악을 듣고서 「좋다」고 느낀다거나, 들을 수는 없으나 저주파를 「불쾌」하다고 느끼기도 한다. 인간은 매우 폭넓은 정보를 받아들이는 것이다. 진동을 계측하면 높은 레벨의 입력에 불쾌하게 느낀다거나, 반대로 낮은 레벨을 불쾌하게 느끼는 수가 있다. 경합 차종보다 레벨이 낮으니까 우리 쪽이 우수하다고 평가하기 쉽지만, 실제로 자동차를 사서 타는 사람은 그렇게 느끼지 않는다. 인간은 무엇을 느끼는 걸까. 그 원점에 서서 되돌아봐야 한다고 생각하고는 실행에 옮겼다.

「그 영역까지 넓혀가지 않으면 사실을 제대로 알 수 없죠. 제대로 된 사실을 모르면 승차

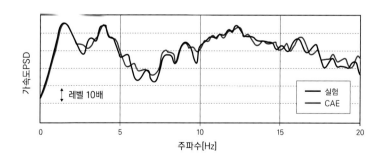

바닥의 진동 레벨 실측값과 계산값을 비교

바닥 진동의 실측값과 계산값을 겹쳐 놓은 그래프. 거의 상관관계를 파악할 수 있다. 가상으로 예측할 수 있으면 현가장치로 수정할 수 있는지 아닌지에 대한 확인이 빨라지는 효과가 있다.

감을 어떻게 해야 할지 모르게 됩니다. 임프레자의 대형 마이너 체인지를 통해 알게 된 사실입니다. 주파수와 레벨뿐만 아니라 좀 더 다른 견해가 필요하다는 것을요」

승차감에 대해 더 많은 사실을 파악한 스바루가 새로운 엔지니어링을 본격적으로 적용한 것은 차기 임프레자부터 전개될 스바루 글로벌 플랫폼(SGP) 때문이다. 승차감이라고 해야 할지, 진동 현상이라고 부를지는 젖혀 놓더라도 실제 차량을 만들지 않고 그것들을 확인할 수 있게 되었다. 풀 비클 모델(독자적으로 제작한 기구분석 프로그램 아담스)을, 세계 각지의 노면을 실제 계측한 다음, 3D 데이터로 바꾼 가상 성능 실험장에서 달리게 하는 것이다. 「거의 상관관계를 파악할 수 있는」 상황이 되어 「SGP에서는 상당히 깊게 적용했다」고 한다.

「승차감이나 진동현상은 차체 강성과 상당히 깊은 관계를 갖는데, 개발과정을 시행착오가 아니라 가상으로 개발할 수 있게 된 것이죠. 이제는 가상이 아니면 개발이 안 되는 상황입니다」

시행착오란 실물을 만들어 계측한 다음, 여기가 부족하니까 이쪽을 보완한다든가, 저기가 취약하니까 강하게 하자는 식으로, 잘랐다 붙였다 하는 것을 의미한다. 요컨대 실물이 없으면 파악도 잘 안 되고, 실행한 조치를 다음번 때 살리기 위한 노하우로 남겨두기도 힘들다.

「이유를 파악하고 나서 하지 않으면 투입한 부자재가 왜 살아있는지 모릅니다. 물론 분석을 근거로 하는 것이지만, 엉뚱한 숫자를 보고

같은 것을 만드는 식이어서 기대를 벗어난 결과가 나오기도 하죠」

가상으로 진동을 계측하면서 차체를 설계하면 「오류가 적어진다」고 한다. 개발공수를 줄일 수 있고, 비용은 낮아지고, 차체는 가벼워진다. 다만 실체 차량의 확인이 절대로 필요하다. 스바루 연구실험센터(SKC)에는 세계 각지의 노면을 재현한 테스트 코스가 있는데, 요철은 작위적이어서 「뭔가 실제와는 약간 다른 분위기의 상황」이기는 하지만…

「댐퍼를 튜닝하면 괜찮아지는지, 현가장치로는 고쳐지지 않는 영역인지 등 물리적 한계를 직전 단계에서 확실히 알 수 있다는 점이 계산의 좋은 점입니다. 그것을 모르면 댐퍼나 스프링으로 바로 잡으려고 하게 되죠. 조금 좋아지면 희망을 품게 되어 좋지 않지만요」

그렇다고 가상에만 의존하는 것은 아니다. 눈으로 확인해야 한다는 중요성도 인식하고 있다.

「양산부품에는 아무래도 공차가 있습니다. 공차가 누적되어 운동학적인 토 변화 등, 설계 때 계획했던 것과는 다른 현상이 일어나기도 하죠. 지금까지는 자동차를 만들어 주행하거나, 테스트 장치 위에서 실험했습니다. 요컨대 자동차가 없으면 평가를 못 했죠. 지금은 자동차 한 대를 올려서 계측하는 것이 아니라 현가장치 단독 실험도 가능하고, 3D 화상으로도 계측할 수 있습니다. 이렇게 하면 공차의 누적으로 인해 계획한 대로 움직이지 않는 것을 눈으로 확인할 수 있습니다」

후지중공업 주식회사 스바루 기술본부
차량개발실험 제1부 부장
(겸) 스바루 연구실험센터 센터장

후지누키 테츠오
Tetsuo FUJINUKI

자동차마다 테스트 장치 위에 올려서 계측하는 방법은 사양 변경에 대규모 작업이 필요하므로 하루에 몇 번을 계측하기는 힘들다. 자동차로 만들어진 상태이므로 계측 포인트도 제약을 받는다. 한편 현가장치 단독 실험 같은 경우 하루에 몇십 번이고 계측할 수 있다. 측정하고 싶은 곳을 측정할 수 있다는 것도 장점이다. 이 방법도 SGP부터 본격적으로 도입되었다.

「가시화 기술에 힘을 쏟는 이유는 사실에 얼마만큼 겸허해질 수 있느냐가 중요하다고 생각하기 때문입니다. (진동가속도의) 레벨이 낮으면 좋다는 문제가 아닙니다. 그럼 뭐냐. 그것을 추구하지 않으면 돌파구는 없다고 보는 것이죠」

승차감을 이해하게 된 스바루의 최신작이 SGP 적용 제1호인 차기 임프레자이다. 주파수와 레벨에 기대지 않고 승차감을 과학화한 성과를 조금만 기다리면 체감할 수 있을 것이다.

승차감 테스트 도로
스바루 연구실험센터의 테스트 도로. 세계 각지의 주요 도로를 재현해 놓았다. 「미국 미시간의 노면을 만들었더니 좋아졌다. 아우토반을 만들었더니 그것도 좋아졌다」(후지누키씨). 상반된 관계가 아니라 어떤 노면에서도 좋아진다고 한다.

자동차의 움직임을 「눈으로 보다」

공차 누적이 원인이 되어 설계한 대로 운동학적인 움직임이 나오지 않을 때가 있다.
그런 종류의 현상은 현가장치 단독의 테스트 장치 실험을 통해 각 링크의 움직임을 실제로 보면서
(계측하면서) 확인하고 있다.
본격적으로 대처하기 시작한 것은 2014년부터. 참고로 자동차와 CAD는 동일 차종이 아니다.

전방 현가장치(타이어 구동장치)

플랫 벨트 위에서 회전하는 타이어는 스티어링의 입력으로 인해 조향한다. 3D 카메라로 각 부분의 변위를 계측. 변동각「1~2도를 알 수 있다는 점이 좋다」

전방 현가장치(스프링 반력)

부하센서(Load Cell)로 스프링 반력을 계산한다. 3축 변환기는 자체 제작. WRC 시대에 축적한 노하우를 살렸다고 한다.「레이스의 계측기술은 앞서 있다」

후방 현가장치(6자유도 액추에이터의 반력)

6축 액추에이터로 노면의 입력을 재현하는 구조. NVH를 평가할 때는 타이어가 회전할 필요가 있어서 그 방향으로 검토 중이다.

허브 베어링+휠+타이어(타이어 구동장치)

타이어 접지면의 하중분포나 코너링 파워도 계측할 수 있다.「0.1초의 조향 응답성 차이를 확인 할 수 있다」. 허브 베어링 차이도 크다.

핸들을 틀어 차체로 전달된 후에 반응이 돌아온다. 그런 메커니즘을 분석하지 않으면 제대로 된 설계는 불가능하다고 판단해 가시화에 나서기 시작했다.

휠+타이어(타이어 구동장치)

3

요소기술과 쾌적성

자동차의 승차감을 결정하고 실현하는 부품들의 설계전략

각각의 부품이나 시스템은 그 소화 범위 안에서 최고의 성능을 발휘하도록 다양한 기술을 적용한다.

하지만 최고의 성능은 한 가지 방향이 아니다.

대개 쾌적성과 운동성은 상반되기 때문에 양쪽을 병립하기는 어렵다.

그런 상황에서 전방위 고성능을 실현하기 위해서는 어떤 방법이 있을까.

이율배반과 애매모호

타이어와 승차감의 끝나지 않은 미로

「타이어 쪽 도움을 받았죠」

자동차 회사의 조종 안정성 담당자한테서 가끔 듣는 말이다. 요즘의 자동차는 타이어 의존도가 매우 높은 편이다.

승차감이라고 하는 매우 추상적인 요소에 대해 타이어는 어떻게 관여하고 있을까.

본문 : 사와무라 신타로   그림 : 요코하마고무

「타이어 카탈로그에 『승차감이 향상되었다』는 글은 찾아보기 힘들죠」 그러고 보니 과연 그렇다. 그립이라든가 구름저항 같은 말은 항상 크게 적혀 있다. 그런데 승차감과 관련된 문구를 카탈로그에 내세운 기업이 없었다.

「그것은 알기 쉬운 지표가 없기 때문입니다. 설계 쪽에서는 지표라고 할만한 것이 있기는 하죠. 다만 공표할 만한 보편성을 갖추고 있지 못할 뿐입니다」

이번 글의 취재에 응해준 요코하마고무의 타이어 제1설계부 설계1그룹 리더인 가와세 히로야씨가 인터뷰 중에 들려준 말이지만, 이 글의 혹은 이번 특집의 최대 핵심이 될지도 모른다.

공표할 말한 보편성을 담보하지 못했다는 말을 들었는데도 그대로 물러나서는, 개발부문이 위치한 히라즈카공장까지 와서 방해한 보람이 없을 것이다. 그래서 요코하마고무 내부의 지표를 부탁했다(그림1, 2). 승차감이라는 개념에는 여러 가지 항목이 있다. 먼저 크게 분류하면 좋은 길과 험한 길, 각각에서 스프링 상부가 얼마나 잘 움직이느냐 하는 정도, 이것과는 별도로 소위 불쾌감(harshness)이 있다고 가와세씨는 말한다. 이런 항목들이 승차감이라는 감각을 형성한다. 그 감각을 요코하마고무에서는 돌발감이나 들들거림, 부들거림 등 일종의 의태어(擬態語)로 나눈 다음, 그림2와 같이 주파수별로 다시 나열해 놓는다. 각 자동차 회사도 표현은 다르지만, 파악하고 있는 현상 자체의 인식에 관해서는 가와세씨가 말하는 현상과 크게 다르지 않다고 한다.

확실히 하기 위해 왜 주파수인지를 밝혀 둔다.

노면에서 올라오는 입력은 각각 탄력 기능과 댐핑 기능을 가진 타이어와 현가 계통과 시트를 거쳐 탑승객을 흔든다. 흔들림이란 것은 파동을 가리키는데, 파도라는 현상은 주파수(와 그 추이)로 나타낼 수 있다. SI단위 체계에서는 1초 사이에 1회의 사이클을 1Hz라고 한다. 앞의 이런 표현이 어렵다면, 진동원이 공기를 떨리게 했을 때의 가까운 사례를 통해 살펴보겠다. 시간을 알려주는 삐삐삐~는 삐삐가 440Hz이고 삐~는 880Hz이다. 남자 목소리의 기저음은 대개 90Hz~130Hz, 88개 키보드의 콘서트용 그랜드 피아노의 최저음은 27.5Hz이다. 사실은 이 정도의 낮은 주파수에서 인간의 청각은 그 파동을 사운드로 듣지 못하고 진동으로만 인지한다. 겨우겨우 소리로 느끼는 것은 40Hz 이상이다. 이때도 오디오 기기로 그 대역을 완전하게 재생할 수 있는 것은 일반적

그림1 요코하마고무의 승차감 항목분류

승차감 항목을 분류하면 대략 아래와 같다.

■ 좋은 길
스프링 상부가 얼마나 잘 움직이느냐, 들들거림, 부들거림

■ 험한 길
위와 동일

■ 하쉬니스
틈새 돌출물의 크기, 수습성

시트
서스펜션
타이어
노면

노면의 요철이 타이어를 시작으로 현가→차체→시트로 전달되어 탑승객이 느끼는 진동을 「승차감」이라고 정의한다. 진동의 진폭뿐만 아니라 가속도나 감쇠성까지 포함하기 때문에 단순한 수치로는 표현하지 못하고, 「들들거림」「부들거림」같은 의태어를 타이어 회사뿐만 아니라 자동차 회사에서도 일반적으로 사용하고 있다.

그림2 주파수대에 의한 진동과 승차감을 표현하는 호칭

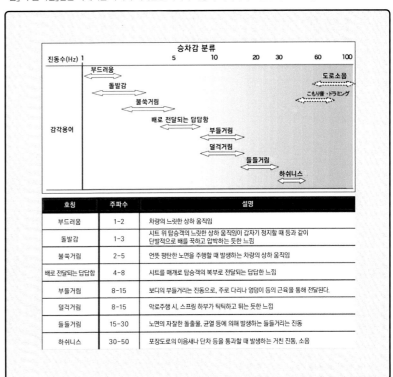

호칭	주파수	설명
부드러움	1-2	차량의 느릿한 상하 움직임
돌발감	1-3	시트 위 탑승객의 느릿한 상하 움직임이 갑자기 정지할 때 등과 같이 단발적으로 배를 꾹하고 압박하는 듯한 느낌
불쑥거림	2-5	언뜻 평탄한 노면을 주행할 때 발생하는 차량의 상하 움직임
배로 전달되는 답답함	4-8	시트를 매개로 탑승객의 복부로 전달되는 답답한 느낌
부들거림	8-15	보디의 부들거리는 진동으로, 주로 다리나 엉덩이 등의 근육을 통해 전달된다.
덜걱거림	8-15	악로주행 시, 스프링 하부가 틱틱하고 튀는 듯한 느낌
들들거림	15-30	노면의 자잘한 돌출물, 균열 등에 의해 발생하는 들들거리는 진동
하쉬니스	30-50	포장도로의 이음새나 단차 등을 통과할 때 발생하는 거친 진동, 소음

승차감과 관련된 진동의 주파수 영역은 대개 1Hz부터 100Hz 사이. 100Hz를 넘는 고주파 진동은 「소리」 영역에 들어간다. 그보다 아래 주파수 진동은 발생원인, 현상, 감지하는 인간의 부위 등에 따라 다양한 호칭으로 분류된다. 이 호칭은 회사에 따라서도 제각각이어서 개발과정에서는 인식의 통일이 필요하다고 한다.

그림3 타이어의 상하·좌우 방향의 입력과 진동 감쇠

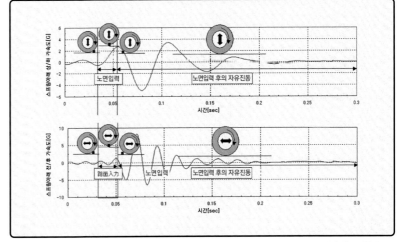

타이어가 노면 요철 때문에 상하 방향으로만 움직인다고 생각하기 쉽지만, 회전하면서 이동하기 때문에 앞뒤로도 진동한다. 같은 시간 축으로 보면 상하진동과 전후진동의 가속도·주파수·감쇠가 모두 다르다. 탑승객이 느끼는 것은 이런 복합적인 진동이라는 것을 알 수 있다.

승차감을 이해하기 위한 타이어 기초지식

□ 타이어 구조

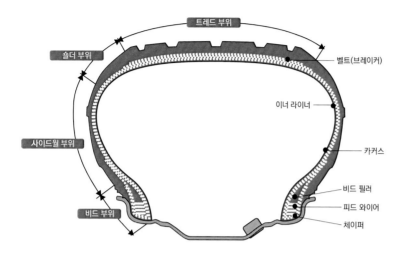

트레드 부위 / 숄더 부위 / 벨트(브레이커) / 이너 라이너 / 카커스 / 비드 필러 / 피드 와이어 / 체이퍼 / 사이드월 부위 / 비드 부위

【 비드 부위 】
타이어와 휠의 림 부위를 고정하는 부분.

【 사이드월 부위 】
타이어의 하중이나 충격을 흡수해 완화하는 부분.
부드러운 굴곡·유연성이 필요하다.

【 숄더 부위 】
카커스를 보호하면서 마찰이나 히스테리시스에 의한
발열을 발산하는 부분.

【 트레드 부위 】
노면과 직접 접촉해 접지력을 발휘하는 동시에 표면에
새겨진 패턴은 배수성을 담보한다.

【 벨트 】
레이디얼 타이어 특유의 부위로서, 카커스와 트레드
사이에 원주 형태로 붙인 보강대. 카커스를 조여서
트레드 강성을 높인다.

【 이너 라이너 】
내부에 붙이는 고무로서, 공기를 밀폐한다.
튜브 타이어의 튜브 역할을 한다.

【 카커스 】
타이어의 기본골격을 생성하는 코드 층. 타이어에 걸리는
하중이나 충격, 충전공기압을 견디는 역할을 맡는다. 소재는
바이어스 타이어에서는 주로 나일론, 레이디얼 타이어에서는
폴리에스테르를 사용한다. 하중이 큰 트럭용 등의 레이디얼
타이어에서는 스틸 제품이 많다.

【 비드 필러 】
비드 부위뿐만 아니라 타이어 전체의 케이스 강성을 높이는
고무 부자재.

【 비드 와이어 】
강선을 묶어놓은 것으로, 압력이나 원심력에 의한 카커스의
인장력에 대항하여 림에 고정한다.

【 체이퍼 】
휠 림과의 마찰로부터 카커스를 보호하는 보강층.

□ 레이디얼 타이어의 기본구조

【 카커스 】
기본골격인 카커스가 타이어 중심층에서 방사 형태로 배치된
것이 레이디얼 고유의 구조이다. 바이어스 타이어에서는
복수의 카커스를 비스듬하게 서로 교차해서 배치한다.
바이어스의 카커스 부위는 어느 정도 움직이기 때문에
강성은 레이디얼에 비해 떨어지지만, 유연하게 움직인다는
점에서는 승차감에서 유리하다고 이야기된다.

【 스틸 벨트 】
폴리에스테르로 대표되는 수지섬유로 만들어진 카커스를
강선으로 짠 벨트로 보강한다. 타이어의 충격을 막아내
강성을 확보하는 부분으로, 바이어스 타이어의 경우는
브레이커라고 하는 나일론 제품의 벨트를 사용한다.:

【 벨트 커버 】
고속 내구성을 높이기 위한 수지섬유제품의 벨트

【 매트릭스 보디 플라이 】
다음 페이지 참조

□ 타이어 호칭

215/50R17 91V
① ② ③ ④ ⑤ ⑥

5.60-13 4PR
⑦ ⑧ ⑨

① 타이어 폭(mm표시) / ② 편평률 : 타이어에 대한 사이드월의 높이를 백분율로 나타낸 것. / ③ 레이디얼
표시 / ④ 림 지름(인치 표시) / ⑤ 하중지수(로드 인덱스) : 타이어 개당 부하하중을 나타내는 지수. 타이어는
공기압에 따라 최대 하중이 바뀌기 때문에 ETRTO(유럽 타이어 규격)에서는 XL(엑스트라 로드) 규격이라고
하는 높은 공기압에 대응할 수 있도록 내부구조를 강화한 것이 있다. / ⑥ 속도기호 : 규정 조건 상태에서
타이어가 주행가능한 최고속도를 나타낸다. A8(40km/h)부터 Y(300km/h)까지 있다. 그림의 V는 240km/h.
/ ⑦ 타이어 폭(cm표시) / ⑧ 림 지름(인치 표시) / ⑨ 타이어 강도(플라이 레이팅) : 바이어스 타이어나 트럭용
타이어 고유의 부하능력 지수.

□ 타이어 사이즈와 림 지름 & 편평률

195/65R15 215/55R16 235/45R17 215/60R15

195mm 215mm 235mm 215mm

타이어 사이즈의 가장 기본적인 지표는 타이어의 외경이다. 같은 차종인데
타이어 사이즈가 다를 때는 원칙적으로 외경을 같게 해야 한다. 그림은 같은
타이어 외경으로서, 타이어 폭을 바꾸었을 경우의 편평률과 림 지름의
차이를 나타낸 것이다. 타이어 폭을 크게 하려면 편평률을 낮추든지, 림
지름을 키우든지 또는 양쪽 방법을 다 택하면 된다. 어떤 식이든 타이어의
공기 체적은 감소하게 된다. 또 림 지름(림 폭)을 확대하면 타이어 중량보다
휠(스프링 하부) 중량이 늘어난다. 어떤 식이든 승차감에 대해서는 조건이
나빠지는 방향으로 간다.

□ 타이어와 승차감에 관한 일반론

	승차감 좋음	승차감 나쁨
【구조】	바이어스	레이디얼
【타이어 폭】	폭 좁음	폭 넓음
【편평률】	편평률 높음	편평률 낮음
【림 지름】	림 지름 작음	림 지름 큼
【공기 체적】	체적 큼	체적 작음

그림4　매트릭스 보디 플라이

ADVAN Sport V105 전용구조

■ V105 전용 매트릭스 보디 플라이

❶ 고강성 스틸 벨트
고속주행 시 플라이의 팽창을 억제해 안정성을 향상.

❷ 레이온 보디 플라이
유럽 차의 순정 타이어에 요구되는 고스펙 레이온을 채택.

❸ 오버랩 조인트리스 와인딩 방식
벨트 커버의 엣지를 겹치게 감아 고내구성을 확보.

❹ 조인트리스 삼중 엣지커버
양쪽 귀퉁이를 접어서 이음새를 없앤 고강성 벨트 커버.

❺ 메트릭스 보디 플라이
새로운 구조로 원주 방향의 강성을 향상함으로써 뛰어난 조종 안정성을 실현.

각도가 있는 플라이를 트레드 근처까지 감아 돌림. 사이드부터 숄더까지 교차하는 이중구조를 채택함으로써 원주 방향의 강성을 향상(일부 사이즈 제외).

■ 타이어 형상의 「비틀림」을 해소.

매트릭스 보디 플라이
사이드 강성이 높으면 접지면과 비드 부위는 올바른 위치에서 회전하기 때문에 반응 응답성이 기민해진다.

당사의 일반적인 타이어 구조
사이드 강성이 낮으면 타이어는 변형되고, 접지면과 비드 부위의 위치가 어긋나기 쉬워서 타이어로의 반응 응답성이 늦어진다.

원주(회전) 방향의 강성을 향상하면서 세로강성의 억제가 가능

비스듬하게 각도가 진 플라이를 사이드월부터 숄더 부위까지 교차시켜서 원주 방향의 강성을 높인 ADVAN Sport V105에 채택된 신기술. 주로 운동성능을 향상하는 기술이지만, 카커스를 비스듬하게 겹치게 한 점은 바이어스 타이어와 비슷하다. 원주 방향 강성은 높이면서도 세로강성의 증가를 억제해 플래그쉽 타이어에 요구되는 승차감에 크게 공헌했다고 한다.

이지 않은 레벨의 대역으로서, 슈퍼 우퍼(대략 40Hz부터 100Hz 정도의 대역을 재생한다)가 필요하다.

즉 우리가 자동차를 탔을 때는 정확하게 소리로 느끼는 한계선보다 아래의 극히 느린 파동을 승차감으로 파악한다는 것이다.

앞의 의태어를 보면 알 수 있듯이 진동은 즐겁지 않은 현상이라 자동차에 타고 있을 때는 기분을 망가뜨린다.

그 때문에 (차체를 포함한) 현가장치 설계나 시트 설계 분야에서도 자동차가 탄생 이후 이 진동을 없애기 위해 끊임없이 연구해 오고 있다. 마찬가지로 타이어 개발에서도 똑같은 노력이 지금까지 계속되고 있다.

그런 타이어 쪽의 승차감 대책으로 요코하

마고무가 지향하는 것은 입력 감소와 감쇠력 향상이다.

이에 관해서는 별도의 그림을 보는 것이 이해하기 좋을 것이다. 노면의 돌출물(凸) 부분으로 인해 충격을 받은 타이어는 위아래뿐만 아니라 앞뒤로도 흔들리게 된다. 돌출물을 밟았을 때 타이어는 위 방향과 뒤 방향으로 가속되고, 이어서 반동으로 아래 방향과 앞 방향으로 가속된다. 당연히 그 상하와 앞뒤의 운동은 한 번으로 수습되지 않고 반동으로 되돌아온다. 그것을 가속도 그래프로 나타낸 것이 그림3이다.

입력 감소란 그래프의 파도 높이를 낮게 하는 것이다. 감쇠란 파도 높이와 동시에 그 경사각을 완만하게 해 파도의 폭을 넓힐 뿐만 아니

라 반동의 반복을 억제하는 것으로 이해하면 된다. 이것은 현가장치 같은 완충기구에서 스프링과 댐퍼가 하는 작용과 유사하다. 타이어는 이 양쪽 작업을 같이 해내야 하는 것이다.

그럼 구체적으로 어떤 대책을 세우고 있는지를 나타낸 것이 그림5이다. 트레드 패턴의 변경이란 나란하게 블록을 작게 하는 것이다. 실제 타이어로 예로 들자면, 어드반 네오바 같은 고성능 타이어는 블록 강성이 높아서 변형이 잘 안 되는 탓에 승차감에서는 불리하다. 스터드리스 같이 세세하게 새겨진 블록 같은 경우는 그 반대이다. 트레드에 사용되는 고무도 연한 쪽이 좋다.

「일반적으로 고성능 타이어는 고무가 부드러울 것으로 생각하지만, 사실은 코너링 파워

그림5 승차감을 향상시키는 방법

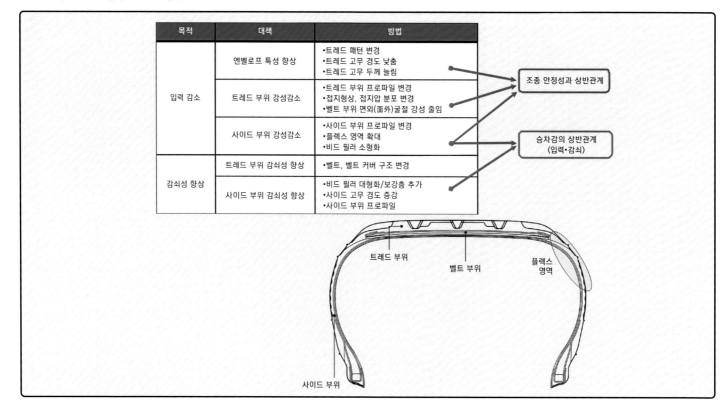

목적	대책	방법
입력 감소	엔벨로프 특성 향상	•트레드 패턴 변경 •트레드 고무 경도 낮춤 •트레드 고무 두께 늘림
	트레드 부위 강성감소	•트레드 부위 프로파일 변경 •접지형상, 접지압 분포 변경 •벨트 부위 면외(面外)굴절 강성 줄임
	사이드 부위 강성감소	•사이드 부위 프로파일 변경 •플렉스 영역 확대 •비드 필러 소형화
감쇠성 향상	트레드 부위 감쇠성 향상	•벨트, 벨트 커버 구조 변경
	사이드 부위 감쇠성 향상	•비드 필러 대형화/보강층 추가 •사이드 고무 경도 증강 •사이드 부위 프로파일

조종 안정성과 상반관계

승차감의 상반관계 (입력·감쇠)

트레드 부위 벨트 부위 플렉스 영역 사이드 부위

를 강화하기 위해서 약간 단단한 고무를 사용합니다」

마찬가지로 선회력을 높이기 위해 고성능 타이어는 트레드의 고무 두께를 얇게 함으로써 트레드 강성을 높게 채택하기 때문에 승차감 측면에서는 불리하다. 내부구조도 중요하다. 접지면의 형상이 세로로 긴지, 가로로 긴지, 압력은 균일하게 걸리는지. 또 구조부의 스틸 교차각이나 그것을 덮고 있는 고무의 재질에 따라서도 강성이 바뀐다. 노면을 받치는 벨트 부분의 강성이나 사이드 부분의 특히 플렉스 영역(속칭 숄더라고 하는 부분)의 일그러짐 정도도 당연히 관련되어 있다.

이런 요소를 살펴보면 이것들이 조종 안정성과 상반 관계에 있다는 것을 알 수 있다. 그립이 좋은 고성능 타이어는 승차감이 안 좋다는 우리의 통념은 그대로이다. 그런데 까다롭게 앞서와 같은 입력을 줄이는 항목이 현재 한가지 입력을 감쇠시키기 위한 항목과 서로 상반성을 갖는다는 점이다. 예를 들면 벨트 부분에 구조를 보강하기 위해서 벨트 커버(브리지스톤은 캡&레이어라고 한다)를 덧씌우는 데, 그로 인해 강성이 높아지면 고속까지 견딜 수 있는 강한 타이어가 된다.

「기본적으로 강성이 높은 편이 감쇠성을 얻기는 쉽습니다. 사이드 부분도 강성을 올리면 입력을 줄이기는 불리하지만 감쇠성은 올라가게 되죠」

이렇게 타이어는 이중으로 굴레를 찬 물리적 이율배반 속에서 개발된다. 그 굴레를 돌파하는 방법은 신기술이다.

요코하마고무의 간판 상품인 어드반 스포츠는 저편평에 대구경 사이즈로 유럽형 고성능 차량에 채택되고 있는데, 그 신형 제품인 V105에서는 통상은 레이디얼 배치였던 플라이(ply)의 각도를 바이어스 타이어처럼 비스듬하게 누인 다음 트레드 부근까지 연장해서 감았다. 이런 새로운 구조를 통해 회전 방향 강성은 높이면서도 상하 방향의 강성은 높이지 않아도 되었다고 한다. 종래에는 레이스용 타이어같이 소량생산품에만 적용했던 응축된 구조이다. 구조설계뿐만 아니라 고무 자체의 특성도 개선되었다. 고무는 탄력을 담보하는 유기 고분자 화합물인데, 타이어에 사용되는 유기 고분자 화합물은 카본 블랙이나 유황을 비롯한 첨가물을 넣은 것이다. 그래서 이 분자 레벨의 구조는 사실상 무한에 가깝고, 여기에 컴퓨터로 지원되는 시뮬레이션의 발달에도 힘입어 계속해서 새로운 조합이 만들어지고 있다.

「구름저항이나 젖은 도로 접지력 등과 같은 요건에서 5년 전에는 상상도 하지 못했던 것들이 만들어지고 있죠」

문자그대로 일취월장인 것이다.

가와세씨는 이렇게 그림까지 보여 가며 승차감과 관련된 정리와 대략적인 대책에 관해 알기 쉽게 설명해 주었다. 하지만 현실에서 이 검은 탄력체를 굴리면서 자동차를 운전하는 우리로서는 약간의 의문을 갖게 된다. 제품으로 만들어져 시장에 투입된 타이어를 전제로 했을 때 곤혹스러운 것은 크기와 승차감의 관계이다. 이에 관해서 세상에는 수많은 주장과 이론이 난무한다. 승차감을 결정하는 것은 역시나 공기체적이라는 의견, 편평률이 낮으면 승차감이 떨어진다는 이야기는 오해에서 비롯된 것으로, 사이드 부분이 얇으면 구조적으로 강성이 제멋대로 나타난다는 의견, 아니

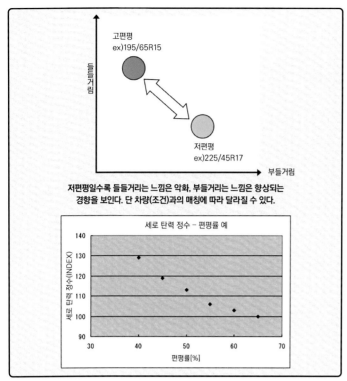

그림6 타이어 사이즈와 승차감의 관계

저편평일수록 들들거리는 느낌은 악화, 부들거리는 느낌은 향상되는 경향을 보인다. 단 차량(조건)과의 매칭에 따라 달라질 수 있다.

편평률이 높은 쪽이 들들거리는 느낌(15~30Hz의 진동)에 대해서는 유리하지만, 부들거리는 느낌(8~15Hz)에는 불리. 즉 진동 주파수와 상관관계가 있다는 것이다. 세로 방향의 탄력 정수도 편평률이 높을수록 낮다=유연하다. 하지만 실제로는 이런 일정한 평가가 되지 않는 경우가 많고, 차량 쪽 요건에 좌우된다.

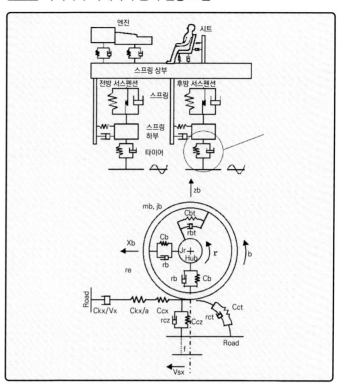

그림7 타이어와 차체측의 간이 진동 모델

타이어와 휠을 자동차에 장착해서 실제로 주행하는 것을 상정한 진동계통의 시뮬레이션 모델. 자동차의 가속, 타이어의 앞뒤진동 가속도, 상하진동 가속도, 회전 가속도 등을 매개 변수로 놓고 복합적인 진동을 측정한다.

그 때문에 역으로 이용해 연하게 찌그러지도록 설계하기 쉬워서 반대 현상이 나온다는 의견, 편평률이 낮은 것은 광폭 타이어라 폭넓은 트레드를 제대로 기능하게 하려면 강성을 높여서는 안 되기 때문에 승차감은 떨어진다는 의견 등등. 수많은 주장이 도마 위에 올라가고 그 각각에 대해 정반대로 생각되는 주장이 자못 그럴싸하게 돌아다닌다. 무엇이 진짜이고 무엇이 거짓일까.

가와세씨는 이렇게 대답했다.

「여러 이견처럼 다양한 요인이 있습니다. 예를 들면 편평률에 따라 타이어의 세로 탄력 정수는 바뀌게 되죠(그림6). 들들거리는 느낌과의 관계는 세로 탄력 정수가 가장 알기 쉽습니다. 이런 식으로 확실하게 경사를 볼 수 있는 요소도 있는 것이죠. 한편으로는 공기 체적이 하중지수(하중부담 능력)와 관련되어 있다거나 하는 식으로 서로 얽혀 있는 요소도 많습니다. 복잡하게 얽혀 있어서 그 결과가 타이어의 특성을 만드는 겁니다」

앞서 언급한 입력 저감과 입력 감쇠처럼 요인에 따라서는 승차감과 상반되는 것도 있다. 따라서 각각의 요인을 정연하게 어떻다고 단언하는 것은 불가능하다고 한다.

「솔직히 말해서 우리도 그것을 완전하게는 분리·해석하지 못하고 있습니다」

생각해 보면 그럴 것 같다. 편평률이 낮더라도 승차감이 나쁘지 않은 타이어도 있다. 더구나 타이어 자체 무게도 그렇다. 타이어의 세계는 그런 것이다. 만약 그 브랜드, 그 사이즈의 타이어가 승차감이 좋았다면 그것은 가와세씨 같은 기술자가 승차감을 좋게 하려고 개발했기 때문이다. 문외한이 편평률 같은 한 가지 요인만 끄집어내서 단순하게 결론지은 주장은 할 수 없는 세계인 것이다.

마지막으로 승차감과 관련해 최근의 업계 동향에 대해 궁금했던 점을 물어보았다. 10년 전과 비교해 자동차를 타는 맛이 확실히 딱딱해지지 않았느냐는 점이다.

「그럴 수 있습니다. 전에는 어쨌든 감각적으로 부드럽고 유연한 승차감이 일본 시장에서는 먹혔죠. 지금은 어느 쪽이냐면 약간 딱딱하면서도 감쇠가 잘 돼서 깔끔한 승차감을 선호하는 경향이 있습니다」

가와세씨는 도요타 크라운조차도 그런 경향이 강해졌다면서, 전에 한 번 타보고는 깜짝 놀랐다고 덧붙였다.

승차감은 저주파 진동이다. 공기의 진동인 소리처럼 인간의 감각기관이 진동을 포착하고 감각체계가 분석한 상태에서 그것이 우리의 판단이 된다. 따라서 승차감은 단순한 물리 현상을 뛰어넘어 인간의 감각까지 가미된 평가일 수밖에 없다. 그리고 인간이라는 요소가 반영되기 때문에 거기에는 시대적 상황의 경향도 가미된다. 승차감 추구는 결코 끝이 없는 무한한 작업이다.

가와세 히로야

요코하마고무 주식회사 타이어 제1설계부 설계1그룹 그룹 리더

댐퍼로 승차감을 추구하면

자동차의 모든 것을 밝혀내는데 도달한다.

진동을 감쇠시켜 자동차의 자세변화를 관리하는 상황에서 댐퍼는 매우 중요한 요소이다.
그래서 대부분의 현가 세팅은 댐퍼 튜닝에 맞춰져 있다.
승차감이라는 관점에서 보면 간소한 구조의 댐퍼에 아주 다양하고 가혹한, 이율배반적 임무가 주어져 있다.

본문 : 마키노 시게오 그림 : 쇼와 / MFi

댐퍼(쇽 업소버)는 승차감을 결정하는 중요한 요소이다. 이것은 사실이다. 하지만 댐퍼만으로 대응할 수 있는 범위가 그다지 넓지 않다는 점 또한 사실이다.

승차감이라는 주제를 알아보기 위해서 쇼와를 방문해 개발본부 4륜 현가 개발연구 담당자에게 이야기를 들어보았다. 먼저 우리의 질문은 「댐퍼가 승차감에 어느 정도 책임을 갖고 있느냐」는 점이다. 대답은 이랬다.

「차체 바닥 면에서 계측하는 주파수로 보면 1Hz 이하의 극저주파부터 100Hz 이상까지, 감각적으로 설명하면 차체가 천천히 크게 흔들리는 영역부터 빠르고 미세하게 진동하는 영역까지 댐퍼의 책임이라 할 수 있죠(다음 페이지 아래 그래프 참조). 여러 가지 표현이 있지만, 큰 파도같이 천천히 출렁일 때의『흔들흔들 거리는 느낌』이나 그보다 약간 빠른 진폭으로『들들 거리는 느낌』은 평탄한 감각을 추구하는 과정에서 크나큰 적입니다. 조금 더 위쪽 대역, 10Hz부터 30Hz 부근의 진폭은『부들거리는』진동으로 나옵니다. 더 위 대역은『드르르』『부르르』거리는 자극 있는 진동으로 나옵니다. 이런 모든 것을 댐퍼 설계에서 대응해야 하는 항목들입니다.」흔히들 말하는 NVH=소음(Noise), 진동(Vibration), 소음을 동반한 거친 진동(Harshness)으로 나누자면 소리로 들리는 소음은 40~50Hz 이상이다. 여기는 정확히『드르르』『부르르』에 해당한다. 진동은 0.5Hz 정도의 극저주파라도 자동차 탑승객은 차체의 움직임으로 느낀다. 1초 동안에 1회 왕복하는 진폭이 1Hz이므로 그 반이라고 하면 2초에 1회 왕복하는 진폭을 말한다. 도로에서 보면 약간 큰「굴곡」이 있는 노면을 지나갈 때, 차체가 올라갔다가 떨어지는 듯한 움직임을 할 때가 그다지 드물지 않다.

또 100Hz를 초과하는 고주파 진동은 진동으로 느끼기보다 소음으로 느낀다. 100Hz라고 하면, 피아노 건반으로 예들 들면 왼쪽에서부터 14번째 흰 건반(검은 건반을 포함하면 23번째)의「솔」음에 가깝다. 자동차를 설계할 때는 고주파이지만 소리로서는 배에 울릴 만큼의 저음이다. 노면의 이음매나 돌출물을 통과할 때 발생하는 진동, 즉 하쉬니스(단차 진동)는「쿨럭」거리는 불쾌한 충격의 주파수 10~30Hz 정도로 이야기된다.「쿨럭」이 수

습될 때의 주파수는 그보다도 약간 높다.

한편 댐퍼의 임무를 감쇠력과 피스톤 속도 측면에서 보면 0.001m/s 이하, 즉 1초에 1mm라고 하는 아무 미세한 행정(Stroke)부터 1m/s 이상, 즉 매초 100cm 이상이나 되는 빠르고 큰 행정까지가 세팅 대상이다.

「자동차 회사의 주문서를 보면 댐퍼 작용을 피스톤 속도에 대한 감쇠값으로 표시하는 경우가 많은데, 피스톤 속도 0.001~0.01mm 정도의 마찰손실 영역과 유압 감쇠가 일으키는 영역의 경계가 매우 중요합니다. 피스톤 로드를 좁혀서 오일 유출을 방지하는 톱 실(seal)과 피스톤 로드 사이에는 마찰손실이 작용하는데요, 미세한 행정에서는 마찰손실과 감쇠력이 뒤섞여 있어서 구분이 안 됩니다. 부품의 제조 공차로 결정되는 영역이기도 합니다. 하지만 이곳을 잘 만들어 넣지 않으면 좋은 승차감을 얻을 수 없습니다」

주파수로는 0.5Hz 이하부터 100Hz 이상까지이다. 피스톤 속도로는 0.001m/s 이하부터 1m/s 이상까지. 실로 넓은 영역에서 특성을 넣게 되는데, 작업 진행을 어떻게 이루어질까.

「주파수대는 피스톤 속도로 치환되므로 우리는 피스톤 속도로 생각합니다. 영역은 확실히 넓지만, 각각의 피스톤 속도마다 대책 방안은 갖고 있죠. 기본은 감쇠력 크기입니다. 그러나 같은 피스톤 속도라도 실제 주행에서는 다양한 현상이 나타납니다. 또 댐퍼는 왕복운동을 하기 때문에 어떤 현상이 신장 쪽에서 발생하는지, 아니면 수축 쪽에서 발생하는지를 확인할 필요가 있습니다. 당연히 엄청나게 피스톤 속도가 빠른 영역에서의 왕복운동도 봐야 합니다. 그리고 전륜·후륜의 댐퍼 균형이 중요한데요. 앞뒤로 완전히 똑같은 특성의 댐퍼를 장착하는 경우는 없으니까 각각의 감쇠력 특성을 어떻게 집어넣고 어떻게 매칭하느냐 하는 것이죠. 이점이 조종 안정성과 승차감에 크게 영향을 미칩니다」

피스톤 속도와 감쇠력 관계를 나타낸 그래프(위)는 댐퍼 특성을 설명하는데 아주 일반적으로 사용되는 그래프이다. 특성을 보면 직선이 아니라 중간에 꺾이는 점을 가진 완만한 곡선이 될 때가 많다.

「가령 부들거리는 느낌을 줄이고 싶을 때는 10~30Hz의 감쇠력을 아주 약간만 높여서 테스트하죠. 감쇠력에 영향을 끼치는 것은 오리피스(유로)의 면적, 밸브, 오일의 점성 3가지가 대표적인데, 그 조합은 상당히 많은 편이어서 경험치를 살려야 하죠」

자동차 회사로부터 정말로 「승차감을 좋게 해 달라」는 주문이 온다는 사실을 지금까지도 댐퍼 회사에서 들은 적이 있다. 그러나 개발단계에서는 차량의 상세한 제원이 나오지 않은 데다가 차량을 제공해 주는 경우도 절대로 없

⊙ 댐퍼 구조(쇼와 SFRD 스트럿 타입)

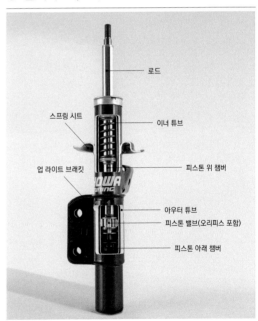

로드
스프링 시트
이너 튜브
업 라이트 브래킷
피스톤 위 챔버
아우터 튜브
피스톤 밸브(오리피스 포함)
피스톤 아래 챔버

⊙ 댐퍼의 감쇠력과 부품·기능 영역

댐퍼가 감쇠력을 발휘하는 이유들로는 봉입된 오일이나 가스의 압축성, 오일이 댐퍼 안의 격실을 이동할 때의 「게이트」인 밸브나 오리피스의 통과저항, 부품끼리의 마찰손실 등이 있다. 이런 원인들은 감쇠력 고저에 따라 기능이 발생하는 영역이 다르다. 승차감에 효과가 있다고 이야기되는 것은 그림에서 부품구조 영역(주로 오리피스)으로 표시된 부분과 마찰손실 영역으로, 아주 낮은 감쇠력 영역이다.

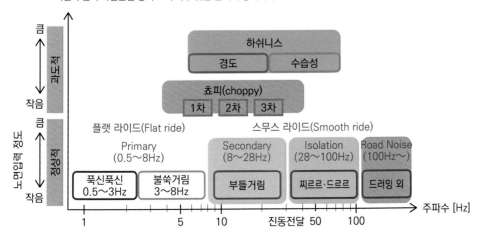

↑ 댐퍼의 감쇠력과 부품·기능영역

댐퍼가 감쇠력을 발휘하는 이유들로는 봉입된 오일이나 가스의 압축성, 오일이 댐퍼 안의 격실을 이동할 때의 「게이트」인 밸브나 오리피스의 통과서항, 부품끼리의 마찰손실 등이 있다. 이런 원인들은 감쇠력 고저에 따라 기능이 발생하는 영역이 다르다. 승차감에 효과가 있다고 이야기되는 것은 그림에서 부품구조 영역(주로 오리피스)으로 표시된 부분과 마찰손실 영역으로, 아주 낮은 감쇠력 영역이다.

다고 듣고 있다.

「그렇죠. 차량중량, 스프링율, 레버 비율, 스프링 아래 중량 정보밖에 주지 않습니다. 예를 들어 차량의 마이너 체인지에 맞춰서 댐퍼를 튜닝할 때라도 타이어 브랜드가 바뀌면 같은 댐퍼를 사용해도 승차감은 달라지는데 말이죠」

상세히는 말하지 않지만, 시작차나 신차에 장착하는 타이어조차도 제공되지 않은 상태에서 댐퍼를 세팅하는 사례가 실제로는 거의라고 한다. 게다가 개발에 필요한 시간은 짧다.

「발주부터 완성품 납품까지 1개월 정도입니다. 최종적으로는 데이터를 첨부해 자동차 회사에 납품하게 되는데, 그러면서 양산 준비도 동시에 진행해야 하죠」

짧은 시간에 세팅하려면 경험치가 전부이다. 하지만 실(seal) 같은 부품까지 수배할 수 있을까. 「실도 바뀌었죠. 실 단면은 원이 아니라 오일을 누르게 되어 있는데 이 형상도 미세하게 바뀝니다. 어떤 주파수 영역이든 달라붙지 않고 깨끗하고 부드럽게 움직이는 댐퍼가 이상적이

죠. 그래서 실은 대단히 중요한 부품입니다」

일본에서 댐퍼는 소모품이 아니다. 신차에 장착되었으면 폐차할 때까지 그대로 사용하는 경우도 많다. 오랫동안 기밀성을 유지하면서도 부드럽게 움직이는 특성은 이율배반적이다. 그래서 실은 서서히 바뀐다. 단면형상의 사소한 변경이나 소재 개선도 성능에 영향을 미친다.

그런 한편으로 댐퍼 기구는 거의 바뀌지 않는다. 피스톤의 움직임에 맞춰 피스톤 끝에 장착된 밸브 보디 안을 오일이 왔다 갔다 하면서 감쇠력이 발생한다. 그 오일 통로의 단면적과 통로를 열고 닫는 밸브 강도를 튜닝하면 감쇠력이 바뀐다. 피스톤 속도별로 감쇠력을 튜닝하는 작업이 목적하는 성능은, 위 그래프에서 보듯이 실제 주행에서 나게 되는 여러 상황에 대응하기 위해서이다.

「일반도로에서는 댐퍼 행정이 5mm 이하인 경우가 많고, 피스톤 속도는 0.01~0.5m/s 영역에서 많이 사용됩니다. 차량 바닥 면에서 계측하는 주파수로 따지면 10~100Hz 정도

입니다. 탑승객은 이 영역에서 차체의 다양한 진동을 느끼게 되죠. 사실 조종 안정성도 이 영역과 겹치는데요. 어떤 도로를 어떻게 달렸을 때 어떤 진동·소음이 발생하는지. 그 데이터를 축적하는 것이 중요합니다」

바꿔서 말하면「느릿한 큰 움직임」과「빠르고 작고 미세한 움직임」은 같은 영역에서 발생하는 뜻일 것이다. 자동차 회사가 지정하는 감쇠력 특성을 깊이 해석하려면 어떤 주행상태에서 어떤 댐퍼 거동이 나올지를 숙지해 놓고 있어야 한다. 덧붙이자면 댐퍼 입장에서『뜨는 듯한 가벼움』은 찬사가 아니다. 여러 테스트 드라이버가 언급하는『뜨는 느낌』은 감쇠가 기능하지 않는 상태이다.

「댐퍼 쪽에서 보면 정지상태에서 댐퍼에 걸리는 횡력도 중요합니다. 이것을 줄이기만 해도 댐퍼 거동이 원활해진다거나 승차감이 좋아진다는 사실을 확인했습니다」

자동차 회사가 하는 주행실험에서도「최후의 최후는 차체」라는 말을 자주 듣는다. 아무

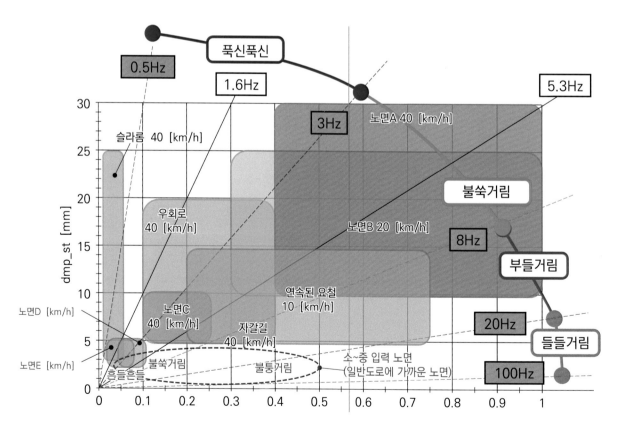

⊕ **노면상황과 속도에 의한 댐퍼의 행정 사용 영역**

앞 페이지의 진동분류를 실제 노면에서 스트로크와 가속도를 감안해 비교한 그래프. 특징적인 노면 상태가 망라되어 있지만, 실제 도로 위에서 승차감을 운운할 때는 그래프 좌측 아래의 매우 미세한 영역이 문제가 된다. 댐퍼의 상·하 운동량은 타이어나 고무 부시의 감쇠 영역과 겹치는 부분인 만큼, 댐퍼로만 승차감을 담보하기는 어렵다.

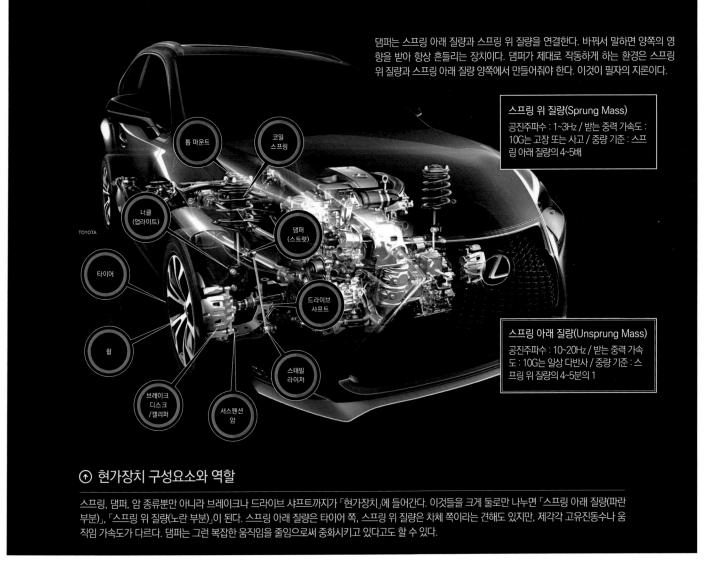

댐퍼는 스프링 아래 질량과 스프링 위 질량을 연결한다. 바꿔서 말하면 양쪽의 영향을 받아 항상 흔들리는 장치이다. 댐퍼가 제대로 작동하게 하는 환경은 스프링 위 질량과 스프링 아래 질량 양쪽에서 만들어줘야 한다. 이것이 필자의 지론이다.

스프링 위 질량(Sprung Mass)
공진주파수 : 1~3Hz / 받는 중력 가속도 : 10G는 고장 또는 사고 / 중량 기준 : 스프링 아래 질량의 4~5배

스프링 아래 질량(Unsprung Mass)
공진주파수 : 10~20Hz / 받는 중력 가속도 : 10G는 일상 다반사 / 중량 기준 : 스프링 위 질량의 4~5분의 1

톱 마운트
코일 스프링
너클(업라이트)
TOYOTA
댐퍼(스트럿)
타이어
드라이브 샤프트
휠
스태빌라이저
브레이크 디스크/캘리퍼
서스펜션 암

⊙ 현가장치 구성요소와 역할

스프링, 댐퍼, 암 종류뿐만 아니라 브레이크나 드라이브 샤프트까지가 「현가장치」에 들어간다. 이것들을 크게 둘로만 나누면 「스프링 아래 질량(파란 부분)」, 「스프링 위 질량(노란 부분)」이 된다. 스프링 아래 질량은 타이어 쪽, 스프링 위 질량은 차체 쪽이라는 견해도 있지만, 제각각 고유진동수나 움직임 가속도가 다르다. 댐퍼는 그런 복잡한 움직임을 줄임으로써 중화시키고 있다고도 할 수 있다.

리 댐퍼 성능을 높여도 애초의 현가 설계에서 비롯되는 원인은 커버할 수 없다. 즉 댐퍼가 승차감을 쥐고 있는 것이 아니라, 우리가 승차감이라고 느끼는 현상의 「몇 %인가」를 분담하고 있는 것에 지나지 않는다.

「시판 차량은 균형이 중요합니다. 조종 안정성 영역과 승차감의 균형이 그렇다는 겁니다. 이것은 감쇠력만의 이야기가 아니라 앞뒤 현가의 균형이기도 하고 성능과 수명의 균형이기도 합니다」

그리고 엔지니어는 언급하지 않았으나 비용과 성능의 균형도 있다. 오랫동안 자동차를 취재하다 보면 여러 가지 부품의 원가를 알게 될 기회가 많다. 댐퍼에 관해서 말하자면, 일본에서는 수명을 위한 비용은 먼저 확보하지만, 조종 안정성과 승차감은 그다지 우선도에서 높지 않다는 인상을 받는다. 어떤 엔지니어는 「댐퍼 성능을 발휘할 수 있는 환경을 만드는 것은 매우 중요한 일이라고 생각합니다」라고 말한다.

그 「환경」이란 차체 설계이자 현가 설계이고 타이어라고 생각한다.

「우리는 지금까지 주어진 사양을 만족시키는 작업을 해 왔지만, 앞으로는 독자적인 제안을 준비해 놓고 있어야 한다고 생각합니다. 그러기 위해서는 댐퍼가 실제 주행에서 어떤 일을 하고 있고, 차량과의 사이에 어떤 상관관계가 있는지를 철저하게 조사할 필요가 있습니다. 현재 테스트 코스의 설비를 충실히 하는 준비도 하고 있습니다. 지금까지와는 다른 시각에서 업무를 추진해 보려고 합니다」

해외의 댐퍼 회사를 취재하다 보면 개발 환경이 일본과는 전혀 다르다는 사실을 깨닫게 된다. 자동차 회사가 제시하는 것은 수치 목표가 아니라 「타는 재미」라고 하는 방향성이라고 들었다. 「셋업이 완성될 때까지 댐퍼 데이터는 측정하지 않는다, 데이터는 양산을 위한 확인에 지나지 않는다」는 입장이라는 점에도 놀랐다. 그리고 개인적으로 강조하고 싶은 점은 댐퍼가 승차감의 책임을 전부 다 가져야 하는 것은 아니라는 점이다. 승차감에 대해서는 「스프링 위」「스프링 아래」라고 하는 구분도 별로 의미가 없다고 생각한다. 타이어 접지면부터 시트에 앉아 있는 탑승객 사이에 있는 모든 부분이 승차감과 관련되어 있다. 모든 것이 밀접하게 얽혀 있어서 어느 한 곳만 변경해도 그 영향이 모든 부분으로 파급되어 승차감이 확하고 바뀔 정도로 예민하고 밀접한 관계라고 생각한다. 이번에 승차감과 관련해 여러 분야에 계신 분들을 인터뷰하면서 그런 인상이 점점 강해지고 있다.

데루우치 히로오
주식회사 쇼와 개발본부
사륜 서스펜션 개발부
완성차성능BL 주간

모리 노부오
주식회사 쇼와 개발본부
사륜 서스펜션 개발부
기획BL 기술주임

스프링은 승차감과 관계없다 –

그러나 스프링에 따라 승차감은 바뀐다.

자동차의 승차감을 운운할 때 먼저 이야기하는 것은 스프링일 것이다.
스프링이 딱딱하냐 부드러우냐에 따라 승차감이 좌우된다고 생각하기 때문이다. 정말로 그럴까.
스프링의 톱 메이커인 닛파츠(일본발조)를 방문해 스프링 생산본부 제1설계부의 우메노 준 부장을 만나 물어보았다.

본문 : 미우라 유지 그림 : 닛파츠 / 도요타자동차 / MFi

지금까지의 특집 기사에서 타이어 회사나 댐퍼 회사 모두 승차감의 평가기준으로 고유진동수=주파수를 기준으로 삼고 있다는 사실을 알 수 있었다. 그런데 스프링과 관련해서는 주파수가 설계상 중요한 문제가 아니라는 것이 우메노 부장의 이야기이다.

「예를 들면 판 스프링에서는 마찰로 인한 감쇠가 있어서, 이것은 주파수 응답성을 봐야 합니다. 또 이상한 소리가 나거나 할 때, 가령 삐리리 거리는 음이나 서징 음은 주파수 문제이

죠. 하지만 승차감에 있어서 우리가 중요시하는 것은 휠 행정의 양이지 주파수는 아닙니다」

일반도로를 달릴 때는 휠 행정이 기껏해야 30mm 정도로서, 운전자는 노면의 요철로 인해 줄었다가 늘었다가 하는 순간에만 충격으로 감지한다. 노면의 페인트 돌출로 인한 5mm 전후의 행정은 아주 민감한 사람이 아니라면 명확한 충격으로 인식하지 못한다. 그 영역은 타이어나 부시 같은 고무가 진동을 받아내기 때문에 스프링 자체는 거의 관여하지 않는다고

한다. 스프링의 주요 기능은 첫째로 차량의 자세를 유지하는 것이다. 자동차 회사로부터 어떤 차량용으로 스프링 개발을 의뢰받았을 때, 요구되는 것은 차량 자세를 어떻게 하느냐와 스프링 정수 정도라고 한다. 즉 1G일 때의 자세와 행정(상/하 운동)의 양 관리라고 하는 오로지 정적인 요소들이라, 분명 여기서 주파수가 나올 상황은 아니다.

그렇다면 그 스프링 정수. 자주 듣는 용어이기는 하지만, 그것이 무엇을 의미하는지 정확

➔ 스프링 정수와 응력의 관계

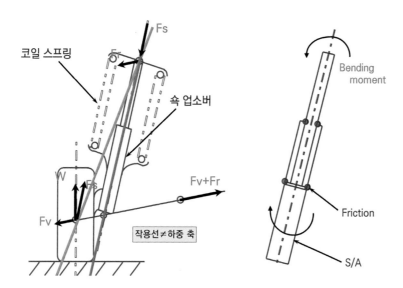

스프링 정수

$$k = \frac{G \cdot d^4}{8 \cdot N \cdot D^3}$$

스프링 응력

$$\tau = \frac{8 \cdot D \cdot P}{\pi \cdot d^3}$$

코일지름	: D
선 지름	: d
코일권수	: N
횡탄성계수	: G
하중	: P

스프링 정수=스프링을 일정량 휘게 하는 힘

- 선 지름이 굵을수록 스프링 정수는 커짐
- 코일 지름이 클수록 스프링 정수는 작아짐
- 권수가 많을수록 스프링 정수는 작아짐

스프링 응력=힘을 단면적으로 나눈 스프링 내부에 생기는 내력(內力)

코일 스프링이 비틀리면서 휠 때의 외력(하중)에 대응하는 힘
스프링이 파손되지 않는 범위를 규정하는 강도

횡탄성 계수=강성률

인장·굴절 방향의 강성을 나타내는 종탄성 계수(영률)에 대해
비틀림·전단방향의 힘에 대한 강성

스프링 정수와 코일지름이 똑같고 스프링 응력(비틀림 응력)이 높을 경우
선 지름과 코일 권수는 감소한다.

코일 스프링의 사양을 결정하는 요소는 차량 자세를 결정하는 1G 때의 스프링 높이와 1G 때 스프링이 얼마나 휘는지를 결정하는 스프링 정수이다. 스프링 정수는 스프링의 선재가 내포한 강도에 의해 결정되는 스프링 응력과 상관관계가 있어서 스프링 정수와 응력이 결정되면 선 지름과 권수는 일정한 해답이 나온다. 장착할 자동차의 제원이 결정되면 스프링 사양은 대략 자동으로 결정되므로, 스프링 정수가 같을 때는 딱딱하던가 부드러운가를 논하는 것은 의미가 없다.

➔ 스프링 정수와 응력의 관계

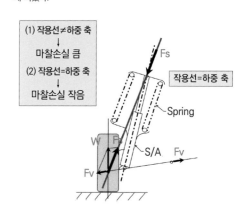

맥퍼슨 스트럿 형식은 댐퍼 장치가 무한 길이의 어퍼 암으로 되어 있어서, 횡력 발생이나 신축에 따라 굴절 하중이 작용한다. 이것을 완화하기 위해서 스프링과 댐퍼 중심을 어긋나게 세팅한다. 그러나 실제로는 스프링의 반력 축(그림에서는 하중 축으로 표시)도 어긋나 있어서 예상한 대로의 효과는 나지 않고, 댐퍼에 여분의 마찰손실이 발생. 현재는 스프링의 반력 축을 제어해 적정하게 움직일 수 있는 제품을 만들 수 있게 되었다.

하중 축 ≒ 중심 축
통상적인 스프링

하중 축 중심 축
L형 스프링

하게 정의하고 넘어가자. 탄성변형과 힘의 관계를 나타낸 훅의 법칙에 따르면, 스프링 정수는 스프링 고유의 세기=강도를 말한다. 일반적으로 스프링이 딱딱하냐 부드러우냐를 말할 때는 스프링 정수가 큰 쪽이 딱딱하다는 것이 거의 정답이다. 스프링 정수를 자동차의 현가 장치에 적용 할 경우, 거의 차량 무게(한 바퀴당 정하중)로 결정된다. 따라서 차량 무게가 똑같은 자동차라면 스프링 정수는 그다지 차이가 나지 않는다. 스포츠카 등에서는 롤 강성을

높이기 위해서 스프링 정수를 높게 채닥힐 때가 있는데, 어디까지나 차량의 정하중이 기준이다. 물론 스프링 정수가 스프링의 성능을 나타내는 중요한 지표이기는 하지만, 스프링 사양을 그것만으로 결정하지는 않는다.

「스프링은 차량의 자세를 유지하기 위해서 절대로 파손돼서는 안 되는 부품이라 우선 강도(응력)가 필요합니다. 스프링이 파손되는 주요 원인은 돌 등이 튀어서 도료가 벗겨지고 그러면서 선재(線材)가 부식되는 겁니다. 우리

스프링 상수와 응력을 고려할 때 이론적인 코일 스프링의 구성

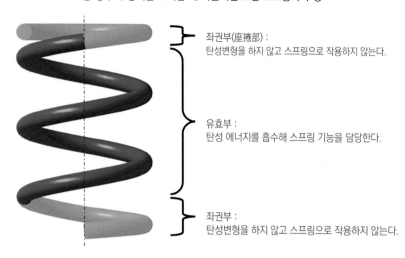

좌권부(座捲部) :
탄성변형을 하지 않고 스프링으로 작용하지 않는다.

유효부 :
탄성 에너지를 흡수해 스프링 기능을 담당한다.

좌권부 :
탄성변형을 하지 않고 스프링으로 작용하지 않는다.

스프링 반력의 상승, 이상과 실제

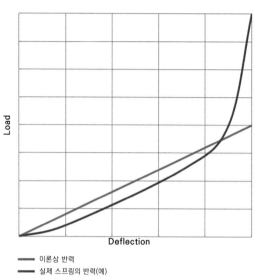

— 이론상 반력
— 실제 스프링의 반력(예)

직권(直捲) 스프링(HYPACO제품)

조권(粗捲) 스프링

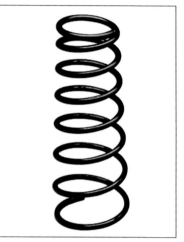

조권 스프링과 직권 스프링의 특성 차이

일반적인 코일 스프링(콜스 와인딩 스프링)은 코일형태로 성형한 다음 떼어내기 때문에 말단부와 말리기 시작한 부위가 떨어져 있지만, 직권 스프링(시리즈 와인딩 스프링)은 말단부가 평평해서 말리기 시작한 부위가 밀착되어 있다. 위 그림처럼 스프링으로 작용하지 않는 부분이 있으면 스프링이 휠 때 소정의 스프링 정수보다 스프링율이 낮아진다. 일부 직권 스프링의 움직임이 직선적이라고 말하는 이유는 말단부 처리가 영향을 미친 것으로 여겨진다.

가 등급 감수성이라고 하는 강도나 경도라고도 할 수 있는데, 이것이 중요합니다. 스프링은 단순한 부품이라 옛날보다 별로 진화하지는 않았지만, 20년 정도 이전과 비교하면 응력이 1200MPa에서 1350MPa 정도까지 올라갔죠. 주로 소재나 가공기술의 진화에 기인한 겁니다. 응력을 너무 높이면 스프링의 권선이 가늘어지고 권수가 적어집니다. 이것이 최근의 경향이라 할 수 있습니다」

스프링의 자유 길이가 똑같으면 권선이 가늘고 적을수록 행정의 양을 크게 적용한다. 반대로 행정이 일정하면 자유 길이는 짧게 할 수 있다. 최근 자동차는 충돌 안전과 관련되어 있어서 스트럿 타워 높이를 낮추도록 압박받는 상황(보행자의 머리를 보호하기 위해서 보닛 바로 아래에 있는 엔진 헤드 및 스트럿 타워 등과

보닛 사이의 간격을 확보할 필요가 있다)이라 스프링도 거기에 보조를 맞출 필요가 있다. 그와 동시에 자유 길이는 경량화와도 연결되어 있다. 그런데 권수를 줄이면 승차감에는 나쁘게 작용할 때가 많은 것 같다.

「랠리용 스프링을 개발했을 때, 권수가 많으면 접지감이 좋고 적게 하면 움직임이 약해진다는 운전자의 평을 들은 적이 있습니다. 같은 스프링 정수라도 권수를 많이 하면 부드럽게 느낀다는 것이죠. 하지만 어디까지나 비교대조에 지날 뿐이고, 승차감을 취할 것이냐 가벼움을 취할 것이냐 하고 물으면 메이커 측에서는 거의 후자를 선택합니다」

VW 그룹과 푸조 308의 스프링을 비교하면 확실하게 푸조의 스프링 권선이 가늘고 적다는 것을 예로 들어 물었더니, 우메노 부장은 「

차량 무게로 보았을 때 응력은 대략 1200MPa 정도에서 차이가 없을 텐데도 승차감에 차이가 있다면, 부시를 포함한 차체의 영향이라고밖에 생각되지 않는군요」라고 말한다. 차체 강성이 높으면 더 부드러운 스프링을 쓸 수 있다. 승차감과 스프링의 관계성에 관해서 확실한 것을 알 수 없다고 하는 우메노 부장도 이에 관해서는 단언하듯이 말한다.

스프링 자체는 별로 진화하지 않았다고 언급했지만, 최근 들어서 명확해진 것은 코일 스프링의 축 중심과 반력의 중심이 일치하지 않는다는 점이라고 한다. 이 때문에 큰 영향을 받은 것이 스트럿 형식의 현가이다. 스트럿은 구조상 댐퍼가 암 역할을 맡고 있어서 항상 횡력을 받는다. 때문에 댐퍼 축에 대해 스프링을 옵셋시켜서 횡력을 완화하고 있기는 하지

만, 물리책에 적혀 있는 반력 중심과 실제와는 차이가 있는 때가 많아서 설계 수치대로 위치를 결정하기에는 문제가 많이 있었다. 그러던 것이 근래에는 스프링 쪽에서 반력 균형을 제어할 수 있게 되면서, 댐퍼 단독의 마찰손실과 스트럿에 장착했을 때의 마찰손실에 오차가 줄어들어 승차감 면에서도 크게 기여할 것이라고 한다.

본지 102호에서 소개한 하이퍼 코일 스프링의 스프링이 느낌이 좋다는 이야기를, 타사 제품이라는 실례를 무릅쓰고 물었더니 무에노 부장은 「그럴 수 있다고 생각합니다」라고 답변해 주었다. 하이퍼 코일 스프링 같은 직권 스프링은 끝단과 첫 둘레가 밀착되어 있다. 일반 스프링은 이 부분이 떨어져 있어서 스프링의 움직임이나 반력의 반등에 미묘한 차이를 가져온다고 한다. 시판 차량용 스프링의 끝단과 첫 둘레를 밀착시킨 이유는 스프링 강도를 높이기 위해서 하는 숏 피닝이 밀착된 부분이 있으면 안 되어서 장기 성능보장이 어렵기 때문이라고 한다. 지금까지의 설명으로 알 수 있듯이 기본적으로 스프링은 스프링 정수가 적정하냐 어떠

냐가 중요하지 과도특성은 거의 관계가 없다는 것이다. 좌면의 접촉 방식이나 말단의 고정부분과 비틀림을 받는 중심부분과의 형태에 의해 휘는 방법이 일정하냐 가지런하지 않느냐는 문제가 발생하고, 그런 미묘한 동적 변화를 운전자는 감지할 수 있다는 것이다. 또 승차감에도 영향을 미친다는 것이 우메노 부장의 견해이다.

우메노 부장의 이야기를 종합해 보면, 다른 요소의 영향이 너무 커서 스프링과 승차감에 직접적 상관관계는 없어 보이지만 고하중과 승차감을 양립하는 스프링은 있다. 그것이 비선형 프로그레시브 레이트 스프링이다. 비선형 프로그레시브 레이트 스프링이란 스프링의 선 지름을 처음에는 가늘게 하고 중심을 향해서 점점 굵게 해 권수를 적극적으로 변화시킨 스프링의 총칭이다. 현재는 도요타의 프로박스와 석시드에 사용하면서 이 차들이 높은 평가를 받는 한 요인이기도 하다. 20세기 후반에 상당히 광범위하게 사용된 스프링으로, 포르쉐가 그 효시로 알려져 있으며, 하중변동이 큰 자동차에서 스프링이 크게 휘었을 때도 일정한 스프링 정수를 확보할 수 있다. 그런데 최

근에는 프로박스 이외에도 사용하는 사례가 거의 없다. 이렇게 정리할 수 있다.

「상당히 뛰어난 스프링이긴 하지만 문제도 있습니다. 먼저 적극적으로 선 사이를 밀착하기 때문에 잡소리가 나기 쉽다는 겁니다. 같은 이유로 시트와 접촉하는 부분에 부식 우려가 있습니다. 그리고 뭐니뭐니 해도 가격이죠」

프로그레시브 레이트 스프링은 선 소재를 치수대로 자르고 나서 끝단을 깎는 또는 압연가공으로 가늘게 하는, 수고가 많이 들어가는 제조법이 필요하다. 스바루 삼바를 취재할 때도 통 형상 스프링의 제조 비용이 스바루 차의 스프링 가운데서 가장 비싸다는 소리를 들은 적이 있다.

「그래서 그런 비용을 들이지 않고 고하중에서는 범프 스토퍼를 사용하면 싸고 좋다는 이야기도 나오는 겁니다」

최근의 자동차 승차감에서 어쩐지 감응이 안 되는 이유를 안 것 같은 느낌이다. 스프링의 딱딱하고 연하고는 승차감과 직접적인 관계는 없더라도, 좋은 스프링은 역시나 승차감에 영향을 끼치는 것이다.

⊙ 프로그레시브 레이트 스프링

선 지름이 중심을 향해 점점 굵어지는 동시에 권수·코일 지름도 바뀌는 스프링. 120페이지의 스프링 정수의 정의를 참조하면, 스프링 저수가 스트로크로 인해 변화하는 것이라고 이해할 수 있다. 상용차같이 부하가 없을 때와 적재할 때의 하중 변화가 커서, 요구되는 스프링 정수가 상황에 따라 일정하지 않은 차종에는 최적이라고 할 수 있다. 그러나 현재는 도요타 프로박스와 석시드의 후방 서스펜션 정도에만 닛파츠 제품이 사용되고 있다.

EPS와 액티브 서스펜션의 유사점

「자연스러운 느낌」의 어려움

조향장치는 서스펜션의 일부로서, 기계설계에는 이론이 있다.
게다가 EPS(전동 파워 스티어링)에는 액티브 서스펜션 같은 제어 요소가 들어간다.

본문 : 마키노 시게오　그림 : J텍 / 마쓰다 / 쇼와 / 구마가이 도시나오 / 마키노 시게오

선회할 때는 바깥 바퀴에 하중이 더 많이 걸린다. 현가가 내려앉아 스티어링 타이로드의 대응 각도도 안쪽 바퀴와는 달라진다.

선회하는 안쪽 바퀴는 바깥 바퀴보다 회전속도(시간당 지면을 이동하는 거리)가 약간 줄어든다. 동시에 하중 부담도 줄어든다.

조향장치를 어떻게 만드느냐에 따라 승차감이 바뀔까. 이 질문을 조향장치 회사의 엔지니어에게 던져보았다. 대답은 「그렇다」이다. 「파워 스티어링(이하 PS)의 보조지원 특성은 승차감에 주는 영향이 크다」는 대답이었다. 이하 내용은 조향장치 기술자들과의 인터뷰를 정리한 것이다.

「직진상태부터 조향장치의 좋고 나쁨이 승차감으로 나타납니다. 운전자는 직진할 때도 항상 미세하게 방향을 수정하죠. 좌우로 조향핸들을 아주 약간씩 조작하면서 직진을 유지하려고 합니다. 이것은 거의 무의식적인 동작

입니다. 똑바로 조향핸들을 고정해도 왜 수정이 필요한 것일까. 그것은 좌우 앞바퀴가 각각 다른 도로 위를 달린다는 점이 가장 큰 원인인데요. 일반도로에서 좌우 바퀴가 완전히 동일한 상태의 노면 위를 달리는 일은 있을 수 없습니다. 그래서 매우 민감한 PS같으면 문제가 일어나게 되죠」

예를 들어 우측 타이어가 도로 위의 사소한 돌출물을 지나갔다고 치자. 그때 우측 현가는 조금이라도 위아래로 움직인다. 이 상하 움직임을 현가가 흡수해 주면 직진상태는 유지된다. 다만 돌출물을 타고 넘는 순간 타이어는 진

행 방향과 반대쪽, 즉 바로 뒤로 밀리기 때문에 전후력(前後力)이 발생하는데, 이 힘이 앞바퀴 허브에 이어져 있는 조향장치의 타이로드로 전달된다. 타이로드의 축 상에는 스티어링 랙 바(Rack Bar)가 있다. 앞바퀴 방향은 이 랙 바의 수평방향이 어떻게 움직이느냐에 의해 좌우된다.

여기서 조향장치를 떠올려 보자. 다음 페이지의 상단 그림은 일반적인 조향 방식 현가의 FF 차량으로서, 앞축 뒤쪽으로 조향 타이로드가 배치된 구조이다. 앞바퀴가 옆에서 힘을 받았을 때 발생하는 바퀴의 흔들림, 흔히 말하는

「횡력」을 받았을 때의 움직임 ~ 컴플라이언스 스티어

아래 그림은 극히 일반적인 FF 차량의 전방 현가기구를 위에서 본 모습이다. 차량 진행 방향의 위쪽. 바퀴의 회전중심은 타이로드의 허브 쪽 장착 지점과 떨어져 있다. 타이로드가 왼쪽 방향(스티어링 랙 방향)으로 움직이면 바퀴는 오른쪽으로 걲인다.

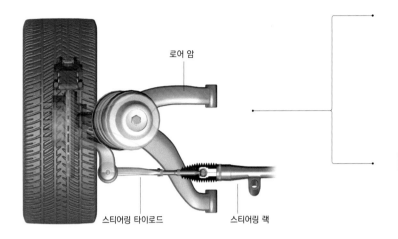

로어 암

스티어링 타이로드

스티어링 랙

화살표 방향에서 횡력을 받는 것은 주로 선회 중일 때이다. 횡력은 현가기구 전체를 변위(變位)시키는 힘으로 작용한다. 통상 로어 암의 차체 쪽 장착 지점에는 부시가 들어가 있어서 이것이 변형되면서 어느 정도 횡력을 흡수한다.

타이로드 쪽은 부시 없이 허브와 바로 연결하고 로어 암 쪽에 비교적 부드러운 부시를 사용하는 경우, 횡력은 이렇게 바퀴를 토 방향으로 회전시키는 움직임을 보인다. 직진상태에서도 이런 현상이 일어난다.

상하 움직임을 받아낸다 ~ 범프 스티어

좌우 그림은 앞바퀴를 위에서, 아래쪽 좌우 그림은 뒤쪽에서 본 모습이다. 현가 기구의 상하 움직임으로 인해 타이로드와 로어 암의 위치관계가 미묘하게 바뀌는데, 이 부분은 기계설계에서 결정된다.

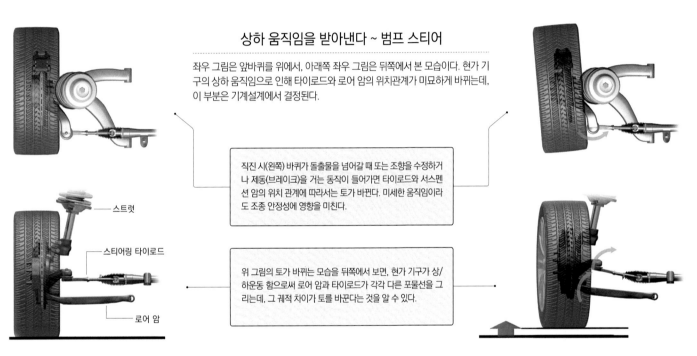

스트럿

스티어링 타이로드

로어 암

직진 시 (왼쪽) 바퀴가 돌출물을 넘어갈 때 또는 조향을 수정하거나 제동(브레이크)을 거는 동작이 들어가면 타이로드와 서스펜션 암의 위치 관계에 따라서는 토가 바뀐다. 미세한 움직임이라도 조종 안정성에 영향을 미친다.

위 그림의 토가 바뀌는 모습을 뒤쪽에서 보면, 현가 기구가 상/하운동 함으로써 로어 암과 타이로드가 각각 다른 포물선을 그리는데, 그 궤적 차이가 토를 바꾼다는 것을 알 수 있다.

컴플라이언스 스티어(Compliance Steer)와 상하로 움직일 때의 범프 스티어를 나타낸 것이다. 컴플라이언스 스티어는 의도적으로 「이렇게 움직이도록」 설계할 때도 많지만, 횡력의 크기나 횡력이 가해지는 타이밍에 따라서는 「환영받지 못하는 움직임」으로 나타나기도 한다. 그리고 컴플라이언스 스티어와 범프 스티어가 동시에 발생할 때도 있다.

이처럼 현가 전체의 설계와 그 속에서의 조향장치의 배치로 인해 발생하는 「조향」 의도가 아닌 앞바퀴의 움직임을 아무 일도 없었던 것처럼 받아넘기고 싶어한다. 그러기 위해서 유

압PS나 EPS(전동 파워 스티어링) 모두 어느 정도의 불감대(不感帶)를 둔다. 일정 이하의 입력을 걸러내 보조하는 힘이 발생히지 않도록 하는 것이다.

PS는 운전자의 조향 입력을 스티어링 축 안에 있는 토션 바(토크 센서)의 『비틀림』으로 감지해 보조하는 힘을 발생시킨다. 조향장치가 노면에서 충격을 받았을 때 토션 바가 비틀리면 그때도 보조하는 힘은 발생한다. 이때 조향장치 쪽은 이 충격이 운전자의 조작으로 인해 발생한 것인지 아니면 노면 반력 때문인지는 감지하지 못한다. 노면 돌출물을 타고 넘는 등의 상황에

서 타이어가 변형되거나 허브 주변으로 어떤 움직임이 나타나면 그 힘은 타이로드로 가해진다. 타이로드는 랙 바에 직결되어 있어서 타이로드가 움직이게 되면 랙 바를 거쳐 토션 바를 비트는 힘이 된다. 토션 바가 비틀리면 보조하는 힘이 솟구치게 되는데, 이런 순서를 고려하면 과도한 조향이 승차감을 「저해」한다는 것을 감각적으로 이해할 수 있다.

「약간의 노면 반력이 들어왔을 때 보조하는 힘이 작용하면, 요 방향의 움직임이 나옵니다. 가령 미미하더라도 요는 횡G이므로 운전자는 차체의 롤로 느끼는 경우가 있습니다. 롤은 승

조향장치의 배치 구조

FR차(마쓰다 로드스터)의 앞바퀴 회전 레이아웃. 스티어링 랙이 전축의 앞쪽에 있는 '앞당김' 배치이다. 현가형식은 더블위시본이다. 조향장치는 더블(듀얼) 피니언 방식의 EPS이다.

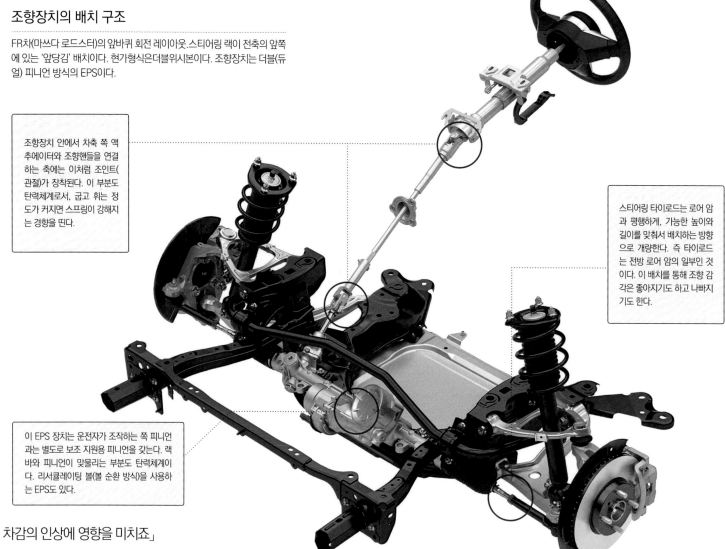

조향장치 안에서 차축 쪽 액추에이터와 조향핸들을 연결하는 축에는 이처럼 조인트(관절)가 장착된다. 이 부분도 탄력체계로서, 굵고 휘는 정도가 커지면 스프링이 강해지는 경향을 띤다.

스티어링 타이로드는 로어 암과 평행하게, 가능한 높이와 길이를 맞춰서 배치하는 방향으로 개량한다. 즉 타이로드는 전방 로어 암의 일부인 것이다. 이 배치를 통해 조향 감각은 좋아지기도 하고 나빠지기도 한다.

이 EPS 장치는 운전자가 조작하는 쪽 피니언과는 별도로 보조 지원용 피니언을 갖는다. 랙 바와 피니언이 맞물리는 부분도 탄력체계이다. 리서큘레이팅 볼(볼 순환 방식)을 사용하는 EPS도 있다.

차감의 인상에 영향을 미치죠」

그런 상태에서 더 나아가 약간의 노면 반력에 대해 보조하는 힘이 작용하게 되면….

「EPS는 지체가 있어서 유압PS보다도 세팅하기가 어렵습니다. 유압PS는 유압회로 밸브를 닫으면 순식간에 압력이 올라가 보조하는 힘이 나옵니다. 주파수 응답이 좋은 기구이죠. 설정된 불감대를 넘어서 작동영역으로 들어오면 약간의 기계적 관성을 갖고 있더라도 바로 보조하는 힘이 솟구칩니다. 반면에 EPS는 모터라고 하는 기계적 관성이 큰 액추에이터를 사용하기 때문에 애초부터 정지상태에서 솟구치는 힘들게 되어 있죠. 이 약점을 잘 포장하려면 앞축 하중이나 현가 특성 같은 차량제원은 물론이고 타이어의 SAT(Self Aligning Torque) 특성까지 고려해야 필터의 허용값도 결정하고, 제어 맵도 세밀하게 작성할 수 있다」

말하자면 EPS는 액티브 서스펜션이다. 모든 제어는 모터로 들어가는 전류값의 결정이

고, 전류값이라는 지시가 전부이다. 모든 조작에 따르면서도 운전자에게 응답 지체를 느끼지 않게 하는 제어는 현재 상태에서 불가능할 것이다. 액티브 서스펜션이 제대로 정착하지 못했던 이유는 모든 상/하 운동을 쫓아갈 수 있는 액추에이터가 없었기 때문이다. 유일하게 F1에서만 공력특성 개선에는 성공했다. 공기 같이 주파수가 낮은, 거기에 점성이 있는 대상물의 움직임에 대해서는 머신의 차고를 어느 범위 내로 한정하는 상황이 가능했다.

「EPS도 마찬가지입니다. 느릿한 주파수가 낮은 타이어의 움직임에만 추종하게 하면 유압PS보다 잘 작동합니다. 자동차가 정지상태에서 움직이기 시작할 때, 그때 조향핸들을 천천히 조작하는 상황에서는 2Hz 정도이므로 EPS의 대응이 가능합니다. 그러나 10Hz를 넘

을 때부터 어려워지다가 40Hz에서는 아주 어려워지죠」

그렇다면 현가기구를 필로 볼 방식으로 하면 어떨까. EPS의 응답 지체를 현가장치의 반응으로 보완하면….

「조향장치의 임무는 편해지죠. 현가장치가 야무지고 위치가 움직이지 않는다면 그 일부인 스티어링 타이로드는 움직이기가 쉬워집니다. 다만 조향장치는 애초에 요 방향, 횡방향의 움직임을 담당하는 현가장치입니다. 앞뒤(토) 방향의 위치결정 장치로서 기능하고 있죠. 단단히 연결된 현가장치의 진동이 전부 운전자 손으로 전달되기 때문에 번거로워집니다. 딱딱한 현가장치처럼 말이죠」

이런 말을 듣고 떠오르는 것이 있었다. 현가기구를 필로 볼로 하고 조향장치도 마찬가지로

칼럼 어시스트 형식의 EPS

스티어링 칼럼 쪽에 어시스트용 모터를 내장하는 칼럼 EPS. 틸트(위아래) 또는 텔레스코픽(전후 길이) 움직임을 통해 모터 질량과 스티어링 행거의 위치관계가 바뀌기 때문에 장착 강성이 중요하다.

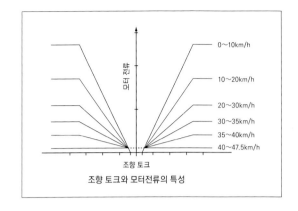

EPS 제어 맵의 기본

모터 전류

0~10km/h
10~20km/h
20~30km/h
30~35km/h
35~40km/h
40~47.5km/h

조향 토크

조향 토크와 모터전류의 특성

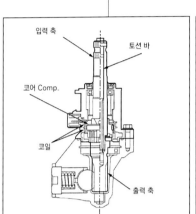

입력 축
토션 바
코어 Comp.
코일
출력 축

위 : EPS 제어는 차량 속도별 조향 토크를 어떻게 설정할지에 대한 맵 (특성도)을 몇십 장이나 준비하는 방식이다. 속도가 올라가면 모터로 들어가는 전류값은 떨어지는 것이 일반적이다. 이 그래프는 매우 단순화한 것이다.

좌 : 칼럼 EPS의 내부. 토션 바가 축 상에 위치하면서 토크 센서를 형성한다. 모터 회전은 수지 제품의 기어(파란 부품)로 감속되고 토크가 증폭된다. 이 기어 주변도 탄력체계이다. 오랫동안에 걸쳐 팽창·수축을 반복한 수지 기어가 어떻게 노화되고, 그것이 모터 축과의 맞물림에 어떤 영향을 주느냐는 아직 축적된 데이터가 없다고 한다. 덧붙이자면 근래에는 위치검출 정밀도가 뛰어난 브러시리스 모터가 주류이다.

유격이 없게 하면 스프링율을 높인 것 같은 현가장치가 된다는 것이다. 요 방향의 공진주파수가 높아진다. 약간의 노면 반력만 있어도 자동차가 항상 횡방향으로 흔들리는 인상을 받을 것이다.

「동시에 롤도 느끼게 됩니다. 자잘 거리는 진동을 항상 손으로 느끼게 되면 그것은 조향감이라기보다 승차감이라는 인상을 받게 되죠. 이런 자잘한 감촉을 어느 정도는 댐퍼에서 조처할 수는 있지만 조향장치가 이것을 조장할 때도 있습니다」

지금은 조향장치의 주류가 유압PS에서 EPS로 완전히 바뀌었다. EPS는 전동 모터를 사용한다. 조향 보조력의 상승은 토크 센서를 통한 감지, 제어 맵을 읽은 상태에서 지시, 통전, 모터의 회전 시작이라는 과정을 거친다. 여기에 지체 현상이 발생한다. 과민한 토크 센서로, 게다가 조향 보조력의 발생이 늦어지면 운전하기가 상당히 어려운 자동차가 된다. 바꿔 말하면 EPS의 세팅이 그만큼 어렵다는 뜻이다.

「조향감이 좋다는 표현은 승차감이 좋다는 표현과 동의어라고 생각합니다. 운전자의 조향핸들 조작은 피드백이 아니라 피드포워드이죠. 어떤 반응 기대하고 조작하는 겁니다. 그 기대에 항상 미치지 못하면 그것은 스트레스로 이어지게 되죠」

스트레스로 끝나면 그나마 다행이다. 조향 보조력의 과부족은 차량의 롤 각에 영향을 끼치고 때로는 불필요한 요를 낳는다. 이래서는 확실히 승차감이 나빠진다.

「그렇죠. 요 방향의 힘은 자동차 진로를 굴절시키는 원인으로 삭용합니다. 평평한 포장 도로를 직진하더라도 자동차는 미묘하게 진동하죠. 그것이 상하 방향이든 좌우 방향이든지 간에 탑승객한테는 똑같습니다. 노면은 진로를 흐트러뜨리는 요소를 항상 감추고 있습니다. 이것을 잘 소화해 주는 것이 타이어이고, 현가장치이고 또 그 일부인 조향장치입니다. 모두 탄력체계에 속하는 것들이죠」

이런 이야기를 들으니 베테랑 현가장치 설계 엔지니어의 말이 떠올랐다. 현가장치는 상하 움직임보다도 전후좌우가 어렵다는 말이었다.

「요 방향의 힘은 자동차 굴절시키는 원인으로 작용하죠. 움직임이 둔한 발에서 전후 방향으로 힘을 받으면 바로 요 방향의 힘이 되어 버립니다. 이것을 멋지게 수정하는 것은 운전자입니다. 반복하게 되지만, 우리는 직진상태인데도 왜 항상 미세한 수정 조향을 해주냐면 좌우 어느 쪽이든 한쪽 타이어로 계속해서 입력이 들어오기 때문입니다. 거기서 한 가지 중요한 것은 토크 센서의 감지를 필터링하는 것입니다. 기계적으로 탄성 지지를 넣는 방법도 효과가 있습니다. 하지만 미세한 조향각은 고주파 영역이어서 EPS로서는 어려운 영역이죠」

유압댐퍼는 고주파 영역에서 강점이 있으므로, 가령 댐퍼를 병렬로 배치한 조향장치는 어떨까. 유압과 전동의 하이브리드.

「예상대로 움직여주면 재미있겠죠. 하지만 비용이 문제입니다. 조향장치 쪽에서 보면 서로 간에 돕는 관계이므로 EPS의 약점 영역을 타이어가 역할분담을 해준다면 도움이 되죠. 케이스 전체가 휘는 상태를 잘 조절해 준다면…」

그래서 미쉐린이 설계를 바꾼 거였다!

Motor Fan illustrated

Vol 1
친환경자동차

Vol 2
F1 머신
하이테크의 비밀

Vol 3
엔진 테크놀로지

Vol 4
하이브리드의 진화

Vol 5
트랜스미션
오늘과 내일

Vol 6
가솔린 · 디젤
엔진의 기술과 전략

Vol 7
튜닝 F1 머신
공력의 기술

Vol 8
드라이브 라인
4WD & 종감속기어

Vol 9
자동차 디자인

Vol 10
조향 · 제동 속업소버

Vol 11
전기 자동차 기초 &
하이브리드 재정의

Vol 12
신소재 자동차 보디

Vol 13
타이어 테크놀로지

Vol 14
자동변속기 · CVT

Vol 15
디젤 엔진의 테크놀로지